中国社会科学院创新工程学术出版资助项目

长三角城市密集区气候变化适应性及管理对策研究

潘家华 郑 艳 田 展 等著

Urban Agglomeration Area in the Yangtz River Delta:
Climate Change Adaptation and Policy Research

中国社会科学出版社

图书在版编目（CIP）数据

长三角城市密集区气候变化适应性及管理对策研究/
潘家华等著. —北京：中国社会科学出版社，2018.10
ISBN 978 - 7 - 5203 - 1619 - 4

Ⅰ.①长…　Ⅱ.①潘…　Ⅲ.①长江三角洲—城市群—
气候变化—研究　Ⅳ.①P468.25

中国版本图书馆 CIP 数据核字（2017）第 299618 号

出 版 人	赵剑英
责任编辑	谢欣露
责任校对	李　剑
责任印制	王　超

出　　版	中国社会科学出版社
社　　址	北京鼓楼西大街甲 158 号
邮　　编	100720
网　　址	http：//www.csspw.cn
发 行 部	010 - 84083685
门 市 部	010 - 84029450
经　　销	新华书店及其他书店

印刷装订	北京明恒达印务有限公司
版　　次	2018 年 10 月第 1 版
印　　次	2018 年 10 月第 1 次印刷

开　　本	710 × 1000　1/16
印　　张	20.5
插　　页	2
字　　数	301 千字
定　　价	89.00 元

前　言

　　城市地区是气候变化的高风险区域。"建设包容、安全、有韧性的可持续城市和人类住区"是联合国 2030 年可持续发展议程中的重要目标之一。联合国气候变化专门委员会（IPCC）发布的科学评估报告指出：城市化进程中不合理的发展政策和城市土地利用规划会引发和加剧灾害风险，在全球气候变化背景下，需要综合考虑防灾减灾和应对气候变化的目标，提升政府和社会应对灾害风险的预防、响应和恢复能力。在气候变化背景下，伴随着人口增长和城市化进程，发展中国家的许多城市暴露出发展与应对气候风险能力之间的巨大差距。一方面，城市发展和规划过程往往未能考虑长远的气候风险，城市发展中存在历史欠账和"适应赤字"；另一方面，气候风险的不确定性及风险应对的复杂性，要求现代城市增强公共管理的综合能力，从传统的"灾害管理"（Disaster Management）模式向"适应性管理"（Adaptive Management）模式转变。

　　气候变化和中国的城镇化，被称为 21 世纪全球影响人口最多的两大事件。1978—2015 年，中国的城镇化水平从 18.1% 攀升至 56.1%，城镇人口从 1.7 亿增加到 7.6 亿。中国 70% 以上的城市、50% 以上的人口分布在气象、地震、地质和海洋等自然灾害严重地区。城市的快速发展和扩张、高度聚集的人口和高强度的经济活动，意味着自然灾害风险的暴露度不断加大。近年来，在全球气候变化的大背景下，雾霾、高温热浪、台风、城市内涝等新型和复合型城市灾害加剧，许多城市的生命线屡遭威胁，城市的风险治理能力备受挑战，气候变化引发的城市安全问题日益突出。未来 30 年是我国新型城镇化快速发展时期，也是社会经济结构深化转型时期，到 2030 年中国城镇化水平有可能达到70%，城镇人口总数将超过10亿。随着城镇化进程的不断推进，城市风险也将随之加剧。2015年发布的《中国极端天气气候事件和灾害风险管理与适应国家评估报告》预测，21世纪中国高温、洪涝、干旱等主要灾害风险加大，城市规模的扩张和人口、资产的点状集聚对于极端天气气候灾害风险具有叠加和放大效应。对此，迫切需要认识城镇化与气候风险的相互关系，制定前瞻性的应对策略。

对于中国城市管理者而言，面对气候变化、社会经济快速发展导致的各种不确定风险，在传统的城市灾害管理的基础上，如何将城市可持续发展、适应气候变化与防灾减灾相结合，如何提高城市管理决策部门的决策效果和能力，需要从理论、实践和方法层面进行深入探索。作为公共政策研究的新领域，适应气候变化涉及跨部门、多层面、多目标的环境管理，对于适应决策的理念、方法和管理手段都提出了较高要求。科学合理的发展规划有助于增强灾害风险管理和适应气候变化的能力。在全球气候和环境变化的大背景下，欧美等发达国家近些年来在政策和实践层面积极推动基于适应性管理理念的适应规划。

在国际社会的影响下，适应气候变化对我国社会经济发展的重要性日益受到关注。2007年6月发布的《中国应对气候变化国家方案》早已指出，与减缓相比，适应是一个更加"现实而迫切的任务"，我国《经济和社会发展第十二个五年规划纲要》首次将"应对全球气候变化"作为独立一章，明确提出"完善体制机制和政策体系，提高应对气候变化能力"。应规划纲要要求，2013年11月，国家发展和改革委员会（以下简称国家发改委）联合九个部委共同签署并发布了《国家适应气候变化战略》，其中，长江三角洲（以下简称长三角）城市地区被列为适应气候变化的优先区域之一。2016年，国家发改委与住房和城乡建设部共同发布了《城市适应气候变化行动方案》，并于2017年2月选择28个城市地区启动了"气候适应型城市"试点工作，目标是"到2020年，普遍实现将适应气候变化相关指标纳入城乡规划体系、建设标准和产业发展规划。到2030年，适应气候变化科学知识广泛普及，城市应对内涝、干旱缺水、高温热浪、强风、冰冻灾害等问题的能力明显增强，城市适应气候变化能力全面提升"。试点内容包括：开展城市气候变化影响和脆弱性评估，编制城市适应气候变化行动方案，针对不同气候风险和重点领域开展适应行动，加强适应气候变化能力建设，建立部门协调工作机制，等等。可以预见，随着从国家到地方层面积极推进气候变化适应战略和规划工作，相关政策研究需求将日益迫切。本书立足于适应气候变化决策研究的视角，充分体现了气候政策研究中自然科学与社会科学的学科交叉特点，提出了发展中国家城市地区适应气候变化的创新理念和方法。本书的研究成果和政策建议是以深入扎实的国内外调研、社会调查和实证研究为基础的，在长三角地区的案例研究能够为我国开展气候适应型城市试点示范工作提供非常有意义的研究支持和案例借鉴。

本书是国家自然科学基金重点项目"长三角城市密集区气候变化适应性及管理对策研究"（70933005）的研究成果。课题执行机构为中国社会科学院城市发展与环境研究所，协作单位包括上海市气候中心、国家气候中心。中国社会科学院潘家华所长、上海市气候中心穆海振主任负责总课题与上海子课题的研究设计和活动实施，郑艳博士、田展博士分别为两家合作机构的课题协调人。课题于2009年底启动，经过四年的辛苦付出，于2014年3月在国家自然科学基金委管理学部组织的结题鉴定会上被专家组评定为优秀成果。

课题组以长三角城市密集区作为研究对象，选择典型城市开展深入扎实的社会调查和案例研究，针对我国发展中国家的特点、发达城市地区面临的突出问题，提出了开展适应气候变化的决策理念和方法，课题成果为国家相关部门和地方城市制定适应气候变化规划提供了决策支持。课题研究成果先后发表于《经济研究》《区域》《中国人口·资源与环境》《中国软科学》《气候变化研究进展》《城市发展研究》《城市与环境研究》《世界社科报告》《适应气候变化经济学手册》等国内外知名学术期刊或出版物。

在课题支持下，课题组发挥各自的学科优势，开展了一系列新的协作研究，如"典型城市群区域气候变化特别评估报告——以长三角为例"（中国气象局 2012 年气候变化专项）、国家自然科学基金青年项目"适应气候变化治理机制：中国东西部地区案例比较研究"（71203231）等。2016 年 10 月由气象出版社出版的《长三角城市群区域气候变化评估报告》亦是双方合作的课题成果之一。课题组利用各种国内外交流平台积极分享研究成果，例如：承担《联合国气候变化框架公约》缔约方大会"中国角"边会，与中国气象局共同编撰发布《应对气候变化》年度系列绿皮书，为我国相关部委的南南合作气候变化培训项目、地方城市应对气候变化培训提供专家支持等。

课题组培养了十多位研究生和博士后人才，先后申请到博士后基金资助课题 3 项，其中一等奖 2 项，二等奖 1 项。上海气象局吴蔚工程师执笔撰写的《上海居民气候风险认知及适应调研报告》，获得2012 年度中国气象局调研报告优秀奖。中国社会科学院博士后谢欣露申请并入选 2013 年度国际社科理事会（ISSC）"世界社科学者"计划"风险理解与行动"项目。

本书由中国社会科学院城市发展与环境研究所与上海市气候中心共同编撰完成，汇集了 2010—2017 年课题组发表的 30 多篇学术论文和研究报告。全书分为六章：第一章介绍了气候变化背景下我国城市地区面临的风险、挑战与适应需求；第二章较为系统地综述了国内外适应气候变化的理论与研究方法，提出了发展中国家城市地区适应气候变化的新理念和可行途径；第三章以长三角城市密集区为例，分析评估了气候变化的历史影响、未来风险及脆弱性特征；第四章以上海市作为典型城市，在深入扎实的社会调查基础上开展了一系列专题式案例研究，包括城市基础设施应对气候变化风险的能力评估、城市居民和决策管理者对气候灾害风险的认知调研、城市适应气候变化规划研究，及上海市应对气候变化风险的政策和机制创新等；第五章介绍了国际社会建设韧性城市的案例和经验；第六章是总结和政策建议。

本书的撰写分工如下：中国社会科学院负责第一章、第二章、第三章（第一、第二、第五节）、第四章（第四、第五、第七至第十节）、第五章、第六章的编写与统稿；上海市气候中心负责第三章（第三、第四、第六节）、第四章（第一至第三节、第六、第十一节）

的编写及统稿。谢欣露博士对全书进行了认真细致的校对，郑艳及研究生林陈贞更新了部分资料和数据。具体章节的撰稿作者如下：

前言及摘要：潘家华、郑艳（中国社会科学院）。

第一章：郑艳、潘家华（中国社会科学院）。

第二章：郑艳、潘家华等（中国社会科学院）。

第三章：第一、第二节郑艳、王建武（中国社会科学院）；第三、第四节吴蔚、史军等（上海市气候中心）；第五节谢欣露等（中国社会科学院）；第六节吴蔚、董广涛（上海市气候中心）。

第四章：第一节吴蔚、侯依玲（上海市气候中心）；第二节董广涛（上海市气候中心）；第三节梁卓然等（上海市气候中心）；第四节周亚敏（中国社会科学院）；第五节宋蕾（中国浦东干部学院）；第六节吴蔚、田展、郑艳等（上海市气候中心、中国社会科学院）；第七节谢欣露等（中国社会科学院）；第八节谢欣露等（中国社会科学院）；第九节郑艳（中国社会科学院）；第十节谢欣露、郑艳（中国社会科学院）；第十一节吴蔚、田展等（上海市气候中心）。

第五章：郑艳（中国社会科学院）。

第六章：郑艳、谢欣露（中国社会科学院）。

附录为课题组在上海开展的社会调查问卷。中国社会科学院可持续发展研究中心石尚柏教授为课题组开展参与式调研提供了方法和技术指导。

本课题得到了诸多合作机构和专家学者的支持，在此衷心感谢国家气候中心巢清尘主任、上海市气象局汤绪局长为课题申请及组织活动提供的鼎力支持；感谢上海气象局、上海市奉贤区气象局、上海市浦东气象局、上海市奉贤区大联动中心等地方部门给予调研活动的积极协助；感谢国家气候中心王长科副研究员、中国社会科学院罗静博士、孟慧新博士、朱守先博士、中国科学院广州能源研究所王文军博士、研究助理刘艳艳等在课题研究期间付出的智力和体力；感谢澳大利亚格里菲斯大学许碧霞博士、Alex Lo 博士提供澳大利亚城市案例。

课题组为了解国外沿海城市的适应经验，于 2010—2014 年在"中国适应气候变化项目"（ACCC）、中国社会科学院—欧盟

COREACH 交叉学科合作项目"中欧综合流域治理"、中国社会科学院—澳大利亚社科理事会"沿海城市气候变化风险治理"、福特基金会访学研究计划等项目的支持下，赴英国、德国、荷兰、澳大利亚、美国等国家的沿海城市地区开展了一系列研究考察和学术交流活动，这些城市的经验和政策对于探索我国城市地区的适应决策及治理机制提供了有益的借鉴和启发。

随着韧性城市的理念日益普及、气候适应型城市试点深入推进，城市适应气候变化正在成为一个备受学界和社会关注的热点议题。我国城市地区发展差异大、自然环境和气候条件相差悬殊，适应气候变化需要因地制宜。课题组提出和应用的城市适应规划的理念与方法，有助于为我国其他城市地区开展适应行动提供一些启发与参考。然而，本书汇集的研究成果只是课题组在长三角地区的初步探索，问题和不足在所难免。期待本书的城市案例能够作为他山之石，推动国内城市的适应行动与实践。

摘　要

　　在气候变化背景下，伴随着人口增长和城市化进程的推进，发展中国家的许多城市暴露出城市发展水平与应对气候风险能力之间的巨大差距。一方面，城市发展和规划过程往往未能考虑长远的气候风险，城市发展中存在气候适应历史欠账和"适应赤字"；另一方面，气候风险的不确定性及风险应对的复杂性，要求现代城市增强公共管理的综合能力，从传统的"灾害管理"模式向"适应性管理"模式转变。中国长三角地区人口密集、城市化发展水平高，是中国经济发展的引擎之一，但同时也是全球气候变化影响的高风险区域。因此，《国家适应气候变化战略》将长三角城市地区作为适应气候变化的优先区域之一。长三角城市密集区对于气候变化风险有何认识，适应政策需求及行动重点何在，如何提升城市地区的适应能力并减小未来的气候风险，是本书拟解决的重要研究问题。

　　本书以长三角城市密集区作为研究对象，以上海市作为典型案例，开展了深入细致的科学研究。适应气候变化是典型的交叉学科研究领域，本书充分发挥多学科交叉优势，通过文献梳理、实地考察、部门管理者研讨会、专家咨询、问卷调查、国内外案例研究等政策研究活动，针对气候变化风险、影响及脆弱性，适应现状及适应规划等现实决策迫切需求的问题进行了深入研究，梳理出一些科学可行的政策建议。

一　本书的主要创新点

（一）适应气候变化决策领域的概念和理论创新

　　本书在文献挖掘、国内外调研考察、交流培训、案例研究的基础上，对国内外适应气候变化领域的概念、理论进行了系统的梳理，从中国的现实问题、研究需求和制度背景出发，提出以"增量型适应与发展型适应"作为适用于中国等快速发展中国家（Fast – Growing Countries）适应政策研究的概念分析框架，深化和拓宽了我国气候变化经济学研究的思路和视野。增量型适应（Incremental Adaptation）是在系统现有基础上考虑新增风险所需的增量投入，这种适应所针对的是发展需求基本得到满足，仅仅需要应对新增的气候风险所需的适应活动；发展型适应（Developmental Adaptation）是指由于发展水平滞后，系统应对常规风险的能力和投入不足，需要协同考虑发展需求及新增的气候风险。简化为概念公式如下：发展型适应 = 适应赤字 + 发展赤字，增量型适应 = 适应赤字。中国作为处于快速城市化、工业化阶段的发展中国家，地区间存在较大的发展水平差距，这导致中国既面临着巨大的发展型适应需求，也存在相当的增量型适应需求。

（二）适应气候变化决策的方法学创新

梳理了适应气候变化与防灾减灾两大风险治理领域的共性和差异性，整合为具有理论基础及实际可操作性的适应决策研究流程，即基于脆弱性评估、风险评估、风险认知、风险管理分析基础上的适应规划研究，并开发了一套参与式适应规划的方法学工具。同时选择长三角城市群、典型城市及社区三个不同的治理层级进行了方法应用和案例研究，验证了方法的科学性和可操作性。

（三）适应气候变化的政策机制创新

从治理模式入手，通过国内外案例比较，分析了中国的政府主导型风险治理模式的优势与不足，通过理论剖析和个案研究提出了在气候变化背景下提升城市综合风险治理的适应性、有效性的政策路径。

二　本书的主要内容及核心观点

（一）开展脆弱性和风险评估研究

构建了气候变化脆弱性评估的方法和指标体系，分别进行了长三角 16 个城市的社会经济脆弱性评估，结果表明，长三角地区社会经济脆弱性的驱动因素可分为 5 类，分别是社会经济发展因子、气候敏感性因子、社会保障因子、气候防护因子及生态环境因子。其中，社会经济发展因子对适应性具有主要贡献，气候敏感性因子对于城市脆弱性的贡献率为31%，主要体现在气候灾害经济损失、气候敏感行业、人口受教育水平等方面。同时，结合增量型适应与发展型适应的概念，将16个城市按照"适应性"和"敏感性"的不同组合分为4类，进行了具体分析并提出了相应的对策建议，指出长三角地区城市总体上以增量型适应为主，但是一些城市也体现出发展水平与适应能力的不匹配，具有过渡性特点，适应对策需要因地制宜。研究表明，脆弱性评估可以针对不同研究对象和层次特征选取不同的概念框架，并采用定性和定量混合研究方法相互印证和补充，有助于得出更有针对性的适应性管理对策。

（二）长三角地区及上海市未来气候变化风险评估

采用 RegCM3 等区域气候模式对 A1B 情景下 2011—2050 年长三角地区的主要气候风险因子进行了预估，结果表明：

（1）未来长三角地区将呈现持续增温态势，平均升温率为0.16℃/10 年；

（2）大部分地区年平均降水量将增加 3.4 毫米/年，其中江浙交界处、浙江东北部和上海中南部降水增加趋势最为明显，达 6—10 毫米/年，同时降水时空变率加大；

（3）热带气旋总数可能减少。

未来长三角地区需要关注以下风险：①极端高温等导致的城市能源电力风险；②长江径流下降等导致的饮用水安全问题；③台风、暴雨、强对流及风暴潮等极端事件对防灾减灾、生产生活和城市运行的潜在风险；④海平面上升、风暴潮对沿海城市海岸带生态系统和相关产业的影响；⑤气温和降水形态变化导致的疫病和健康风险等。

此外，还分析了台风和强降水对未来上海市不同区域导致的洪水风险，结果表明，城市中心区及沿海地区是高风险区域，需要加强前瞻性的城市风险规划和应急处置能力。

（三）城市气候变化风险认知研究

以上海为例，通过400多份问卷、多次社区访谈和30多位部门代表座谈，发现城市居民、决策管理者及研究人员不同利益相关方对气候风险的理解及适应需求存在差异性。其中,决策者最关注的气候风险为台风、暴雨和热浪,认为其影响主要集中在交通物流、能源供给、农业发展和城市积涝方面。城市居民基于生活出行需求和健康影响,对于气候灾害风险从高到低依次为高温热浪、梅雨和连阴雨、大雾、台风等。总体上看,上海居民对于未来风险的态度比较保守,仅有37.5%的受访者表示未来风险增加时仍能够应对。此外,居民对于近期风险(高温热浪、台风等)的认知高于潜在的远期风险(海平面上升);对公众参与、气象灾害保险等制度性适应措施的满意度低;不同年龄和社会特征的居民对于风险的认识和态度也有比较显著的差异,表现为老龄群体信息获取途径更加单一,风险意识及社会参与度也较低。

(四)城市风险管理与适应治理协同机制研究

以上海市奉贤区大联动中心示范项目为例,分析了城市综合管理与灾害应急管理的创新整合机制,借助风险治理、适应治理相关概念和理论,从信息分享、问责和监督、科学评估、决策参与等风险治理要素层面评估该项目的有效性,指出“大联动”案例有助于改进我国“政府主导型灾害管理模式”的不足,夯实基层建设,提升信息传递效率,增强跨部门协作,避免“组织性失责”及“风险社会”引发的风险放大效应问题。不足在于,科学评估的研究基础薄弱、公众意识提升及全社会参与较为滞后和被动,未来风险治理需要与适应治理相结合,将“应急思维”转为“适应性管理”理念,在城市规划和应急管理工作中关注中长期风险的防范和规划,建立更加具有全局性、参与性和精细化的制度安排。

(五)城市适应气候变化规划研究

适应规划隐含的政策设计理念是“适应性管理”或“适应性规划”,其特点是针对未来风险的复杂性、不确定性和不可预见性,从风险管理转向提升整个系统的适应能力和可持续性,治理手段上强调多部门、多主体、多目标的协同管理,分散化和多样化的决策路径,学习和创新能力,评估和反馈机制,等等。适应性规划的目标不仅要减小气候风险、提升适应能力,还强调要通过推动机制创新与社会转

型促进生态保护、社会公平、经济效率、城市竞争力等可持续发展
目标。

以上海市奉贤区为例，邀请了 10 多个相关部门开展了参与式适
应规划研究，依据评估结果，分析指出现有的行政架构不论是水平还
是垂直治理还存在许多问题，尤其表现在：灾害风险管理体系与气
候变化决策机制尚未有效衔接，部门政策与规划缺乏协同，科学研
究不能满足政策实践的需要，对城市脆弱性的区域和群体差异认识
不足，社会的风险意识与行动有待提升，对长期风险和系统风险关
注不够等。

结合地方情况和国际经验，梳理出一些科学可行的政策建议，包
括：①建立政府主导、全社会参与、自上而下与自下而上有机整合的
适应决策机制（即各部门适应工作的交流平台，以提高信息沟通效
率）；②建立系统适应和长远规划的理念，重视极端天气气候灾害及
长期气候变化风险，提升城市总体的防灾与适应能力；③协同治理：
通过适应规划加强部门之间和全社会的政策协同和决策协调（为沿海
工业园区/新城区制定长期的灾害风险预警和应急工作预案）；④注重
适应决策的科学研究基础，加强极端气候事件及灾害的预报预警和监
测体系，开展城市规划和重大工程的气候风险论证和环境评估；⑤推
动信息公开和分享，吸引公众关注和参与等。

三　总体判断和政策建议

根据本书提出的概念和理论分析框架，结合对国内外及长三角城
市地区的适应现状、脆弱性、适应治理等问题及政策需求的深入分
析，提出以下总体判断和政策建议：

第一，长三角地处长江下游河口地区，气候、地理条件优越，生
态资源富集，属于气候容量扩展性地区，气候资源和水资源的承载力
较高，除了自身空间内的自然容量，还有自身空间外的自然流入和过
境容量，使得长三角城市的发展潜力较高、适应基础较好，气候容量
有限主要体现为人口和土地约束导致的衍生容量不足，以及城市化快
速发展积累的适应赤字。

第二，长三角经济较为发达，城市综合管理水平较高，基础设

施较为完备，适应性总体水平高于全国许多地区，现阶段的适应需求总体上表现为增量型适应的特点；但同时，在区域内部还存在结构性差异，表现为一些城市区域和群体的脆弱性较高，兼具适应赤字和发展赤字，尤其是人口和财富快速增加导致的风险暴露性增大，以及气候防护体系和风险意识不足导致的敏感性突出等问题。例如，一方面，受到气候地理因素和社会经济发展的影响，一些发达的长三角城市体现为高敏感性—低适应性，存在较大的适应赤字。另一方面，快速的城市扩张，使得许多适应性强的城市内部也出现了潜在的发展型适应问题。如上海市崇明岛及沿海区域新开发的小城镇，开发较晚但是人口增加和产业发展很快，外来人口及敏感行业（如农业、旅游业、重化工业等）比较集中，体现为典型的发展型适应特点。上述因素增加了长三角沿海发达城市适应气候变化的复杂性。

第三，未来长三角城市需要从城市群、城市及社区等不同层面加强适应治理和适应规划，在政策实践中关注不同区域、不同群体的脆弱性，增量型和发展型适应对策并重。例如，适应对策包括工程性适应（加固、增高海防堤坝防范洪水，改进城市高架交通及公交联运系统以舒缓交通压力、节约用地）、技术性适应（研发新品种新技术，如耐热抗旱作物和树种，节能建筑和绿色住宅等节水节能省地技术可提高城市承载力）、制度性适应（如改进和完善现有的应急机制、社会保障和保险体系）、生态性适应（如增加城市森林、湿地公园以减缓热岛效应、改善人居环境和空气质量，修复断头河流以恢复城市流域防洪排涝功能等）。

第四，基于适应性管理和适应性规划的理念与方法，结合国内外案例城市调研，提出针对我国沿海发达地区构建韧性城市（Resilient City）、提升城市综合风险治理（Integrated Risk Governance）的政策建议：①以提升城市韧性为目标，制定具有灵活性和多种政策情景的适应规划；②加强部门应急协调机制，鼓励多样化、多部门协作、全社会参与的风险治理模式；③开展气候风险评估，提升城市生命线的气候风险防护能力；④制定长三角城市群中长期适应规划，建立区域协调机制；⑤建设低碳韧性城市，促进适应、减排、环境保护与防灾减灾的多目标协同治理；⑥关注气候变化下的脆弱群体和社会公平问题；⑦加强财政和科技投入，推进气候适应型城市试点示范，等等。

目　录

第一章　城市地区的气候变化风险

　　"建设包容、安全、有韧性的可持续城市和人类住区"是联合国 2030 年可持续发展议程中的重要目标之一。城市是全球灾害风险的高发地区，也是适应气候变化①的热点地区。2015 年的联合国国际减灾战略（UNISDR）的报告指出"风险内生于发展的过程"。亚太地区是全球城市化进程最快的地区，拥有全世界 2/3 的贫困人口。2017 年 7 月，亚洲开发银行发布《面临风险的地区：亚太地区气候变化的人文因素》报告②，指出亚太地区是最易受到气候变化影响的地区之一，气温升高、降水异常、台风加剧、洪灾风险、空气污染、粮食短缺、海洋生态系统破坏等正在威胁亚太国家的发展与安全。报告预测，2005—2050 年全球洪灾损失年增幅最大的 20 个城市中，有 13 个在亚太地区，其中包括中国的广州、深圳、天津、湛江和厦门（UNISDR，2015）③。过去 20 年间遭受气候灾害影响的 41 亿人口中，有 75% 来自中国、印度等亚洲的快速发展中国家（UNISDR，2015）。习近平总书记指出，规划科学是最大的效益，规划失误是最大的浪费。在生态文明战略目标的指导下，城市规划是确保城市地区生态、社会和经济

---

　　① 联合国政府间气候变化专门委员会（IPCC）发布的一系列科学评估报告中提到的气候变化包括气候系统的自然变率与人类活动导致的气候变化。《联合国气候变化框架公约》（UNFCCC）提到的"气候变化"，主要是指"人类活动引发的气候变化"。本书采用 IPCC 的科学定义。

　　② *A Region at Risk：The Human Dimensions of Climate Change in Asia*, https://www.adb. org/publications/region‐at‐risk‐climate‐change.

　　③ UNISDR, *The Human Cost of Weather‐Related Disasters* 1995‐2015, http://www.unisdr. org/2015/docs/climatechange/COP21_WeatherDisastersReport_2015_FINAL. pdf. 2016‐04‐15.

可持续发展的前瞻性战略设计。2016 年我国城镇人口已超过 7.7 亿，由于城市的快速发展和扩张，大城市、特大城市和城市群不断增加，人口增长和经济活动密集，自然灾害风险的暴露度也在不断加大。可见，在新型城镇化背景下，关注城市地区的气候灾害风险，加强适应气候变化规划工作，是我国社会经济转型时期及新型城镇化的必然要求。

第一节　气候变化下城市地区的风险与脆弱性

气候变化带来的不确定风险，对于城市灾害风险管理提出了新的挑战，对此城市管理者需要一个学习和重新适应的过程。2010 年 6 月，联合国国际减灾战略（UNISDR）在德国波恩发起了第一届"城市与适应气候变化国际大会"，提出建立"韧性城市"（Resilient City）。在 2011 年第二届大会的"全球市长适应论坛"上，来自五大洲的 35 位市长共同发表了《波恩声明》，呼吁城市管理者自下而上地推动地方适应气候变化和防灾减灾，增进城市和社区的适应能力与气候恢复力，建立城市适应资金机制，并且将适应气候变化纳入城市规划与发展项目之中。

一　现代城市发展中面临的气候风险[①]

作为人类活动的主要聚集地，城市也是人口和财富最为集中的地区，气候变化导致的灾害风险对于城市经济部门和人居生活会造成不同程度的威胁和影响。

根据 2012 年 4 月联合国公布的《世界城市展望》，全世界 70 亿人口中已经有一半生活在城市，到 2050 年世界人口多达 23 亿的增长量将全部被城市吸收。城市化促进人口不断向城市集中，使得更多的人口和财富暴露于气候风险之下（World Bank，2011）。一方面，中心城区的人口密度和建筑密度不断增大，恶化了热岛效应、水资源短

---

① 本书中的"气候风险"等同于"气候变化风险"。

缺、空气污染等环境问题；另一方面，高温热浪、暴雨、台风、雾霾等极端事件给城市灾害风险管理带来了更大挑战。Romero - Lankao（2011）分析了全球人口超过100万的大城市的气候风险分布，其中的气候风险包括了龙卷、洪水、滑坡和干旱等。

实际上，不同城市面临的气候灾害风险有所差异。沿海地区城市容易受到海平面上升、台风和龙卷等典型气象灾害的影响，内陆城市容易受到干旱缺水和沙尘暴的影响。从气候灾害风险的驱动因素来看，大多数城市气候灾害的发生，主要是气候变化因素与人为因素共同导致的。城市的人口和建筑物高度集中，无序发展容易造成灾害管理的瓶颈效应，使得小风险酿成大灾难。发展中国家的城市由于人口众多、灾害管理能力较差、资金和技术有限，具有比发达国家城市更显著的脆弱性。近些年，由于城市规划中的防灾基础设施相对于城市发展严重滞后，我国许多城市在极端气候灾害面前不堪一击。例如，我国许多大中城市近年来频发城市水灾，主要是城市过度发展、不合理的土地利用和下垫面变化使得城市成为集聚雨水的大洼地（程晓陶，2007），高温热浪、雷暴天气增多则主要是受到城市热岛效应的影响。表1-1列举了一些主要的城市天气气候灾害类型及其驱动因素（郑艳，2012）。

表1-1　　　　　城市天气气候灾害类型及其驱动因素

灾害类型	气候变化因素	人为因素（城市化）
海平面上升	√	—
台风	√	—
暴雨	√	√
洪涝	√	√
干旱	√	√
高温热浪	√	√
雷电	√	—
大风	√	—
大雾	√	√
疫病	√	√

二 气候变化加剧城市风险

城市气候风险加剧，并非主要源于气候变化，更多的是城市过度发展导致城市脆弱性加剧，实际上也是"城市病"的另一种表现。《中国极端气候事件和灾害风险管理与适应国家评估报告》指出，21世纪中国高温、洪涝和干旱等灾害风险将增大，气候变化将加剧农业、水资源、城市基础设施等领域的安全问题。预计到2030年，中国总人口将达到14.5亿左右，65岁以上人口约2.3亿，城镇化率有望提升到68%。然而，由于社会经济发展财富持续集聚、人口增加及老龄化加剧，未来我国面临的天气气候灾害风险有可能进一步加大（秦大河等，2015）。

随着我国城市化进程的进一步推进，社会财富不断积累，人们对生活质量和城市安全的要求也将随之提升，气候变化对传统的灾害风险管理提出了更大的挑战。首先，气候变化改变了极端气候灾害的发生频率和强度，使得依靠历史信息进行判断的灾害管理面临更大的不确定性。其次，在人口和建筑物高度密集的城市化地区，极端气候灾害及其引发的次生灾害，其发生机理和表现形式更加复杂，增加了灾害风险预测和管理的难度。例如，台风引起的大风导致高空坠物伤人，雷电导致的动车停运事故，城市水灾中电力设施漏电致人伤亡，大雾引起城市交通瘫痪，高温热浪诱发疾病和突发死亡等。在不少案例中，由于不合理的城市规划，加之灾害防范和应急能力过于薄弱，一场薄雪或一场雷阵雨也会引发全城交通瘫痪。最后，传统的灾害风险管理主要是自上而下的、以发挥政府行政职能为主的风险管理思路，适应气候变化则要求从战略层面入手，注重挖掘地方资源和传统知识，同时广泛整合国家层面和国际社会的资金、技术资源，自下而上地采取灵活行动。

在气候变化背景下，现代城市管理者必须适应各种潜在的城市风险和问题，改进城市公共管理，让城市更加具有适应性和韧性。城市适应研究需要从灾害风险管理入手，构建从风险管理到社会管理的更广泛、综合、可持续的城市适应治理目标。实现这一目标有两个途径：一是传统的防灾减灾与灾害风险管理途径，侧重于从灾害预警、应急、救灾的各个环节进行灾害风险各要素的管理，以降低气候灾害风险及减少损失为目的；二是近 30 年西方环境与资源管理领域兴起的"适应性管理"途径，基于城市社会—生态复合系统，针对气候风险的不确定性和复杂性，从提高城市系统整体应对能力和适应水平来提供应对方案，强调管理机构的学习能力与反馈机制（Williams，2011）。

第二节　我国城市地区适应气候变化的迫切需求

一　中国新型城镇化进程的主要特征

1978 年改革开放以来，在快速工业化进程的拉动下，中国城镇化水平从 18.1% 快速攀升至 2016 年的 57.35%，城镇常住人口从 1.7 亿增加到 7.93 亿。与之同步，城市气象灾害所造成的直接经济损失呈上升趋势，见图 1-1（翟建青等，2015）。2016 年中国人均 GDP 已经达到 53817 元（约 8100 美元），预计 2020 年中国人均 GDP 将突破 10000 美元，达到发达国家水平，中国京、津、沪等九省份人均 GDP 已超 1 万美元。从国内外发展经验来看，人均 GDP 达到 5000 美元左右时，环境问题进入高发阶段；8000—10000 美元时，政府和社会的风险意识快速提升，人们对环境和灾害风险更加重视，政府将加强公共投入。

中国新型城镇化注重质量和内涵的提升，具有以下几个突出特点：①以人为本。从土地城镇化转向人口城镇化，在农民工市民化进程中打破城乡和地区的政策壁垒，确保农民工在市民化进程中享有住房、医疗、社保、教育、风险防护等方面的公平待遇。②以城市群为载体，与环境容量相适应，推进城市、人口和产业的地域空间的均衡协调发展。③以城乡一体化协同发展为手段。以城镇化促进工业化、农业现代化，推动城乡基本公共服务均等化，减小城乡差距，促进城乡和谐发展。④以低碳绿色为导向。以生态文明建设为抓手，通过政

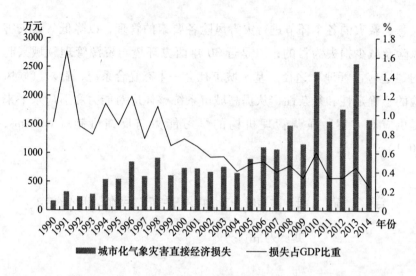

图 1 − 1　中国城市气象灾害直接经济损失及占比（1990—2014 年）

资料来源：翟建青等：《中国气候灾害历史统计》，载王伟光、郑国光主编《应对气候变化报告（2015）：巴黎的新起点和新希望》，社会科学文献出版社 2015 年版。

策引导和科技创新，走集约、智能、绿色、低碳的新型城镇化道路。⑤以安全宜居为核心。在城乡规划中注重灾害风险的预防，加强城市生命线等基础设施的防灾能力。

二　城镇化进程中的主要灾害风险及区域分布特征

（一）总体情况

国土空间地形地貌的巨大反差表征着我国自然灾害风险的基本格局。全国综合自然灾害相对风险等级呈现出东部高于中部、中部高于西部的格局（史培军，2011）。根据不同的气候、地质和地理区位条件，可将中国划分为东部、中部、西部三大城市灾害风险区，其灾害类型、风险属性及城镇化特征存在差异。城市地区的灾害区划大致可分为 3 个大区 15 个亚区（王静爱等，2006）。

伴随着中国城镇化进程，城市地区日益面临着土地紧张、能源危机、水资源短缺和环境恶化等诸多挑战。过去 30 年来，随着我国城市化和工业化进程的快速推进，城市扩张越来越快，人口密度和建筑密度越来越高，城市热岛、高温热浪、雾霾影响城市环境和居民健康，城市极端气候导致的水灾、交通拥堵、人员伤亡等问题日益突出，严重影响到人居环境和生活质量的提升，为城市可持续发展和城市安全带来潜在的威胁。《国家第一次气候变化科学评估报告》指出，气候变化对城市造成的直接影响主要表现为极端天气和气候事件增多，频率增强，加剧城市热岛效应和雨岛效应，引发疫病流行等；间接影响包括城市电力中断，用水紧张，交通体系和工农业生产受到相应的影响，城市环境恶化，保险、防灾救灾和公共医疗支出增加等（秦大河、陈宜瑜等，2006）。

中国城镇化的特点之一是由大城市驱动的城市群的崛起。根据联合国开发计划署发布的《中国人类发展报告2013》，到2030年中国城镇化水平将达到70%，城镇人口总数将超过10亿。我国"十二五"规划提出了"两横三纵"的城镇化发展战略格局，将主要围绕沿江沿海、交通干线，以若干城市群为依托，其他城镇化地区和城市为重要组成部分，推动城镇化水平进一步提升。目前中国正处于城镇化转型时期，大城市、特大城市不断增长，人口和经济活动更加密集，特别是沿海城市的快速发展，导致气候暴露度和脆弱性不断增加。城市的人口和建筑物高度集中，无序发展容易造成灾害管理的瓶颈效应，使得小风险酿成大灾难。近几年，由于城市规划不合理，灾害应对能力建设严重滞后，我国许多城市（包括沿海城市和内陆城市）在极端天气气候灾害面前不堪一击。

（二）分区域情况

在全球气候和环境变化背景下，中国不同地区的城镇化进程各有其阶段性特点，面临的灾害风险也有所不同。

1. 东部沿海城镇化地区

东部沿海地区的城镇化率超过60%，大城市、特大城市和超大城市分布密集，城市环境治理能力及防灾减灾基础设施较好，但是人口和经济活动高度集聚加剧了风险暴露度，容易引发灾害链和风险放大效应。东部地区工业化进程起步早、时间长、规模大、能耗高，地表硬化、湖荡灭失、垃圾围城，导致有降水则"城市观海"、无雨则干旱缺水的困境；历史累积排放和当前的排放增量，使得空气、水、土壤污染严重，生态退化的态势难以在短期内得到根本逆转。城市风险在很大程度上源于利益驱动的发展模式及缺乏科学支撑和法制保障的城市规划。

未来30年，该地区城镇化将处于减速时期，并进入老龄化社会。其中，京津冀、长三角、珠江三角洲（以下简称珠三角）三大城市群的GDP总量已超过全国的1/3，正在成长为全球最大的世界级城市群，是中国社会经济发展的重要引擎，也是各种"城市病"和灾害风险日益突出的地区，需要注重区域性灾害、极端灾害引发的环境风险和社会经济风险。

2. 中部城镇化地区

中部地区的城镇化率约为50%，即将进入快速城镇化的拐点时期。在我国经济整体进入新常态的背景下，中部地区仍保持相对较高的发展速度，生产力还有进一步释放的空间。随着人口增长和经济总量持续快速提升，大城市和城市群正在不断涌现，城市基础设施建设相对滞后，对地区防灾减灾能力提出了挑战。中部城镇化地区需要吸取东部地区"先发展后治理"的教训，在城市发展规划中适度控制人口规模，在城市土地利用和建设规划中加强对未来各种灾害风险的防范。

中部北方地区相对干旱，水资源缺乏是制约黄河中游城市地区的发展瓶颈，雾霾、干旱、强降雨、城市热岛和地面沉降等问题较为突出。中部南方地区山体滑坡、城市内涝、复合型环境问题较突出。长江中游地区已经形成以中小城市和小城镇为主的城市群，2014年城镇化率超过55%，区域内生态环境容量较大，发展较协调，但是也面临着干旱、洪涝、冰冻雨雪、城市热岛等多种灾害风险。

3. 西部城镇化地区

西部地区的城镇化率为45%，处于城镇化中期阶段，社会经济发展相对滞后，灾害损失占地区GDP的比重远高于东部和中部地区，应对灾害风险的能力薄弱，贫困人口多，脆弱性突出。在西部地区的城镇化进程中，应当以减小发展赤字为目标，加强灾害风险防护基础设施投入，完善城市基础设施和城乡公共服务一体化，降低城市地区的人口脆弱性。同时，需要关注气候脆弱、生态敏感和贫困人口连片集中地区的灾害风险，例如山区地质灾害、地震、干旱、气候变化等灾害风险，以及东部地区和中部地区产业转移导致的环境污染引发的灾害风险。

考虑到我国城镇化发展不平衡，地区发展水平和风险管理能力差距较大，需要针对地区典型灾害风险加强综合治理。既要加强对传统灾害风险的管理，又要高度关注对新型风险、综合风险的防范。未来新型城镇化进程中需要给予充分关注的典型城市灾害类型如下（郑艳，2017）：①东部沿海城市：雾霾、城市水灾、城市热岛、海平面上升等。②中部和中西部干旱半干旱城市：干旱、洪涝、冰冻雪灾等。③西部高地地貌起伏地区城市：干旱、洪涝、地震、地质灾害等。

三　我国典型城市地区的适应挑战

近年来，气候变化对我国城市地区的影响日益受到关注。我国许多城市及典型城市群地区如京津冀城市群、长三角城市群、珠三角城市群等城市地区都受到了气候变化导致的各种灾害的影响（徐影等，2013）。沿海地区是中国近年来成长最快和最繁荣的地区，同时也遭受着台风、洪水、高温热浪、干旱和海平面上升等灾害风险的困扰（Shi，2011）。以上海为例，由于面临风暴潮和海平面上升风险，海岸线地区存在高暴露度、韧性不足等问题，上海被列为全球9大沿海城市洪水淹没脆弱性最高的城市（Balica et al.，2012）。中国四个直辖市（北京、天津、上海、重庆）都是人口超过1000万的超大型城市，从五个维度分析评估其气候变化脆弱性，可以发现：这四个城市具有相近的社会发展水平；从综合脆弱性来看，上海和重庆比北京和天津更高，主要表现在气候敏感性（如气象灾害损失率、气候敏感行业比重等）、人口脆弱性（如老龄人口比重、平均预期寿命、文盲率等）、生态脆弱性（如森林覆盖率、水资源等）及城市环境风险等方面（见图1-2）。

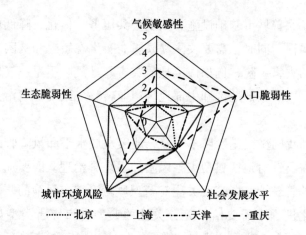

图1-2 中国典型城市的气候变化脆弱性比较

资料来源：Zheng, Y., Pan, J. H., "Fast Growing Countries and Adaptation", in ISSC and UNESCO, Anil Markandya et al. eds., *Handbook on Economics of Adaptation*, Routledge, 2014.

根据上海市灾害防御协会发布的《面向二十一世纪的上海市城市防灾减灾管理研究》，上海面临10种潜在的"未来灾害"，包括风灾、水灾、震灾、火灾、建筑结构老化致灾、地质灾害、潜在城市环境灾害等（彭希哲，2005）。课题组在2010—2013年对上海气象、应急管理、规划等部门与社区的调研中了解到，上海市与气候变化有关的极端气候灾害主要包括暴雨、台风、高温、雷电、大雾、海平面上升等。这些灾害影响农业生产，造成基础设施损毁，引起人员伤亡、电力短缺、交通瘫痪等问题。针对气候风险的挑战，课题组以上海为案例地区，开展了城市适应气候变化规划研究，分析了具体领域的适应需求，并提出了相应对策。

第二章 城市地区适应气候变化的理论与方法

第一节 国内外适应气候变化的研究进展

一 适应气候变化的相关概念

适应气候变化（Adaptation to Climate Change）是指减小气候风险造成的不利影响或损失，以及增加潜在的有利机会（IPCC，2007）。国际上对于开展适应气候变化的政策研究已有不少权威文献，从概念到方法学都有涉及。适应政策研究的核心概念，包括风险、脆弱性、适应能力、应对能力、敏感性、韧性、恢复力、适应性管理、适应性治理等。

根据 IPCC 的定义，所谓适应（Adaptation），就是自然或人类系统对新的或变化的环境的调整过程。对气候变化的适应，就是自然或人类系统为应对现实的或预期的气候刺激或其影响而做出的调整，这种调整能够减轻损害或开发有利的机会。

IPCC 将适应分为三种类型：

（1）预防性（主动性）适应（Anticipatory/Proactive Adaptation）：是指在气候变异所引起的影响显现之前而启动响应行动。

（2）自主性（自发性）适应（Autonomous/Spontaneous Adaptation）：不是对气候影响做出的有意识的反应，而是由自然系统中的生态应激或人类系统中的市场机制和社会福利变化所启动的反应。

（3）计划性适应（Planned Adaptation）或规划性适应，即针对未来可能发生的气候风险预先制定政策、规划进行防范。它是政府决策的结果，是在意识到环境已经发生改变或即将发生变化的情况下采取的一系列管理措施，从而使环境恢复、保持或达到理想的状态。

与适应有关的概念还包括：

（1）适应能力（Adaptive Capacity）：是指系统适应气候变化以减小潜在损害、应对不利后果或利用有利机会的能力。

（2）适应性管理：旨在提高自然和人类系统利用有利机会和应对不利影响的能力。

（3）适应赤字（Adaptation Deficit）：发展中国家由于气候灾害风险投资不足导致的适应欠账。

（4）发展赤字（Development Deficit）：由于发展目标尚未实现，基本需求尚未满足，许多发展中国家和地区由于极端气候灾害侵袭而产生风险倍加效应，受到发展和适应的双重挑战。

（5）适应不良（Maladaptation）：指人类或自然系统对气候刺激的反馈导致的脆弱性的增加，即某项适应活动并未按照预期成功地减小脆弱性，反而使之增加。

二 适应气候变化的内涵与理念

适应气候变化本质上旨在解决全球气候变化引发的环境外部性问题。气候变化既是环境问题，也是发展问题，适应气候变化与发展议题密切相关。针对气候变化的长期性、复杂性、不确定性特征，本书提出一些新的发展理念和适应需求。例如，韧性/恢复力、适应性管理等，就是针对适应气候变化的问题和研究需要而提出的新概念。

"韧性"的含义：一是能够从变化和不利影响中反弹的能力，二是对于风险的预防、响应及恢复的能力。发达国家已经将韧性提升到适应能力建设的战略高度。以 2013 年 6 月新发布的纽约适应计划为例，韧性战略意味着在长远规划中必须充分考虑气候变化风险，否则将低估未来灾害风险的潜在影响。韧性战略不仅强调减小或避免未来可能的极端灾害损失，更注重从整体治理的视角提升社会经济系统的竞争力，将危机转化为机遇，实现可持续发展。因此，面向韧性的能力建设重视学习、创新的能力。包括以下理念：

第一，学习反思能力。强调"在实践中学习"。认为没有完美的政策，在充满不确定性的未来，只有通过试错和总结经验教训来寻找更好的适应对策。在气候变化风险下，如果不能未雨绸缪，那么亡羊补牢的前瞻性规划也是理性的选择。

第二，强调适应性管理和适应性规划。"适应性管理"这一理念产生于20世纪90年代，针对全球环境和气候变化的大背景，广泛应用于水资源管理、生物多样性管理、灾害风险管理、环境影响评估等领域（Williams，2011）。适应性规划有几个基本特征：①利益相关方的参与；②明确、可测量、可评估的目标；③基于不确定性设计未来政策情景；④提供多种政策备选项以提高管理的灵活性；⑤监测和评估过程；⑥学习和反馈。英国、美国、澳大利亚等发达国家先后开展了区域和地方层面的适应规划，取得了一些进展和经验。

第三，寻求共识，建立合作伙伴关系。未来社会将是风险社会，气候变化引发的灾害将成为风险的放大器，对于传统的灾害风险管理提出了挑战。从灾害风险管理到灾害风险治理，需要政府转变角色，改变单一部门、市场主导的模式。2005年卡特琳娜飓风之后，美国等西方国家基于个体理性和市场原则的风险分担机制受到了诟病，开始重视政府在风险治理模式中的主导作用。

三 适应气候变化与灾害风险管理的异同

气候变化是风险社会中最典型的现代风险问题之一（吴绍洪等，2011）。气候变化风险主要来自两个方面：一是气候变暖导致的气候要素长期和平均趋势的变化，如平均气温、平均降水变化，海平面上升，荒漠化，海洋升温等；二是极端天气气候事件，如热带气旋、风暴潮、极端降水、热浪与寒潮、干旱等发生频率和强度的变化。气候变化使得灾害风险的频率、强度及其表现形式越发复杂，更加难以预测。与传统的灾害风险相比，气候风险具有长期性和更大的不确定性。英国一份报告指出，气候变化会导致风险乘数效应，使得灾害导致的影响被内在的脆弱性所放大，尤其是在粮食匮乏，水、土地、能源等自然资源短缺的国家和地区。

灾害风险管理与适应气候变化作为两大各有侧重的环境治理领域，既有共性，也有差异性。联合国国际减灾战略指出，灾害风险管

理旨在减小自然灾害或相关的环境、技术灾害对社会的不利影响
（UNISDR，2004）。IPCC 发布的《管理极端事件和灾害风险，推进气
候变化适应》特别报告，界定了这两大领域的交叉点，即减少极端事
件的风险暴露度和脆弱性，提升应对不利影响的韧性（IPCC，
2012）。可见，减小风险及其不利影响（也即对风险的管理）是传统
的防灾减灾和适应领域共同关注的焦点。但是，二者也有不少差异，
例如适应气候变化和灾害风险管理在治理目标、风险特征、理论基
础、主管部门等方面，都有显著不同（见表 2 - 1）。

表 2 - 1　　　　　　　灾害风险管理与适应气候变化的区别

	灾害风险管理	适应气候变化
目标	防灾减灾，减少灾害损失发生概率	减小气候风险，增强适应能力，开发潜在的发展机会
风险类型	自然灾害风险（地震、洪水、台风、干旱等），人为灾害风险（环境污染、工业事故、火灾等）	气候变化风险（突发的极端天气气候事件如台风、洪水、暴雨、高温、干旱、雷电、雾霾等），渐进的长期风险（如海平面上升、荒漠化、生物多样性损失等）
风险认知特征	突发灾害、长期灾害	长期性、不可逆性、不确定性
风险构成	致灾因子、承灾体、孕灾环境	极端事件、暴露度、脆弱性
时间尺度	事件应对式（事前、事中、事后），关注个别事件，静态过程	长期持续的变化，连续的动态过程，关注与可持续发展的关联
影响范围	灾害链效应（线性影响机制）	风险放大效应（非线性影响机制）
理论基础	灾害学、灾害链理论	社会—生态复合系统、韧性、风险社会理论
风险评估	基于历史事件的风险预测	基于气候情景的风险评估
主导政策	防灾减灾规划	适应气候变化规划
主管部门	应急管理部门、民政部门等	发展规划部门（如发改委），气象部门，环境管理部门等

资料来源：Zheng Yan, Xie Xinlu, "Improving Risk Governance for Adapting to Climate Change: Case from Shanghai", *Chinese Journal of Urban and Environmental Studies*, No. 12, 2014.

从国内外灾害研究的长期进程来看，有三个流派：一是工程—技术传统，核心概念是灾害，关注产生自然灾害或人为灾害的致灾因子，应对灾害的基本策略是理解灾害的发生机制，进而通过工程和技术手段进行预警、预防和应对。二是组织—制度传统，核心概念是危机，从管理学和制度组织的角度探讨危机产生的原因、过程。三是政治—社会传统，其核心概念是风险，用来衡量发生某种不利影响的可能性，包括自然风险、经济风险和社会政治风险（童星、张海波，2010）。随着对灾害研究的逐层深入，综合风险管理、气候风险治理等概念的提出，更加强调了灾害的社会属性，指出了从社会—生态复合系统的角度开展整体治理和协同治理的必要性。

四　适应气候变化治理与灾害风险管理的协同策略

IPCC（2012）指出，灾害可以是由于极端气候事件所导致的，但是没有极端气候事件也可能产生灾害。极端气候灾害的影响程度取决于（社会经济系统的）暴露度及脆弱性特征。一方面，未经合理规划的发展过程将加剧暴露度和脆弱性；另一方面，人们也能够通过采取积极的适应行动来减小极端气候事件及灾害造成的不利影响。一般而言，对于低概率、高强度的强极端气候事件（如台风、强降水），影响程度主要取决于灾害强度、人口和财富的暴露度；对于较高概率、较低强度的小极端气候事件（如干旱），影响程度主要取决于脆弱性的大小，尤其是在局域尺度上多发的、中小规模的、具有累积效应的灾害，会显著影响地方层面应对未来灾害的能力。

（一）协同目标

自 IPCC 第四次评估报告以来，由于观测数据的质量和数量明显提升，进一步从多角度印证了近百年全球变暖的事实，人类活动影响极端气候事件频率和强度的证据得到进一步加强（孙颖等，2013）。气候变化使得极端事件更加复杂和难以预测，除了关注长期渐进的灾害风险，更要重视对巨灾风险的预防和应对。这使得基于风险源和历史灾害信息预测的传统灾害风险管理面临着挑战，未来的协同战略是走向综合风险治理（Integrated Risk Governance）。这一目标体现在三个方面：一是全面系统的风险治理，即治理的对象不仅包括灾害的自然属性（孕灾环境），还包括灾害的社会属性（社会经济和制度脆弱性），灾害治理是要充分调动社会资源和力量，弥补政府力量的不足；二是全过程管理，即风险治理要进行前瞻性的、科学的风险评估，从事前监测预警、事中应急处置、事后救援和恢复等多方面加强管理；三是从单一灾害风险走向多灾种的综合风险管理。国内外的经验表明，现代应急管理体系能够有效应对突发的极端天气气候事件，最大限度降低灾害风险的不利影响。中国的应急管理体系还处于发展阶段，尚有很大的发展提升空间，尤其是如何适应已经发生的和未来长期的气候变化及其灾害风险是应急管理体系面对的挑战之一。

适应气候变化与灾害风险管理，在目标、主体、政策规划、行动实施上可以寻求协同。例如，通过灾害风险预估和早期预警机制来减少暴露度，通过建立灾害风险应急机制和管理机制来降低灾害破坏性，通过风险转移和风险分担来减少灾害对受灾人口的冲击力，提高灾后恢复能力。由于适应气候变化与发展问题密切相关，适应气候变化的政策设计更具全局性和前瞻性，不仅要应对近期突发的极端灾害，而且要通过提升长期可持续发展能力、减少贫困人口和社会经济脆弱性，提升整个社会的适应能力，从而减少未来潜在的灾害风险及其不利影响。

（二）协同原则

寻求协同政策和行动需要遵循无悔原则、预防原则、经济理性原则、公平原则等（潘家华等，2013）。

（1）无悔原则是指即使过高估计了气候风险，相关政策和行动仍然可以实现其他社会经济发展目标，例如减少贫困、空气污染、生物多样性损失，加强水资源保护、公共卫生体系建设等。最有效的适应气候变化和降低气候灾害风险的措施，是那些既可在短时间内带来发展效益，又能够减少气候变化长期脆弱性的措施。

（2）预防原则是国际环境公约中针对不确定性风险提出的一个理念，是指在科学证据尚且不足时采取谨慎的预先防范措施，以避免未来不可逆的损失，如巨灾导致的人员财产伤亡、生物多样性损失等。为了增强适应行动的科学性，"十二五"期间，我国逐步开展面向适应的气候灾害风险评估与管理机制研究，编制了气象灾害图集，开展了重大工程设施的气候可行性论证、主要灾害的风险评估，先后出版了长江流域、华东区域、云南省、鄱阳湖、长江三峡库区等流域和区域的气候变化综合影响评估报告，并正在积极建设"中国气候服务系统"。

（3）经济理性原则，是指协同政策和行动也需要考虑投入的成本和产出效率，通过成本效率分析或成本有效性分析，在多种政策选项中选择风险最小、收益最大的政策和行动。

（4）公平原则是指适应和减灾政策不能因为资源的重新配置拉大社会差距，造成新的不公平因素。国际适应机制中的公平原则主要遵循了脆弱群体优先的理念，因此，我国开展适应和减灾的协同措施也需要兼顾地区差异、群体差异，将适应资金和救灾资源优先配置到高风险、高脆弱的地区和群体。

第二节　适应政策研究的方法学

一　适应政策的研究方法

从影响评估到脆弱性评估，研究者和决策者对社会生态复杂系统的特性及其互动性的认识有了提升，也认识到通过政策响应来积极主动地应对风险、进行适应的必要性。但是，从认识提升到走向实践活动，还需要科学方法的支持。

在国际社会的努力下，一些国内外研究机构在不同国家和地区，开展了许多适应案例和政策研究，在方法学上总结了一些适应决策的工具和方法（殷永元、王桂新，2004）。

国际上适应政策研究的相关文献提供了制定适应决策的方法，如：联合国环境署的《气候影响评估与适应战略方法学手册》（UNEP，1998）包括水资源、海岸带、农业、畜牧业、健康、能源、森林、生物多样性、渔业等多部门的方法学指南；UNFCCC 的《适应战略评估决策工具》① 包括多部门综合分析，如水资源、海岸带、农业、健康等；UKCIP（2003）的技术报告《气候适应：风险、不确定性及决策》中的"政策评估工具和技术列表"等。

二 参与式适应规划研究方法

参与式调查方法（Participatory Investigation）是目前国内外在发展规划和政策评估中广泛采用的研究方法。参与式发展规划（Participatory Development Planning）注重将利益相关方纳入发展政策设计的全过程，强调问题和行动导向、自下而上的信息搜集、重视地方知识和社区诉求、通过沟通和对话提升群体学习能力和凝聚力等（叶敬忠等，2005）。为了响应城市治理的需要，联合国人居环境署开发了《参与式城市决策支持工具》，包括四个步骤：①明确决策议题及利益相关方；②针对问题优先次序，建立合作与共识；③形成策略并协调利益和矛盾；④实施、监督与反馈。李鸥（2010）将这一方法应用于国内城市社区居委会管理、城乡接合部农村搬迁决策等案例。受到传统集中决策方式的制约，参与式方法尚未在我国城市决策中得到充分应用。

气候变化的影响、风险认知及适应决策涉及众多主体和领域，需要广泛搜集方方面面的知识和信息，参与式调查方法有助于研究复杂系统和具有不确定性的决策议题。课题组基于参与式发展规划理念，在社会调查中广泛尝试了多种参与式技术工具，初步形成了一套切实可行的参与式适应规划（Participatory Adaptation Planning）研究方法。具体采用的方法包括利益相关方分析、参与式研讨会、SWOT 优劣势分析、德尔菲法（专家咨询）、半结构式问卷、群体访谈等。这些方法的应用参见本书第四章第六节"上海市气候变化风险的社会调查研究"、第九节"城市适应气候变化规划研究：以上海市奉贤区为例"等内容。

以下是几种常见的适应决策的研究方法，包括利益相关方分析、

---

① UNFCCC, *Compendium of Decision Tools to Evaluate Strategies for Adaptation to Climate Change*, http：//www. aiaccproject. org/resources/ele_ lib_ docs/adaptation_ decision_ tools. pdf, 1999.

成本收益分析、SWOT 战略规划分析等。

（一）利益相关方分析

利益相关方分析（Stakeholder Analysis）是目前国内外在发展规划和政策评估中广泛使用的参与式发展研究方法。利益相关方调研能够为适应规划提供基本信息，可根据需要采取不同方法，例如：①座谈和研讨会，请访谈对象介绍部门工作情况，可进行群体访谈、焦点小组访谈、个体访谈等。群体访谈可采用文氏图、问题树、决策树、因果关联表、打分排序法等分析工具。②拜访相关部门和机构，进行个体访谈。③填写问卷或打分表，如适应政策评估的打分表。

在利益相关方调研中，可以重点了解各方在适应气候变化工作中的现状、问题及需求，包括：①与适应气候变化相关的部门、管理机构等利益相关方有哪些？②适应气候变化的优先工作有哪些？如重点行业、脆弱群体、高风险区域。③对未来气候风险进行管理，现有的政策、机制、信息和资源有哪些？建立一个良好的适应决策机制还有哪些薄弱环节？④适应气候变化的主要需求有哪些？如政策立法、发展规划、信息分享、公众参与、技术支持等。⑤不同利益相关方（决策者、专家、社会公众）对于适应决策机制的建议和对策等。

（二）成本—收益分析

成本—收益分析（Cost‑Benefit Analysis，CBA）被广泛应用于私人企业和公共部门的决策分析之中。许多公共政策的成本可以估算，但是往往很难估算政策的收益，例如生态移民的各项成本是可计算的，收益则涉及生态效益、社会公平、减贫、社区发展、教育和健康改进等多方面，难以简单进行评估。这种情况下，可以通过分析政策达成某一种或几种目标的有效性来进行评判。政策有效性可以采用不同的定性评估方式来进行。

适应气候变化是典型的公共部门决策，既需要考虑直接的成本、效益，还需要考虑各种间接的成本与收益。此外，除了能够用货币度量的成本收益，还存在大量难以货币化的成本收益，比如环境污染成本、生态服务价值、健康和生命价值、文化遗产价值等。由于存在着许多显性和隐性的正外部性或负外部性，很难穷尽一项特定政策所有的成本和收益，并将其量化。对于可在竞争性市场上交易的产品或投入要素，通常可直接通过市场价格来确定适应对策的成本和收益，一般采取下列假设前提：①一个政策方案的社会价值是该政策方案对社会各成员的价值总和；②该方案对于每个人的价值必须是基于完全信息情况下的个体支付意愿及偏好的充分表达。由于现实世界通常不能满足完全自由市场的假设，即存在着垄断、管制、税收或补贴而导致的市场价格扭曲，或者某些产品和服务无法进行市场估价，所以对于环境物品的公共投资决策一般多采用影子价格法、替代市场法、环境价值评估等方法确定。

（三）适应战略规划的 SWOT 分析

SWOT 分析也称为态势分析或优劣势分析，是管理学中广为应用的一种战略规划分析工具。它将与研究对象密切相关的各种主要内外部因素区分为优势（Strengths，S）、劣势（Weaknesses，W）、机会（Opportunities，O）和威胁（Threats，T），通过调查并梳理出各典型要素，运用系统分析的思想，将各种因素相互匹配后加以分析，从中得出相应的策略。SWOT 分析通过对组织所处情境进行全面、系统、准确的分析评估，能够简化复杂的信息，使决策过程更加科学和具有前瞻性，有助于制定宏观政策、发展战略及相应的行动计划。国际上有研究采用这一方法进行气候变化适应性规划分析和战略评估，例如瑞士一项研究利用 SWOT 方法分析了气候变化背景下瑞士旅游业如何避免不利影响、挖掘潜在的机遇，指出这一分析工具对于决策者和利益相关方共同设计趋利避害的综合性适应性规划具有积极作用（Hill et al.，2010）。SWOT 对策矩阵示例如表 2-2 所示。

表 2-2　　　　　　　　　　SWOT 对策矩阵

	内部优势（S）	内部劣势（W）
外部机会（O）	SO 战略：充分发挥内部优势，充分利用外部机会	WO 战略：充分利用外部机会，避开内部劣势
外部威胁（T）	ST 战略：利用内部优势，尽量减小来自外部的风险和威胁	WT 战略：将劣势最小化，同时尽量避免风险发生

　　由于 SWOT 分析偏重于主观判断的定性评估，因此又开发出将定量与定性相结合的适用于多目标环境管理决策的 SWOT - AHP 方法。SWOT - AHP 模型是在 SWOT 分析的基础上，利用 AHP 分析优化 SWOT 对策矩阵，对不同的政策选项进行量化排序，从而优选出不同目标和原则下的适应策略。

　　科学的适应决策是确保国家和地方适应目标得以有效落实的重要保障。适应气候变化的决策和实施应该立足于坚实的科学事实及理论基础。适应气候变化决策的科学基础包括对气候变化问题的科学认知基础和适应决策的理论基础两个方面的内容。一方面，要充分认识适应气候变化本身蕴含的科学问题，包括气候变化的影响、风险、脆弱性以及适应能力，为适应决策提供科学的决策基础。另一方面，要尊重我国国情和地区发展阶段差异，借鉴国内外的经验，遵循科学的决策流程，明确适应的优先议题，确定关键领域和重点部门，在科学研究及评估基础上，因地制宜做出科学可行的适应决策。

三　适应政策研究的分析路径

　　开展适应政策研究可以有不同的切入点，考虑到政策研究的目的和研究的现实条件，可以选择以下分析路径：

　　（1）基于气候危害性的评估（Natural Hazard - Based Approach）：传统的气候灾害评估大多采取这种基于气候危害的方法，例如评估农业气象灾害风险、沿海地区的台风风险等，主要是侧重于气候风险因子（如极端气候事件的发生概率），从自然科学的角度开展风险评估，并提出适应对策。例如，国家气候中心采用联合国气候变化专门委员会（IPCC）第五次科学评估报告的方法，基于高温、强降水等致灾危险性因子，预测了不同气候变化情景下中国未来的高温、洪涝风险等级及时空分布特征，其中，华东地区的高风险天气气候灾害有洪涝、台风、干旱、高温与热浪、寒潮与冻害等（秦大河等，2015）。

　　（2）基于脆弱性的评估（Vulnerability - Based Approach）：包括自然生态系统及社会经济脆弱性。单纯的脆弱性评估是假定气候危害水平不变，分析脆弱性各因子变化对风险水平的影响。由于气候变化影响评估中许多要素难以货币化（如生态服务价值、健康和生命损失等），作为一种补充和替代方法，脆弱性评估在气候变化政策研究中被广泛应用（Patt et al. , 2011）。郑艳等（2016）依据气候敏感性和适应能力两个维度，针对中国31个省份进行了气候变化脆弱性评估，结果表明，各省份的综合脆弱性指数呈现自东向西逐渐增大的趋势，即发展水平更高的地区其适应能力相对更高、气候敏感性更低。气候敏感性因子（包括气候灾害损失比重、受灾人口比重、气候敏感行业等指标）对各省份综合脆弱性的贡献率超过1/3，此外，经济能力、人力资本质量、社会发展基础设施、生态资源禀赋、环境治理能力等也是影响脆弱性差异的主要因素。依据脆弱性评估结果可将中国区分为三类适应区域：①增量型适应优先地区：多为东南沿海发达城市地区，发展基础较好，适应能力相对较强，应重点防范极端天气气候事件引发的小概率、高影响的灾害风险；②发展型适应优先地区：绝大多数处于西部地区，生态环境敏感，发展基础薄弱，亟须加强科技、教育、健康、防灾减灾、扶贫、生态保护等发展型基础设施投入；③增量型与发展型适应并重地区：以中西部地区居多，处于城市化和工业化快速提升阶段，应当关注气候变化对资源环境和人口承载力的制约作用。

（3）基于适应能力的评估（Adaptive Capacity Approach）：适应能力评估是针对现状适应水平（应对能力），分析社会经济系统在适应方面存在的优势和不足之处，并对未来提升适应能力提出政策建议。例如，谢欣露和郑艳（2015）构建了五个维度的气候适应能力评价指标体系，包括经济支撑能力、社会发展能力、自然资源禀赋、技术支撑能力和风险治理能力，分析了2010—2014年北京市16个区适应气候变化的综合能力，结果表明各区的功能定位对其发展水平和适应能力具有潜在影响。其中，核心城区由于发展基础较好，综合适应能力优势明显；发展新区面临基础设施薄弱、自然资源短缺和环境治理要求不断提高等压力，综合适应能力最低。基于这一研究发现，提出北京市应加强城市中心区与外围郊区的功能互补和协同规划，以提升整个城市系统的综合适应能力。

（4）基于政策效果的评估（Policy Appraisal Approach）：针对某个

已经实施的适应政策，设计适应政策评估的基本原则（如公平原则、效率原则、可持续性原则等），评估其效果并提出改进措施。针对具体适应政策的评估研究，目前国内还缺少可借鉴的案例。

第三节　适应气候变化的决策过程与治理机制

一　适应决策的目标和内容

（一）决策目标

适应气候变化具有长期性、复杂性和不确定性，除社会和个体层面的自发适应、主动适应之外，尤其需要由政府部门主导开展前瞻性的规划性适应。规划是公共政策领域的重要概念之一。公共政策的最终目的是实现"良治善政"，也就是"好的发展"，即：①最优的经济增长；②对现有和潜在财富与资源的尽可能公平的分配；③对自然环境的最小破坏。这一发展理念也就是同时实现经济增长、社会进步、环境保护的可持续发展目标。作为从现实世界通向可持续未来的桥梁，规划是一个在不同时间、空间尺度上根据现有信息不断选择和决策的动态过程，旨在利用有限的资源在未来特定时期内完成特定的目标。因此，规划往往需要具有系统性、计划性和前瞻性，面向未来制定发展战略，并设计科学可行的发展路径和行动方案。

（二）内容

适应规划是伴随着气候变化问题应运而生的新的决策需求，也是人们深入认识气候变化问题及其规律之后在政策层面的积极响应。气候变化问题是典型的社会—生态复合系统引发的环境问题，具有长期性、复杂性、不确定性、不可逆性、潜在影响的显著性及应对的紧迫性等特点，使得适应成为一项决策者必须面对的现实挑战。作为一项长期的战略，适应政策和行动需要综合考虑气候风险、社会经济条件及地区发展规划等多项内容，同时需要在政策实施过程中及时反映和应用最新的科学进展。

适应规划隐含的政策设计理念是"适应性管理"或"适应性规

划"。20 世纪 90 年代以来，在全球环境和气候变化的大背景下，社会政策和公共管理领域兴起了对适应性管理的研究，经过了 20 多年的发展和实践，在理论和方法上渐成体系，衍生出适应性政策、适应性治理、适应性战略规划等概念，并广泛应用于气候变化、水资源管理、生物多样性管理、灾害风险管理、环境影响评估等领域。将适应性管理理念纳入适应政策和规划设计中，有助于改变传统的风险—应对式的风险管理方式，走向风险—适应性的管理途径。

国际上对于适应规划的理解，不仅将其作为一个政策目标实现的决策和管理过程，还强调了规划制定实施的背景及其组织运作机制，即治理架构、机制设计、制度环境等方面的因素影响。与此相关的概念是气候变化适应治理，可以界定为"公共管理部门、社会公众、企业、非政府组织等利益相关方，以实现气候安全、社会公平和可持续发展为共同目标的、共同应对气候风险的管理和决策过程"。适应规划既是适应治理的重要目标，也是推动适应治理的政策手段。

适应规划可以根据不同的决策层面、政策部门和领域，设计不同的目标。可以是单一部门的单一目标，也可以是与地区可持续发展、其他相关部门相结合的多元目标。例如，传统的灾害管理部门在考虑气候变化适应问题时，主要关注气候灾害及其风险，以降低气候灾害风险及其损失为目的。从国家和地区制定宏观发展战略的角度来看，适应规划需要与自然资源开发利用、减贫、减排、生态环境保护等多种目标结合起来考虑。因此，不仅需要关注极端天气气候事件及其灾害风险，还需要将视野拓展到与国家安全、社会公平、脆弱群体、减贫等与可持续发展目标密切相关的广阔领域。

由于气候变化这一环境问题的公共产品属性，适应规划的实施主体通常是政府相关部门，尤其是在国家和地区层面。在地方层面，也可以是社区、非政府组织（NGO）等利益相关方。IPCC（2012）特别报告阐明了在适应规划中不同治理层次和治理途径的参与主体及其角色（见图 2 - 1），指出研究机构、私人企业、公民社会及社区组织等不同主体具有不同的作用，能够与政府管理部门起到互补的作用。

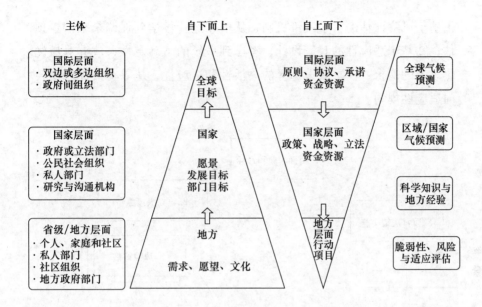

图 2 - 1　气候变化适应的不同治理主体及其功能

二　适应规划的实施步骤

适应规划是确保国家和地方适应气候变化目标得以有效落实的重要保障。

（一）分析框架

为了推进适应政策及行动，国际上对适应气候变化的决策流程提出了各种分析框架。

1. 联合国发展规划署（UNDP）

为了推动各国制定适应政策，UNDP 编写了《适应政策框架》，将适应决策过程分为以下 5 个主要阶段：①研究范围界定；②评估当前的脆弱性；③评估未来气候风险；④制定适应战略；⑤实施适应政策和行动。

2. 英国的气候影响计划（UKCIP）

英国政府于 2002 年建立了气候影响计划，设计了一个适应规划框架，旨在帮助决策管理者认识和减少决策过程中的不确定性（见图 2 - 2）。这一适应规划的分析框架被国际社会广泛采用，其特点在于：

①基于风险评估的科学决策机制，从依靠经验科学到强调未来情景预估；②基于适应性的政策设计，考虑到系统的不确定性，放弃对最优化政策的追求，注重政策选择的灵活性和适应性，从寻求最优规划转向适应性规划。

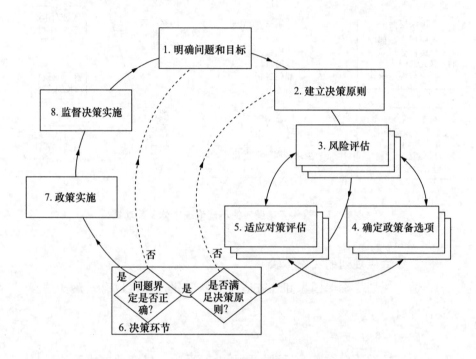

图 2 - 2　适应规划的流程

（二）适应规划的主要内容及实施步骤

综上所述，适应规划的主要内容及实施步骤可归纳为五个方面：

1. 确定规划的目标和范围

鉴于适应气候变化的问题在不同地区、不同部门、不同管理层面具有差异性，需要首先界定适应规划的具体范围及其目标，以便规划的设计和制定更有针对性。

2. 开展气候变化脆弱性及其风险评估

脆弱性是指系统受到不利影响的倾向或趋势。气候变化导致的脆弱性评估包括对自然资源、生态环境、社会群体、经济财产、人居环境、健康、治理能力等诸多方面的评价。在此基础上，依据未来各种气候变化情景预估结果，针对不同的社会经济发展情景分析，提供各种可能的气候风险评估结果，作为制定规划的科学依据。

3. 适应对策甄别及其优先性评估

首先，需要制定科学、合理并且符合大多数人价值观的未来适应目标，即建立行动共识；其次，根据专家咨询、利益相关方研讨、成本效益分析等多种方法，甄别出最具有现实可操作性的各种适应对策；最后，基于政策优选的某些具体原则，评估适应对策的优先次序。

4. 制定及实施适应战略

为适应政策的实施设计路线图。针对未来图景的政策设计需要体现变通性和灵活性，例如，发展路径和风险管理手段的多样化，选择无悔或低悔的政策措施，避免投资或技术的锁定效应，分阶段逐步实施，根据新的科学知识、信息和反馈及时调整和改变政策内容等。

5. 政策实施过程中的监测、反馈及评估

由于气候变化问题的复杂性和长期性，人们的认识有一个逐步提高的过程。因此，在政策实施过程中，不断对政策实施的过程和效果进行监督、反馈和评估，有利于及时纠正决策过程中可能存在的失误和问题，从错误中获得学习和改进的机会。

（三）适应规划的核心要素

根据国内外的研究与实践，可以归纳出适应规划的几个要点：①利益相关方的参与；②明确的、可评估的共识性目标；③基于不确定性设计未来政策情景；④提供多种政策备选项以提高管理的灵活性；⑤强调"在实践中学习""从错误中提高"，注重提高各参与方的学习能力，倡导学习型组织；⑥确保规划达到预期目标的监督和评估机制；⑦将规划落实为具体行动和举措的适应治理机制保障等。

三　我国适应气候变化的现状、进展及存在问题

从我国的决策机制和治理传统来看，制定行业领域适应政策/规划的主体主要是国家适应气候变化的主管部门，如科技部、发改委、气象局、农业部、水利部、林业局、海洋局、卫生部等。此外，还有

许多决策支持机构参与了规划咨询及编制工作。根据我国环保领域的法律法规，社会公众有权对环境政策的制定及实施进行监督，一些重要的工程项目、环境政策及规划需要进行事前、事中和事后的评估工作，这是一项公共政策得以切实有效落实的基本保障。

气候变化背景下，许多极端事件超出了人类知识和经验的范畴，即使是拥有完备的防灾减灾和应急管理能力的发达国家，也难免遭受打击。作为公共政策研究的新领域，适应气候变化涉及跨部门、多层面、多目标的环境管理，对适应决策的理念、方法和管理手段都提出了较高要求。目前我国在灾害风险管理和适应气候变化领域还存在一些机制设计、组织协调、规划管理等方面的问题，主要表现在：①防灾减灾与适应气候变化分属两大治理领域，在人员和机构设置、政策立法等方面尚未实现协同治理，部门之间的决策协调不足；②适应气候变化尚未在国家和地方层面的灾害风险管理中主流化，从决策者到社会公众对于未来气候变化引发的极端灾害风险认识不足；③缺乏统一的、灵活应对的灾害风险治理机制，对未来潜在的极端灾害风险缺乏前瞻性，工作预案不能满足现实需求，应急管理体系仍有待完善；④区域间的风险治理及适应决策协调机制缺失，难以应对气候变化背景下跨区域、复合型的灾害风险；⑤市场机制和公众参与不足，政府主导的、自上而下的、应急为主的风险治理机制难以适应现代风险社会的需要等（秦大河等，2015）。

现有规划缺乏应对极端事件和长期气候变化风险的科学支撑。气候变化风险评估尚未在国家防灾减灾中长期规划中得到应用，从救灾到防灾的转变还需要一个过程。许多部门在政策制订、规划和管理实践中，对气候变化与极端事件的风险认知不足。自 2007 年《国家应对气候变化方案》发布以来，我国各部门和领域发布了一系列适应气候变化的相关法律、政策和规划，共计 100 多项，主要涉及林业、水利、海洋、民政、农业、气象、卫生、综合、服务业、科技、国际合作、环保和立法等十多个部门和领域。继《国家应对气候变化规划（2011—2020）》发布以来，气象局、科技部、海洋局等部门也先后发布了"十二五"专项适应规划。然而，许多重要的部门和领域

（如农业、能源、水资源、交通、城市规划、卫生健康等）尚未制定长期专项适应规划，这使相关科学研究、资金、技术等保障机制难以推进，从国家到部门层面的适应目标难以落实（秦大河等，2015）。

对此，需要加强软件和硬件的适应能力建设，通过制度创新提升政府应对极端气候事件和长期气候风险的适应能力，同时，在发展过程中，注重对气候防护基础设施的建设。

四　国内外适应政策和实践进展

国外针对适应气候变化的政策开展了不少评估，为我们了解适应政策的目标、内容、主体、实施效果及监督与评估等方面提供了丰富的资料和经验。

（一）适应政策评估的主要内容及功能

英国一项针对国家适应战略的独立研究指出，一个好的"国家适应方案"应当包括以下内容：①界定受到潜在风险影响的关键领域，及其主要问题和困难；②针对长期的成功适应行动制定决策原则，以及解决不确定性问题的方法；③界定政府需要采取行动的优先工作，分析潜在的问题和不足，并借助研究和咨询过程为决策提供支持。

Preston 等（2011）根据国际机构开发的适应决策的技术指南，总结出一个适应规划的评估框架，其中包括了三大内容19项评估要素：①评估现有的适应能力基础，包括对人力资本、社会资本、自然资本、物质资本、金融资本等要素的评估；②评估过程：界定适应目标、评估风险以及适应选项，其中包括适应的目标、原则、风险驱动因素、利益相关方参与、不确定性、对策选择、协同问题、如何主流化等；③适应政策的实施、沟通及评估，包括沟通与分享、责任与职责、实施、监督及评估等。

Biesbroek 等（2010）对7个欧盟成员国的"国家适应战略"进行了比较和评估，包括五个方面：①推动国家适应战略的激励因素；②国家适应战略所需的科技支持；③适应战略在适应信息、沟通、意识提升方面的作用；④适应战略如何与其他政策领域进行协调或整合；⑤适应战略如何予以实施并评估。

世界资源研究所（2009）构建了基于五大适应功能的"国家适应

能力框架"（NAC），为决策者、研究人员及社会公众提供适应规划指南。将适应战略或规划的主要功能概括为：①评估功能，即通过对气候变化的脆弱性、适应行动、发展行动的气候敏感性等进行评估，为决策过程提供必要的信息；②优先性，即确定特定议题、领域、部门及群体在适应方面的优先事项；③协调功能，即协调不同治理层级的政府部门和其他参与者，避免决策中出现重复或矛盾，发挥决策的规模效应；④信息管理功能，即通过对信息的收集、分析及传播，支持适应行动，确保信息的可用性和可得性；⑤减小气候风险，即界定主要的气候风险、影响领域并且明确适应行动的优先次序。

（二）适应政策及治理体系的不足

一些文献对国家层面的适应战略和规划进行了评估，发现了各国适应政策中存在的问题和不足。Preston 等（2011）根据国际机构开发的 19 个适应决策的技术指南，总结出一个适应规划的评估框架，评价了美国、英国和澳大利亚的 57 项适应气候变化政策（包括战略、规划、行动方案等），发现没有一项政策涵盖了评估框架的全部评价要素，其中突出的问题是这些适应政策对非气候因素、适应能力等在适应气候变化中的作用考虑不够。Lempert 和 Groves（2010）利用水资源评估和规划模型定量评价了美国 Inland Empire 公用事业局《城市水管理规划》适应未来气候变化的能力，并提出了规划方案调整建议。Hardee 和 Mutunga（2010）以人口目标为例，评价了 41 个最不发达国家的《国家适应行动计划》与其国家发展规划之间的联系，发现这些国家的长期适应战略不能很好地满足未来发展需求。Bouwer 等（2013）对比了英国、意大利、西班牙、瑞典和波兰 5 个国家案例流域在执行欧盟水框架指令中考虑气候变化适应的差异，发现气候变化影响的严重性、治理能力、政治意愿等是导致各国政策设计和实施差异的重要原因。Gemmer 等（2011）比较了中国和欧盟国家在水资源管理领域的适应治理框架，包括政策、立法、规划及具体活动，指出二者都制定了专门的气候政策，差异在于如何落实适应行动，欧盟侧重于通过法律途径整合多个适应目标，中国则更多依靠部门途径，将适应行动纳入部门发展规划和现有法律框架之中。Biesbroek 等

（2010）比较了 7 个欧洲国家的"国家适应战略"，指出这些战略在各国的适应治理架构中扮演了不同的角色，同时这些战略在实施过程中还面临着多层次治理和政策整合等现实困难与挑战。Urwin 和 Jordan（2008）以英国的农业、生态保护和水资源政策为例，从"自上而下"和"自下而上"两种适应规划路径入手，评估了现有跨部门治理体系的问题，指出需要考虑适应政策的多部门整合及协同问题。Juhola 和 Westerhoff（2011）比较了芬兰和意大利两个欧盟成员国在适应气候变化治理模式方面的异同，指出许多适应行动都是在地方层面自发产生的，需要关注国家与地方层面的政策整合。英国发展研究所（IDS）较早关注了城市治理机制对气候适应性的影响，从治理模式、决策参与、政策响应和灵活性、信息公开和问责机制、经验和保障机制方面设计了五个要素的评估框架，对 10 个亚洲城市①进行了城市治理与气候恢复力的比较研究（Tanner et al. , 2008）。

五　提升韧性的能力建设与机制创新

提升韧性或灾害恢复力的制度建设包括机构设置、决策过程、政策、规划、立法等相关内容。最重要的是，要加强部门的决策协调、推动适应和减灾在发展规划中的主流化以及推动资金和技术等保障机制的创新（秦大河等，2015）。

（一）加强部门的决策协调能力，推动风险治理机制的创新

灾害风险管理和适应气候变化是典型的跨部门公共管理问题。跨部门合作已经成为国家和地方层面政府治理创新实践的一种现实模式（巴达赫，2011）。从中国现实制度框架来看，未来推进韧性能力的机制设计，可以从两个途径入手：一是现有的灾害应急管理机制；二是应对气候变化决策协调机制。我国已经建立了"一案三制"的应急管理体系，初步形成了"统一指挥、反应灵敏、功能齐全、协调有序、运转高效"的应急管理机制。汶川大地震和玉树特大地震的救援充分证明了该运行机制的行之有效及其科学性和创新性（高小平，2010）。

---

① 中国社会科学院城市发展与环境研究所承担了宁波、杭州和大连三个中国城市的案例调研工作。

然而，应急管理并不能从根本上减少政府所面临的危机，针对未来长期的气候变化和不确定的巨灾风险，"应急思维"的风险治理模式已经暴露出许多现实弊端，尤其是难以预测和应对长期气候变化下的系统性灾害风险，亟须采取风险管理、应急管理、危机管理"三位一体"的战略治理理念（童星、张海波，2010），通过提升社会系统的内在韧性来应对风险。

对此，需要将应急管理纳入国家综合风险治理的整体框架：一是系统治理，二是动态治理，三是主动治理。首先，针对突发的极端天气气候事件，以改善现有的应急管理体系为切入点，加强灾害发生前的风险管理和事后的危机管理，减少灾害事件导致的不确定性。其次，针对未来长期的气候变化风险，以应对气候变化的决策协调机制作为治理主体，制定中长期的应对气候变化规划，推动减排和适应行动，从而减少未来极端事件发生的可能性，降低长期灾害损失和可持续发展压力。未来风险治理机制的创新，不仅要加强对突发极端事件的监测和应急管理，减少灾害损失，还要通过协同治理提升政府的公共管理能力和形象，借助治理创新，完善相关政策、推动社会改革、优化治理结构、化解潜在风险，以促进社会稳定和可持续发展。

（二）制定国家和部门的适应规划，提升韧性能力

IPCC（2012）特别报告指出，科学合理的发展规划有助于增强灾害风险管理和适应气候变化的能力。适应规划是政府开展的有计划的适应行动，是提升适应能力的重要决策工具。欧美等发达国家近些年来在政策和实践层面积极推动基于适应性管理理念的适应规划。目前国内外推动适应规划主要有两个途径：一是制定较高级别的综合适应规划，为各部门和领域的适应目标和任务提供指导；二是将适应需求和目标纳入部门规划。许多国家和地方的适应战略或规划都存在着与其他政策领域协调或整合不足的问题（Biesbroek et al.，2010）。我国开展适应规划可以因地制宜采取灵活的形式，可以是部门专项规划，也可以是国家和地方的综合规划，如战略、行动计划、方案等。2013年11月，国家发改委等9部门联合发布了《国家适应气候变化战略》，要求将适应气候变化纳入国家和地方的社会经济发展过程，并

积极推进适应气候变化规划的编制工作。国家适应战略对于部门和地方制定和实施适应规划将发挥战略指导作用，与此同时，也需要注重部门之间、不同层级之间的规划衔接问题。

适应规划不仅需要关注极端天气气候事件及其灾害风险，还要将视野拓展到与国家安全、社会公平、脆弱群体、减贫等可持续发展目标密切相关的广阔领域（郑艳，2012）。世界资源研究所（2009）提出，国家适应规划应当实现风险评估、界定优先事项、决策协调、信息管理和减小气候风险五大治理功能。适应规划需要基于对气候变化脆弱性和风险的充分认识，考虑制度文化的可行性、政策措施的可行性，以及实施这些措施的障碍及激励机制等因素（Fussel and Klein，2006）。

协同多目标的适应规划应当包括以下内容：①确定关键气候风险，作为协同管理目标和决策的依据；②界定协同管理的主要领域和部门；③针对特定的气候风险，甄别不同领域和部门可能采用的各种协同对策，例如工程措施、技术性措施、制度性措施等，同时评估这些协同对策与发展政策的相关性、相容性及可行性；④根据不同的决策原则进行政策优选排序，以便因地制宜、集中资源解决最迫切的问题；⑤政策规划的实施过程中需要进行监督、评估和反馈，及时发现新的问题，并结合新的科学知识、信息和反馈做出调整和改进（郑艳，2013）。

第四节 发展中国家的适应决策分析框架：发展型适应与增量型适应

气候变化风险对中国提出了严峻的挑战，适应成为一种必须的选择。然而，中国在适应气候变化的理论框架、分析方法、适应政策的规划与实施等方面还处于前期探索阶段。为此，我们针对发展中国家适应气候变化的现状、问题和基本需求，提出了中国适应气候变化的分析框架，指出需要明确发展型适应和增量型适应两类挑战，以及工程性适应、技术性适应、制度性适应和生态性适应四种手段。适应气候变化，需要有针对性的政策选择和经济分析。本节在方法论上，结合典型适应问题进行了讨论，分析了中国等快速发展中国家面临的发展与适应的双重挑战，提出了适应气候变化的基本框架、分析方法与政策建议。

一　发展中国家面临的适应挑战

改革开放以来中国取得了举世瞩目的发展成就，成为发展中国家持续快速增长的一个典型代表。学术界和国际社会将一些在经济增长上具有持续良好表现的国家称为"快速增长国家"（Fast Growing Countries）或"快速增长经济体"（Fast Growing Economies）[①]。基础四国（巴西、南非、印度和中国，BASIC）是快速增长国家的突出代表。尽管快速增长国家取得了非凡的经济增长成就，它们却不得不面对可持续发展中的诸多挑战，遭受经济全球化和气候变化的"双重威胁"（O'Brien and Leichenko，2000）。相较于发达国家，大多数快速增长国家农业人口众多、缺乏足够的自然资源，尚未达到较高的人类发展水平，为了尽快实现工业化和提升城市化进程，不可避免地带来更多的物质需求和能源消耗。快速增长国家的经济结构具有脆弱性和不稳定性，一方面易于受到全球经济衰退和金融危机的影响；另一方面，不断增长的人口和财富积累促进了收入增加和生活质量提升，同时也意味着气候变化风险将带来更多的受灾人口和灾害损失（Zheng and Pan，2014）。表2-3比较了基础四国的主要发展指标与气候灾害影响指标。

表2-3　　　　基础四国的主要发展指标与气候灾害影响指标

	中国	印度	巴西	南非	全球
人口（百万人）	1371.2	1311.1	207.8	55.0	7346.6
土地面积（万平方千米）	938.8	297.3	835.8	121.3	—
人均GDP（2000年不变价美元）	6496.6	1758.0	11322.1	7604.4	10283.4

---

① 快速增长经济体一般是指在一个连续的时间段内（如10年或以上）达到5%的人均GDP增长率的经济体（Virmani，2012）。

续表

	中国	印度	巴西	南非	全球
人均碳排放（百万吨）	7.5	1.7	2.6	9.0	5.0
城市化率（%）	55.6	32.75	85.7	64.8	53.8
人口预期寿命（岁）	76.1	68.3	75.2	61.9	71.9
气候灾害年均损失（百万美元）	13248	1770	557	158	—
气候灾害年均影响人口数（百万人）	147	63	2.55	0.95	—

注：气候灾害指标为1983—2012年平均数据，人均碳排放为2014年数据，其他指标为2015年数据。

资料来源：Zheng, Y., Pan, J. H., "Fast Growing Countries and Adaptation", in ISSC and UNESCO, Anil Markandya et al. eds., *Handbook on Economics of Adaptation*, Routledge, 2014；世界银行"世界发展指标"（WDI），http://databank.worldbank.org；CRED, EM - DAT全球灾害数据库，http://www.emdat.be。

　　由于快速的经济增长和城市化过程，东亚及太平洋地区、南亚地区、拉丁美洲和加勒比地区是位居全球前三的快速增长地区；与其他地区相比，更高的暴露度和脆弱性使这些地区面临着更大的气候风险（IPCC，2012）。例如，孟加拉国是面对气候风险最脆弱的国家，约2/3国土面积仅高于海平面5米以上，易遭受洪涝和台风的影响。据估算，一次典型严重飓风造成的损失将使国家发展倒退10年（World Bank，2010）。中国有超过70%的经济损失是由天气和气候相关的自然灾害导致的，主要是洪水、干旱、台风等。近20年来，在全球气候变化背景下，中国极端天气气候事件趋多趋强，在全球气候风险排名中①多年居全球前30位。其中，极端天气气候事件导致的死亡人口和经济损失是中国气候风险较高的主要因素，尤其是1990年以来，灾害损失与中国GDP的快速增长趋势基本保持一致（翟建青等，2016）。通过大力投资基础设施和防灾减灾，从20世纪80年代到

① Germanwatch依据各国历史灾情数据设计了全球气候风险指数（Global Climate Risk Index），用于分析气候相关灾害（如风暴、洪水、热浪等）对全球各国的影响。全球气候风险指数主要包括四个指标：死亡人数、10万人死亡率、经济损失及其占GDP损失比重。*Global Climate Risk Index* 2016，http://www.germanwatch.org/en/cri.

2010 年，中国与天气有关的灾害死亡率从年均 5000 人下降到年均 2000 人，气象灾害直接经济损失率从 20 世纪 80 年代的年均 3%—6%，下降到 21 世纪的 1% 左右，但是地区之间还存在很大差异（李修仓等，2015），这一国情特点要求采取因地制宜的适应对策。

适应和发展存在密切联系，然而也易于混淆。发展中国家既要加强满足食物、住房、交通、教育和医疗等体现基本发展需求的基础设施，也需要加强可抵御气候变化风险的基础设施，这可借用"发展赤字"与"适应赤字"的概念进行区分。发展赤字意味着国家面对现在的气候条件尚且准备不足，对未来气候变化更是无奈；适应赤字描述了现在的适应水平和最佳的适应水平之间的差异。换言之，适应赤字主要是指应对气候变化导致的新增风险的能力不足，而发展赤字则是指尚不具备解决发展过程中出现的常规气候风险的能力，由于缺乏基本的资源和投入，适应能力低下，对气候变化风险的敏感性较高。从这个意义上看，发展赤字是许多发展中国家或地区的典型特性。而适应气候变化不可避免的损失与损害，则被认为是发展中国家的额外财政负担（Pan et al. , 2011；Zheng and Pan，2014）。在此基础上，可以提出适用于发展中国家的适应思路。

二　适应气候变化的理论分析构架

适应是自然或人类系统在实际或预期的气候演变刺激下做出的一种调整反应（IPCC，2001）。适应有三个主要目的：一是增强适应能力，二是减小脆弱性，三是开发潜在的发展机会。适应的短期目标是减小气候风险、增强适应能力，长期目标应当与可持续发展相一致。可见，适应与可持续发展密不可分。社会经济的脆弱性不仅来自气候变化的挑战，还取决于发展的现状和路径。可持续发展可以降低脆弱性，适应政策只有在可持续发展的框架下实施才能取得成功。然而，一些文献中将适应气候变化与发展混为一谈，使适应气候变化的概念泛化，无所不包，但多有牵强之嫌。显然，适应气候变化的分析，必须要有一个明确的概念界定，使得分析得以深入，政策含义得以明确。在此，我们提出，适应气候变化涵盖增量型适应和发展型适应两大类别，严格意义上的适应主要针对增量部分。从适应手段看，主要有工程性适应、技术性适应和制度性适应三种。对某一特定适应活动，可能需要两种或三种手段。

（一）增量型适应和发展型适应

增量型适应是在系统现有基础上考虑新增风险所需的增量投入。由于气候变化，风险增大，原有的设施或投入不足以抵抗气候变化所引起的更频繁、强度更大的灾害，因而需要额外的投入来化解。这种适应所针对的是发展需求基本得到满足，仅仅需要应对新增的气候风险所需的适应活动。例如，在发达国家或发达地区，抵御极端自然灾害的基础设施如堤防、泄洪抗旱设施已经基本建成，但这些设施没有考虑气候变化所引发的新风险。例如，如果海平面升高 20 厘米，现有的堤防需要加高加固。这时需要额外的新增投入，以弥补原来基础设施设计标准的不足部分，称为增量的适应投入。

但是，对于发展中国家和欠发达地区，在多数情况下，抵御气候风险的基础设施还不完善。例如，防洪抗旱等工程设施尚未修建，耐旱新品种尚未选育，茅草房根本不能抵抗台风。此时的适应气候变化，需要抵御极端气候事件的硬件设施、新品种的研发、高品质房屋建筑。即使没有气候变化，由于自然气候存在变异，经济发展也必然会有这些工程和技术的投入。但由于发展滞后、发展能力低下，这些投入并没有到位。此时的适应气候变化变成一个发展问题，需要考虑正常的发展需求和新增的气候风险，不可能也不应该将二者分开考虑。例如，在海平面升高 20 厘米的情况下新建海堤，需要一次性设计、一次性投入。此时的适应，便是一种发展型适应，即由于发展滞后，系统应对常规风险的能力和投入不足，因而在适应行动中需要协同考虑发展需求及应对新增的气候风险。

通过适应投入的成本和效益分析，可以解释增量型适应与发展型适应的不同（见表 2 - 4）。假设系统面临常规风险与气候变化风险，在基准情景下，发达地区能够充分应对常规气候风险，而欠发达地区由于发展水平的限制，应对常规风险的投入不足。在气候变化情景下，发达地区所需的只是应对新增气候风险的增量适应投入，而欠发达地区需要协同考虑新增风险，并弥补欠缺的常规风险投入。上述分析表明了发展水平低导致的"适应赤字"，也从一个侧面说明了为什么适应气候变化被认为是发达国家给发展中国家带来的一种额外的发展成本（UNEP, 2009）。

表2-4   增量型适应与发展型适应

适应模式	常规气候风险	气候变化新增风险	总计风险值
增量型适应	损失风险：100 发展投入（DRR）：100 净损失：0	损失风险：30 适应投入（ACC）：0 净损失：30	总风险：130 总投入：100 总净损失：30
	赤字：0	赤字：30	总赤字：30
发展型适应	损失风险：100 发展投入（DRR）：60 净损失：40	损失风险：30 适应投入（ACC）：0 净损失：30	总风险：130 总投入：60 总净损失：70
	赤字：40	赤字：30	总赤字：70
	发展赤字	适应赤字	发展赤字 + 适应赤字

注：假设充分适应，残余损失为0。"赤字"意为风险防护投入的缺口。

资料来源：郑艳、潘家华、谢欣露等：《基于气候变化脆弱性的适应规划——一个福利经济学分析》，《经济研究》2016年第2期。

中国作为快速城市化、工业化阶段的发展中国家，地区间存着较大的发展水平差距，这导致中国既面临着巨大的发展型适应需求，也存在相当的增量型适应需求。对于沿海发达地区，经济财富总量很大，基础设施较为完善，但是日益增加的气候风险使得这些发达地区和城市的脆弱性显著提升，因此有必要增强其增量型的适应活动，例如，加固现有的基础设施如水库大坝等。对于发达地区而言，许多适应具有增量特性。但对于欠发达地区，需要依靠政府财政投入推动发展型适应，包括修建海防堤坝，增加水利设施投入，加强气象监测台站覆盖面，加强交通、能源等基础设施建设力度，推动政策保险，加强脆弱群体的社会保障覆盖面等。

（二）工程性适应、技术性适应和制度性适应

适应气候变化是一项复杂的系统工程。一般而言，适应的手段有

工程性适应、技术性适应和制度性适应。在不同的气候风险区和不同的部门与产业，可以根据适应需求选择不同的适应手段。

（1）工程性适应是指采用工程建设措施，增加社会经济系统在物质资本方面的适应能力，包括修建水利设施、环境基础设施、跨流域调水工程、疫病监测网点、气象监测台站等。

（2）技术性适应是指通过科学研究、技术创新等手段增强适应能力，例如开展气候风险评估研究、研发农作物新品种、开发生态系统适应技术、疾控防控技术、风险监测预警信息技术等。

（3）制度性适应是指通过政策、立法、行政、财政税收、监督管理等制度化建设，促进相关领域增强适应气候变化的能力。例如，借助在碳税、碳汇林业、流域生态补偿、气候保险、社会保障、教育培训、科普宣传等领域的政策激励措施，为增强适应能力提供制度保障。

三 适应气候变化的经济分析

（一）适应行动的经济分析

适应气候变化是一项长期的行动。适应政策和行动需要综合考虑气候风险、社会经济条件及地区发展规划等多项内容。经济合作与发展组织在 2009 年发布的适应政策指南中提出了适应的四个基本步骤：①界定当前及未来面临的气候风险及脆弱性；②甄别各种可能的适应对策；③评估并选择可行的适应措施；④评估"成功"的适应行动。上述步骤都需要对适应问题进行社会经济分析。

界定气候风险及脆弱性的方式之一，就是估算气候风险的经济成本。针对不同领域的气候风险，可以有多种不同的损失评估方法。从经济学的角度来看，主要是自下而上的微观分析方法和自上而下的宏观分析方法（Handmer et al.，2012）。微观分析方法是从行业、部门、个体出发，通过经验数据和统计方法推断气候风险给某一区域特定行业或人群带来的经济损失，例如实地调研方法、计量经济学方法、环境价值评价方法等。宏观分析方法则是构建气候—经济评估模型，借助宏观层面的数据和信息揭示气候风险与经济影响之间的内在关联，例如福利最大化模型、可计算的一般均衡分析模型（CGE）、投入产出方法、线性规划方法等。

基于对气候变化事实的不同认定，适应可分为"无悔或微悔"的适应行动与"有气候变化依据"的适应行动（OECD，2009）。事实上，发展型适应中包含很多旨在增进适应能力的无悔措施，例如减少贫困、降低空气污染、减小生物多样性损失、水资源保护、增进公共卫生体系建设等政策措施，即使过高估计了气候风险，也是社会经济发展过程中所不可或缺的投入。增量型适应则需要基于对未来气候变化的科学认定，根据社会经济发展的不同情景，制定有针对性的适应对策，例如根据海平面上升幅度的预测，增加海塘堤坝的高度，迁移淹没地带的居住人口，改变受威胁地区的土地利用方式等。

（二）适应政策的成本—效益分析

适应措施的选择需要进行成本—效益分析或成本—有效性分析。成本—效益分析是指通过估算某一特定适应投资的各种经济成本及非经济成本，并与不采取适应措施的结果进行比较，如果净收益大于 0，则该适应措施是符合成本效益的，可以实施，反之则不可。成本—有效性分析是指面对多样化的适应政策选项时，判断某一适应措施是否能够更有效地减小脆弱性。有效的适应措施必须具备一定的灵活性，即在气候变化情景和社会经济条件发生变化时，也能够实现预计的适应目标。同时，适应措施的协同效应也很重要，例如植树造林既可以涵养水源，净化空气，还可以发展林副产业，增加居民收入。此外，符合成本效益的适应措施，还需要具备一定的现实可行性，包括实施这些措施是否具备相应的政策、立法、制度环境，现实的技术条件是否满足或是否契合该地区决策者的需要，是否具有现实紧迫性等。

尽管适应行动不可能消弭所有的风险损失，但是通过采取有计划的适应行动可以避免许多风险损失。图 2-3 表明了气候风险损失将随着适应投资的不断增加而逐渐下降的规律。在实际的适应政策研究中，需要对具体的适应措施进行成本与效益分析，对于符合成本效益原则的适应措施可以积极实施。对于成本大于收益的适应投资，需要判断其是否具有潜在的协同效应或长远效益，例如促进减贫、可持续生计、生态保护等。

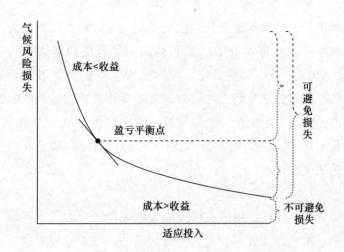

图 2 - 3　气候风险损失及适应的投资收益

资料来源：潘家华、郑艳：《适应气候变化的分析框架及政策涵义》，《中国人口·资源与环境》2010 年第 10 期。

　　总之，对适应气候变化行动的经济分析，需要在行业或项目水平上进行评估并选择适应性措施，分析适应性政策所需的成本及可能的效果，明确政策措施的组合与顺序，估算资金需要。以沿海地区为例，在进行成本收益分析时需要考虑这些地区的人口与经济总量、人居环境、生态支撑能力，同时关注包括台风、洪涝、海平面上升在内的多种气候变化效应的影响。分析措施包括保护性措施、适应性措施和有计划从沿海将某些社会、经济活动撤走所带来的成本—收益分析。例如，不能仅仅考虑台风、洪涝或海平面上升造成的直接经济影响（如房屋倒塌、人员伤亡、道路毁损、庄稼绝收等），还需要考虑灾害引发的一系列间接效应，包括灾后疫病流行、心理冲击、社会失稳、失业及物价上涨等的影响。此外，考虑到增量型和发展型的适应活动，其投融资主体和资金来源可能有所不同，例如，沿海基础设施投入往往来自国家公共支出，灾害保险、生态补偿则可以考虑引入市场资金机制。

四　中国适应气候变化的重点领域和适应策略

　　联合国政府间气候变化专门委员会（IPCC）指出，气候变化将使得越来越多的人口暴露于气候风险的威胁之下。巨大的发展赤字和新增的气候风险，使得发展中国家和地区面临着更加迫切的适应需求（IPCC，2007）。适应气候变化，无论是增量型还是发展型，无论采取工程性、技术性还是制度性措施，都需要相应的适应政策和制度保障。根据 IPCC 提出的适应优先领域，结合《中国气候与环境演变》开展的科学评估（陈宜瑜等，2005），我们认为中国应该在以下领域着重推进适应政策。

（一）农业适应能力建设

相对于城市地区，中国农村大部分地区存在着收入水平低，经济结构单一，水利、环境和公共卫生等相关的基础设施相对落后，社会保障覆盖面严重不足等问题。由于缺乏必要的资源，一旦发生台风、洪涝、干旱等极端气候事件，农作物和农村人口、财产都会受到威胁，抵抗灾害的能力较弱。对此，第一，继续完善农业生产基础设施建设，利用财政转移支付、发展农村民间金融投资等方式，提高地方投资农田水利、灌溉设施、气象监测台站等基础设施的积极性，增强农业抵御气候风险的能力；第二，通过相关制度改革和政策措施调整农业生产结构，总结推广节水、防旱、防寒、抗虫害等具有适应性的农林畜牧业品种；第三，积极推进农业保险，探索农业政策保险与商业保险相结合的风险分担机制；第四，注重开发多种可持续生计产业，开发农村小额贷款，提高农村地区的经济能力，如能源林业、生物质能产业、农产品加工业、生态旅游业等。

（二）水资源管理与生态保护

气候变化将减少中国主要流域的径流量，加剧中国干旱地区的生态系统退化和土地荒漠化程度，直接威胁到水资源安全问题。中国已经采取了大规模的生态造林、退耕还林还草和节水灌溉等措施，需要进一步评估这些措施对干旱地区农村人口所带来的社会经济影响以及生态影响，从而总结经验和教训，发现和制定更多更有效的预防和应对措施。在水资源管理和生态保护领域，工程性适应措施包括河道疏浚、植树植草、采用生态系统方式保护湿地、治理水污染等。此外，制定科学合理的水费定价机制，开发节水产品，改善需求侧管理；以全国主要江河流域为主体，将水资源管理与区域经济发展、生态保护、可持续生计等内容结合起来，开展流域生态系统综合治理，积极推进流域生态补偿机制，拓宽适应资金渠道等，从制度环境上增强能力建设。

（三）健康风险管理及城乡医保体制

气候变化要求建立疫病风险的预警和防控机制。气候变化导致的高温热浪、暴雨洪涝、灾后健康风险等问题，会诱发人群的某些疾病，导致发病率和死亡率上升，影响到城乡人居环境和健康安全，这将增加现有的疾病监控、预防和治疗体系的压力。中国的疾病防控体系同时存在着发展型适应与增量型适应的需求。以流行病防控为例，中国经过几十年的积累和建设，在登革热、疟疾等传染病高发区域已经具备了较好的监测和防控能力，但是面对未来潜在的疫病风险，还需要进一步评估潜在的疫病风险并采取相应的适应对策。此外，有效的公共卫生体系除建立疾病监测网点、增加卫生机构的人员和设备投入等"硬适应"措施之外，还应当包括相关的体制保障和政策设计等"软适应"措施。例如，由于农村地区公共卫生医疗机构和医疗人员不足，卫生条件差，居住环境恶劣，农村人口不仅生命健康受到威胁，而且社会公共医疗资源分配不均、看病难等现象也进一步加剧了农村群体的生存压力。对此，需要从加强社会保障、改革现有公共医疗体系的角度制定政策，切实保障农村和偏远地区的卫生事业发展，切实提高这部分脆弱群体的适应能力。

（四）沿海基础设施和人居环境建设

中国有70%以上的大城市、50%以上的人口分布在东部沿海地区，在气候变化的影响下，沿海地区人居环境的脆弱性日益凸显。在过去50年，中国沿海海平面平均每年上升2.5毫米，速率高于全球平均值，对沿海地区人口的生产生活造成极大的负面影响，如海水倒灌、农田盐碱化，甚至出现沿海防护堤坝坍塌的危险。同时，东部沿海地区还遭受到台风、洪涝等气象灾害的频繁袭击。经济合作与发展组织（OECD）的一项研究表明，如果对全球暴露于洪水风险中的沿海城市按照社会资产总量排序，中国的广州、上海、天津、香港、宁波、青岛等城市均位列风险最大的前 20 个城市之中（Nicholls et al.，2008）。在沿海地区，适应性措施可以采取各种形式。工程性适应措施包括构建海堤、防洪措施、加固建筑物以及转移人员财产等；技术性适应措施包括水资源管理模式的改进、改变沿海地区农业和渔业的生产方式（例如推广抗洪水、抗盐碱的作物）、采用新型的透水地面材料等；制度性适应措施涉及建筑标准、立法、税收补贴、财产保险、社会保障体系建设等。此外，还需要研究海平面上升带来的人口迁移和城市规划问题，探讨公共设施的预防成本以及提升政府风险管理能力的具体措施等。

需要注意的是，对于适应气候变化的理解尚有歧义，导致适应的概念过于宽泛，以至于许多文献将所有与气候或气象相关的问题皆纳入适应气候变化的范畴。因此，明确区分增量型适应和发展型适应的概念架构，有助于厘清气候变化的责任、资金来源、适应主体等基本问题。此外，对适应手段的分类涵盖了工程性适应、技术性适应和制度性适应，有助于我们在讨论适应行动时，避免空泛和理论化的分析，将适应气候变化工作落在实处。

第五节　气候适应型城市：将适应气候变化与气候风险管理纳入城市规划 *

在气候变化背景下，伴随着人口增长和城市化进程，发展中国家的许多城市暴露出城市发展与应对气候风险能力之间的巨大差距。近年来，如何提升城市韧性或气候适应能力已成为城市规划、政府和政策研究领域的热点议题。国内外许多城市正在开展"韧性城市""海绵城市""气候适应型城市"的试点行动。气候适应型城市是以提升"气候韧性"为目标的城市建设理念。

---

　* 原载郑艳《适应型城市：将适应气候变化与气候风险管理纳入城市规划》，《城市发展研究》2012 年第 1 期。有修改。

一　国内外的韧性城市实践

韧性城市关注的问题是，在全球化、城市化及气候变化的复杂背景下，如何提升城市应对各种自然灾害和社会经济风险的韧性，实现城市可持续发展。人类社区是城市社会和制度的构成元素，缺乏韧性的城市在面对灾害时将极度脆弱。气候适应型城市是指通过提升气候适应能力以增强城市应对气候灾害的应变力、恢复力、利用潜在机会及可持续发展的能力（谢欣露、郑艳，2016）。

2010 年 6 月，联合国国际减灾战略（UNISDR）在德国波恩发起了第一届"城市与适应气候变化国际大会"，提出建立"韧性城市"。在 2011 年第二届大会的"市长适应论坛"上，来自五大洲的 35 位市长共同发表了《波恩声明》，呼吁城市管理者自下而上地推动地方适应气候变化和防灾减灾，增进城市和社区的适应能力与气候恢复力，建立城市适应资金机制，并且将适应气候变化纳入城市规划与发展项目之中。2013 年洛克菲勒基金会创立"全球 100 个韧性城市"项目，旨在支持全球城市制定韧性规划、应对各种自然灾害和社会经济挑战，我国的浙江义乌、四川德阳、浙江海盐、湖北黄石 4 个城市已成功入选。

在中国城市化提升阶段，城市发展迫切需要加强气候风险管理的意识和能力。2013 年 11 月，国家发改委发布《国家适应气候变化战略》，将城市化地区作为适应的重点地区。2016 年 2 月，国家发展改革委联合住房和城乡建设部出台了《城市适应气候变化行动方案》，提出以"安全、宜居、绿色、健康、可持续"为目标，2030 年建设 30 个气候适应型试点城市。2017 年 2 月正式在 28 个城市地区开展试点。

针对"现代城市发展过程中如何考虑气候变化与风险管理需求"这一问题，结合对欧美国家和我国长三角沿海城市的调研，提出中国城市既要解决城市发展的历史欠账，又要应对气候变化的挑战，必须尽快提升气候适应能力，从城市规划入手，认真应对，科学规划，持续发展。

二　气候风险管理与气候适应型城市

风险是指发生预期损失的可能性。按照联合国国际减灾战略

（UNISDR）的定义，灾害风险管理是指一种利用各种行政手段、机构组织、运作技巧以实施社会或社区的应对政策、战略和能力，从而达到减小灾害影响的系统过程。灾害风险管理是一个整体的、动态的、复合的管理过程，贯穿于灾害发生、发展的全过程，包括灾害预防、应急管理、灾后恢复和重建等。灾害风险管理还强调防灾减灾各利益相关方的广泛参与，这一过程中，政府相关部门、社会公众、企业、研究机构、国际社会分别扮演着不同的角色，通过组织机构、信息、技术、资金等资源和力量的整合，形成一个有效分工协作、风险共担的利益共同体。

气候灾害的风险管理要求首先对风险进行认知、识别与评估，了解气候风险的基本特征。①是什么性质的气候风险？是台风，还是洪涝？②风险发生在哪里？例如台风等气候灾害可能波及哪些具体地点和区域？③谁会遭受风险？暴露水平如何？是特定的人群，还是建筑和物质基础设施？④脆弱性及适应能力如何？哪些群体、部门或区域最为脆弱？现有哪些可以利用的资源？⑤风险的发生概率水平及影响程度有多大？例如，是否会造成广泛的人员伤亡和经济损失？等等。以上这些信息是制定风险管理决策的重要依据。应对和减小气候风险，可以从减小灾害的发生概率、降低人员和财产的风险暴露水平、降低脆弱性及增强适应能力等方面入手。

气候适应型城市是指能够应对气候变化不利影响冲击的韧性城市，即通过政策、机制设计和人财物等资源配置，能够更加灵活地应对气候变化、管理气候风险。这种灵活应对的能力，不仅包括气候风险的防护能力，也包括快速恢复、可持续发展以及挖掘新的发展机遇的能力。可见，气候适应型城市是一个比风险管理、防灾减灾更加综合、更具战略性和前瞻性的概念，这一理念必须体现在传统的城市规划和发展决策过程中。

三 构建气候适应型城市：将适应战略与气候风险管理纳入城市规划

发达国家非常注重城市规划的作用。近年来，针对韧性城市的新理念，许多城市规划学者呼吁将适应气候变化和气候风险管理纳入城市规划之中。美国规划学会 2008 年发布了《规划与气候变化政策指南》，建议通过政策和方法的创新，推动城市规划在应对气候变化风险中的积极作用，包括制定和改进社区规划、优化交通体系、土地利用和生态保护建设，增强社会公众的风险应对意识，为决策者提供决策信息和技术支持等。发达国家构建适应型城市、将适应与气候灾害风险管理纳入城市规划的实践，虽然尚处于尝试和起步阶段，但其中一些经验对于我国城市应对气候风险仍具有积极的借鉴作用。

（一）建立灵活应对、广泛参与的城市气候风险治理机制

城市气候风险治理要求在现有的灾害风险管理体制基础上，整合城市内部和外部的各种资源，注重政策的战略性和前瞻性，同时在实施过程中体现灵活性和适应性。城市灾害风险管理是一个系统工程，建立完善的城市安全保障体系，既需要灾害管理各部门的协作配合，也需要社会公众拥有成熟、完备的灾害意识和防范应对能力。适应型城市为建立气候风险治理机制提出了更高的要求，表现为更及时准确的信息传递和反馈、更广泛的利益相关方参与、更灵活的风险应对能力。

城市气候风险治理的组织架构可以在现有的灾害管理体系基础上进行完善，也可以设立独立的部门对其负责，或者建立部门信息沟通或决策平台。西方发达国家的风险治理架构有的属于扁平式，有的属于垂直式。虽然机构形式千差万别，但是面对风险管理，同样需要进行部门协作。欧洲国家在多年的实践中拥有了一套快速反应、应对高效的灾害应急联动体系，原因在于利益相关方能够参与决策过程，表达各自的利益诉求，发挥不同的作用。由于决策过程非常重视专家咨询、基层管理者的参与、公众的意见和态度，每一次决策都努力做到谨慎、客观、科学。专家咨询确保了决策的科学性，地方管理部门的意见和参与确保了政策切实可行并在基层得以落实，公众的意见则直接影响到决策是否能够体现以人为本，是否能够妥善协调各方面的利益冲突。伦敦市 2001 年建立了"伦敦气候变化伙伴关系"，其指导委员会成员包括来自市政府、气候科学、规划、金融、健康、环境管理和媒体等 30 多个机构的代表，通过项目和论坛的形式建立起广泛的

学术研究、信息沟通网络，吸引了 200 多个机构参与，为城市制定气候决策提供了重要支撑。

（二）将气候风险评估作为制定城市发展规划的科学依据

城市发展，规划先行，科学的城市规划对于灾害风险管理和适应气候变化非常重要。与传统的灾害风险相比，气候风险具有长期性和更大的不确定性。气候风险管理必须建立在对未来气候变化情景的预估基础上，并且将气候风险评估的结果作为制定城市规划的科学基础。

英国 2002 年就发起了"英国气候影响计划"，在英国环境、食品与农村发展部（DFRA）的资助下，承担了一系列的气候变化影响研究与决策咨询项目。该机构与全球著名的英国哈德利中心（Hadley Centre）等气候科学研究机构，开发出全球和区域气候模式，设计了用户友好型的气候变化情景，为英国制定国家和地方的气候政策提供了强有力的科学支撑。这些研究包括评估气候变化对旅游业、保险业、交通运输业的影响，也包括评估海平面上升、降水量增加导致的洪水风险。在气候影响计划的支持下，英国制定了洪水风险管理战略，根据未来气候情景预测，评估了现有的防洪基础设施能力，将防洪设计标准提高为 100—200 年一遇。2009 年，澳大利亚气候变化署与格里菲斯大学成立了"国家气候变化适应研究机构"（NCCARF），旨在整合全国的科学研究资源，为政府、企业界和社会公众提供信息，推动气候风险管理（Ridgway，2009）。

（三）用法律、资金、技术等手段保障城市的气候防护能力

气候防护（Climate Proof, Climate Protection）是从气候风险管理的角度提出的适应概念，是指通过各种政策、立法、机制，或者资金、技术的投入，或者资源的有效分配，使得城市的薄弱环节，如脆弱部门、脆弱群体、脆弱基础设施等，具有抵御、防范气候风险的能力。软防护能力包括气候保护的社会政策，如减贫、社会保障、公共卫生服务等；硬防护能力包括气候防护基础设施，如供排水、交通、能源电力等生命线工程，以及防洪工程、疫病监测、预报预警、应急通信、救灾物资储备库和避难场所等。

灾害袭来之时，最先受到考验的是交通、电力、供排水等城市生命线系统。因此，在城市规划中，发达国家普遍比较重视以城市安全为目标的基础设施建设。采取法律、资金、技术等手段保障城市的气候防护能力。第一，欧洲国家通过政策立法手段保障城市基础设施的投资、更新及维护。以抵御城市水灾为例，欧洲城市排水设计标准多为5—10年一遇，而中国城市如上海市的建成区仅为1年一遇。英国苏格兰地区在1961年颁布了《防洪法》以解决城市发展中出现的排水防洪问题，赋予地方政府强制取得防洪用地的权力。第二，面对气候风险的威胁，英国、法国、德国、荷兰等欧盟成员国先后制定了国家适应规划，加强了气候防护基础设施的公共投资力度。英国每年用于洪水和海岸管理的费用约为12亿美元，荷兰设计了30亿美元的防洪规划预算以保护沿海居民区。第三，高科技手段在应急管理中发挥了积极作用。2010年2月，法国东部地区遭受风暴袭击，导致许多城镇被淹，在长达10天的洪灾应急事件中，法国应急管理部门快速反应，通过应急通信网络，基于GIS的气象、水灾实时监测系统等信息共享平台为各部门的决策提供了有力支持。第四，发达国家对于气候防护能力的认识也在不断提高，美国卡特琳娜飓风之后，许多人开始反思城市灾害管理和灾害保险政策中的不足，呼吁更有效的社会福利政策，帮助城市贫困群体减小脆弱性。

（四）城市规划中防灾减灾与生态保护的协同设计

一些城市规划学者建议将精明增长、紧凑型城市、卫星城市、生态城市等新的城市规划理念与应对气候风险、减缓城市热岛效应等结合起来，因地制宜，对城市容量与人口规模进行控制，通过土地资源的合理利用、城市结构的优化，改善城市环境问题，同时降低灾害引起的风险。以城市绿地规划为例，廊道型、集中型、分散型等不同类型的绿地在生态服务、防灾避灾和减缓热岛效应等方面的效果各有不同，需要根据城市需求合理规划设计（Gill et al.，2007）。

在欧洲，城市管理者认识到灾害管理是一个系统工程，为了治理城市热岛效应、交通拥堵、空气污染、城市水灾等"城市病"，想了很多巧妙的点子，针对大都市寸土寸金的特点，将有限的城市公共空间功能发挥到最大限度。例如，在城市推广立体绿化。在城市屋顶上修建花园草坪，既能缓解城市热岛效应，又能在城市暴雨期间滞留部分雨水，避免短时间大量雨水倾泻到城市地面形成水灾。为了防止城市内涝，一些城市的社区公园通过专门的设计，平时可用作城市居民的休闲娱乐场所，下雨时就成为滞留雨水的水池。此外，一些欧洲国家将流域综合管理与洪灾管理结合起来，发起了给河流让道、让河流重归自然的河流治理行动。例如，德国拓宽城市水系，拆除水泥堤岸，恢复城市河道的天然生态，大大改善了河流的生态功能和防洪泄洪能力。荷兰有 1/4 的陆地面积低于海平面，大小城镇河道渠网密布，起到了排水防涝的作用，此外还投入巨资在鹿特丹市的入海口上修建了全球最大的防洪工程之———阻浪闸，防护标准为 1 万年一遇的海上高潮。1996 年建成的这一防洪工程不仅防护着居住在三角洲内的 100 万人口，还有利于航运、贸易与生态保护。

（五）将城市规划、应对气候变化与城市可持续发展目标相结合

从根本上而言，适应气候变化与灾害风险管理的目的都是实现可持续发展。为达到这一目标，不仅需要关注城市安全，还需要关注公平议题，例如扶持城市脆弱群体，减少城市贫困，通过公共交通、住房、环境、社会保障政策进行城市资源的公平分配等。城市规划这一政策工具，可以用来整合减排、适应、减灾、生态保护、社会参与等多个发展目标，以适应多目标下的风险决策过程。

发达国家城市拥有良好的基础设施和治理能力，然而在新的气候风险挑战下也暴露出许多薄弱环节。2011 年以来，澳大利亚的洪水、欧洲的热浪、美国的飓风令许多发达城市应对失措，开始反省城市规划和灾害管理中的种种失误。2008 年，伦敦市政府在全球率先推出了《伦敦适应气候变化战略》，提出城市适应规划的主要内容，以此编制适应路线图，包括气候影响评估、脆弱性与风险评估、与气候变化相关的洪水、水资源短缺、热浪和空气污染等风险评估（GLA，2010）。2007 年，美国纽约市发布了"规划纽约"（PlaNYC）的中长期政策，由 25 个政府部门参与，明确将应对气候变化纳入城市规划和发展战略之中，提出城市减排 30% 的低碳发展目标，以及增加城市交通出行

选择、提高建筑节能效率、改进防洪区划等政策目标。经过 4 年的努力，纽约市已建设了数千公顷的公园绿地，为 6.4 万人建造了住宅，温室气体排放比 2005 年减少了 13%。澳大利亚悉尼、墨尔本等城市在制定 2030 年城市发展战略时，将城市规划与经济、环境和社会发展相结合，其中也包含了应对气候变化的内容。黄金海岸市政府制定的《气候变化适应战略（2009—2014）》涉及交通运输、住宅等基础设施建设、城市治理、科学研究、科普宣传与气候意识等多个领域。

　　综上所述，现代城市发展过程中面临着日益加剧的气候风险，城市发展的同时需要同步提高城市应对气候风险的能力。灾害风险管理要求通过各种制度性措施和非制度性措施，开展多部门整合、广泛参与的风险管理，旨在减少社会经济系统的脆弱性和风险暴露水平，提高对各种潜在极端气候不利影响的应变能力。从城市可持续发展的角度，协同考虑防灾减灾、低碳发展、减排与适应，已经成为东西方城市一个共同的关注点。对中国的城市管理者、规划制定者而言，需要在城市规划与日常管理工作中，有意识地考虑适应气候变化、防灾减灾、环境治理、生态保护、社会公平等可持续发展的要求。对于这一新的议题，学界、政府和城市管理部门还需要进行持久深入的理论与方法探讨，以及实践经验的积累。

第六节　低碳韧性城市：协同减排与
适应气候变化目标 *

　　对于广大发展中国家来说，减缓全球气候变化是一项长期、艰巨的挑战，而适应气候变化则是一项现实、紧迫的任务。2013 年 11 月国家发改委发布的《国家适应气候变化战略》明确提出，适应气候变

---

　　* 部分内容摘自郑艳、王文军、潘家华《低碳韧性城市：理念、途径与政策选择》，《城市发展研究》2013 年第 3 期；王文军、郑艳《低碳发展与适应气候变化的协同效应及其政策含义》，载王伟光、郑国光主编《应对气候变化报告（2011）：德班的困境与中国的战略选择》，社会科学文献出版社 2011 年版。

化应坚持协同原则，"优先采取具有减缓和适应协同效益的措施"。减缓和适应的协同，就是要寻求减缓和适应之间的"双赢"方案，开发既能控制温室气体排放又能助力适应气候变化的政策措施。

减缓和适应是应对气候变化的两大挑战，对于城市地区尤为突出。中国城镇化率在 2012 年已达到 51%，有 7.7 亿人居住在城市地区，未来 30 年中国的城市化和工业化还将处于持续快速提升时期。在人口增长和消费驱动下，中国城市已成为能源消耗及碳排放的主要地区。中国城镇化发展的思路是积极发挥区域中心型城市的集聚效应，带动地区社会经济发展。这使得许多大城市（尤其是北京、上海、广州等超大型的区域经济中心城市）承担着减排、就业、经济增长、环境治理等多重压力。与此同时，在气候变化背景下，极端气候事件给城市带来的气候风险与脆弱性也日益凸显。

2010 年以来，国家发改委、住房和城乡建设部、交通部等部门先后启动了低碳城市、低碳生态城（镇）、绿色循环低碳交通区域示范城市等试点工作。2015 年以来，住房和城乡建设部、发改委先后启动了海绵城市、气候适应型城市的试点工作。目前，全国各类低碳城市建设试点多达上百个，形成了一批有代表性的示范案例。相比之下，城市适应气候变化工作刚刚起步。对此，有必要加强我国城市减排与适应目标和行动的协同管理。"低碳韧性城市"概念的提出，有助于推动我国城市在低碳城市和气候适应型城市试点建设中加强协同意识，推进创新实践。

一　减缓与适应的协同效应研究

适应与减排（或减缓温室气体排放）的政策整合与协同管理是近年来国内外开始关注的一个新议题，对于制定气候变化政策和规划具有现实意义。各国在应对气候变化行动中，一般将减缓和适应活动作为相互独立的领域分别制定政策和行动计划，很少考虑到两者的交互影响。实践中，发现一些适应气候变化的措施会在减轻地区气候风险的同时，增加能源消费和温室气体排放；一些具有经济/技术可行性的低碳措施可能会增加生态系统脆弱性，降低地方适应气候变化的能力。对此，一些学者提出应考虑适应气候变化与可持续发展系统之间的关系，关注发展中国家的"适应性排放需求"①（Pan，2003）。
IPCC 在第三次评估报告中首次提出对减缓和适应行动进行协同管理
的设想，由于当时减缓和适应的关系尚未厘清，研究尚处于概念辨识
和方法学探索阶段。2007 年 IPCC 在第四次评估报告中专门讨论了减
缓与适应行动的协同问题，呼吁各国研究者对减缓和适应行动的协同
效应进行定量研究，并指出这是一个非常有前景的研究方向（IPCC，
2007）。减缓和适应的协同关系研究主要集中在三个方面：协同效应
的界定、协同管理的可行性和协同管理的优化问题。

（一）协同效应及其辨识

协同效应是指系统内部各子系统之间在同一目标下相互协调配
合，产生 $1+1>2$ 的效应。气候变化通过不同层次影响人类社会，减
缓和适应行动可能在一些层面上是互补的，在另一些情况下是冲突
的，因此，需要对那些存在协同机会的行动进行辨识，对于存在冲突
和矛盾的行动进行权衡取舍。减缓和适应活动的交互影响分为几种情
况：减缓对适应的影响；适应对减缓的影响；减缓和适应互不影响；
减缓和适应交互影响，如图 2-4 所示（参见王文军、赵黛青，
2011）。减缓和适应活动的交互影响，实质上是一种应对气候变化行
动的外部性。这种外部性从主体看，可以分为"适应活动的外部性"
"减缓行动的外部性"，从效果上，可以分为"正外部性"和"负外
部性"两种影响（王文军、郑艳，2011）。这些不同的影响关系可以
归结为强协同效应、弱协同效应，通过对各部门分散实施的减缓/适
应行动进行有意识的管理，能够产生双赢效应，称为气候行动的协同
管理（王文军、赵黛青，2011）。

（二）协同管理的可行性

对减缓和适应行动是否可以进行协同管理，最初有两种不同的观
点：一些学者对协同行动持乐观态度，认为协同行动存在且有可能通

---

①　潘家华2003 年在瑞士日内瓦 IPCC "适应与减缓气候变化综合分析专家研讨会"上
最早提出适应性排放（Adaptive Emissions）的概念，呼吁国际社会关注发展中国家因为适应
活动导致的排放需求。

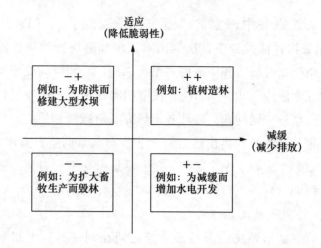

图 2 - 4　适应与减缓活动的相互关系

资料来源：参见王文军、赵黛青《减排与适应协同发展研究：以广东为例》，《中国人口·资源与环境》2011 年第 6 期。

过制度设计取得行动的倍增效应（Biesbroek et al.，2009；Smith and Olesen 2010）；一些学者虽然不否认两者之间存在协同行动的可能性，但对协同行动是否有效持怀疑态度（Klein et al.，2005；Hamin and Gurran，2009）。英国廷德尔中心（Tyndall Center）认为，减缓和适应活动有着共同的驱动因素，在区域和部门层面有可能发挥协同效应，但是需要借助其他学科的知识和工具。欧洲相关研究表明，协同管理政策能够显著、持续地降低气候风险，使得应对气候变化的社会总成本最低。例如，如果不采取任何主动措施应对气候变化，到 2200 年，社会总福利损失将超过 GDP 的 4%；在只采取适应行动或减缓措施的情景下，气候变化造成的福利损失占 GDP 的 2.3%；如果采取减缓和适应协同行动，气候变化造成的社会福利损失则小于 GDP 总量的 2%（傅崇辉等，2014）。

（三）协同管理的优化

减缓与适应的协同实际上是一种双赢决策，协同管理的优化就是寻找这一最优路径的过程。减缓行动"自上而下"的政策路径与适应"自下而上"的行动特点，决定了协同行动很难自动发生。成功的协同战略并非在减排和适应行动之间进行简单的权衡取舍，而是需要因地制宜、发挥地方决策者的领导力，明确优先议题，进行综合规划，从而将适应和减排战略纳入总体发展目标（Laukkonen et al.，2009）。因此，减缓和适应协同行动的效果往往取决于协同管理能力，对于政府跨部门的治理能力提出了更高要求。在进行适应与减缓协同行动前，必须解决两个问题：第一，确定协同行动发生的领域；第二，在已经确定的协同领域中，对每个协同行动进行成本效益分析，比较协同行动的成本收益与单独行动的成本收益大小，选择协同行动方案，论证经济可行性。实际上，由于适应和减缓涉及不同的时间和空间尺度，实施的部门和领域不同，影响对象及其成本和效益都不同，加之决策的科学基础、治理能力、技术条件等诸多复杂因素，很难确定减缓和适应行动的最优协同点，可行方案是根据不同的气候情景设计不同的政策组合，或者找到能够促进发展目标、降低成本或更有效利用资源的协同行动范围（Wilbanks，2007；Klein et al.，2005），例如，建造海岸带防护林比建造防波堤坝能够发挥更多的协同效益和更少的成本。

二　建设低碳韧性城市的内涵与现实意义

城市作为地方层面的治理主体，既是国家层面减排目标和行动的执行者，又是气候变化风险及影响的承受对象，因此具有开展减排和适应协同管理的有利条件。对低碳韧性城市的研究涉及基本理念、内涵、政策目标、实施路径和治理方式等相关问题。

（一）低碳韧性城市的建设理念

低碳韧性城市的概念是在低碳城市和韧性城市的基础上提出的，旨在在应对气候变化的共同目标下，协同考虑城市减缓温室气体排放、应对气候灾害风险两大任务，从而提升城市可持续发展能力。低碳城市是指以减少化石能源排放为目的的城市建设理念，通过对能源生产、分配和利用方式的变革，使城市生活和运行摆脱对化石能源的依赖，从而实现温室气体减排的目标（潘家华等，2012）。韧性城市或气候适应型城市则是关注城市如何通过灾害管理和科学规划以适应未来不确定的气候变化风险（郑艳，2012）。低碳城市和韧性城市在实践层面各自具有不同的具体目标、实施途径和政策，甚至在设计理念、组织机制、技术和实施手段上也有较大差别。其共性在于为了实现社会—经济—生态可持续发展的城市治理目标，是生态城市和可持续城市在政策设计和实践操作上的不同表现。

可见，从政策研究者和城市管理者的角度来看，低碳适应型城市的政策规划设计是一种典型的多目标决策过程，需要城市管理者创新城市发展理念，加强部门政策的协同，推动协同技术的开发、应用和政策实践。在此过程中，需要充分考虑到城市发展目标的优先性问题，在不同发展目标发生冲突时需要明确进行政策选择的原则和依据，并进行科学的评估。对发展中国家而言，适应气候变化是更加迫切的任务，履行国际或国内的减排义务不能以削弱城市适应气候变化能力、损害脆弱群体的利益、以局部和短期利益牺牲长远和整体利益作为代价。因此，低碳韧性城市的建设理念应当以生态文明作为战略指导，首要目标是确保城市能够应对未来气候变化风险，确保城市安全运行和可持续发展，在此基础上，因地制宜、量力而行落实国家自主减排行动、实施城市自愿减排目标。

（二）建设低碳韧性城市的内涵与原则

城市是应对气候变化的政策实验室，适应与减排的政策整合与协同管理对于城市制定气候变化政策和规划具有现实意义，有助于实现生态城市、可持续城市化的目标。首先，低碳韧性城市关注城市与人的和谐共生，尤其是在全球环境和气候变化的大背景下，关注城市气候安全与可持续发展的问题。其次，低碳韧性城市理念要求在城市发展规划中协同考虑城市面临的各种复杂问题和不同利益主体的需求，有助于在应对气候变化背景下，充实和提升生态城市的内涵，促进城市可持续发展。在规划理念上，侧重于以人为本，注重城市社会、经济和生态层面的可持续性；在规划目标上，侧重于增强城市适应气候变化的能力，减小气候灾害导致的风险，而非以减少温室气体排放作为首要任务和目标；在规划手段上，需要从管理、技术和研究层面加强各部门和领域的整合，体现灵活性和适应性的规划和治理特色。

基于适应性管理的理念，低碳韧性城市加强减排与适应协同管理的政策设计需要把握以下几个原则：

第一，科学决策原则。没有完美的政策和规划，开展协同管理需要在实践中不断探索并总结经验。制定协同对策需要以气候风险评估作为科学依据，针对国家或地区面临的气候风险和碳排放结构建立减缓和适应行动矩阵，通过专家打分法对协同效应进行分析。

第二，综合判断原则。重视科学评估的作用，协同管理的具体目标及其实施效果应当有明确的评估原则和检验标准。有些具有强协同效应的行动有可能实际操作成本高，因此，不能单纯以协同效应的强弱来判断是否进行协同管理，需要对协同管理行动进行成本效益分析、利益相关方调查等，做出是否进行协同管理的决策。

第三，政策相容性原则。求同存异，在决策中充分尊重不同参与主体的价值观和利益诉求。例如，考虑协同管理过程中的部门协作可能存在的问题，协同管理的政策设计与现有的减缓和适应政策之间是否有潜在的冲突，以及解决冲突的方法。

（三）协同管理中需要注意的问题

在适应行动中将排放因素考虑进去，有可能在增强生态系统适应气候变化能力的同时减少适应性排放、增加碳汇，产生倍增的社会效益。但是，适应和减缓活动从本质上是两个不同的应对气候变化的领域，在确定协同行动领域时，需要注意以下四点：第一，发现各项目之间的耦合关联；第二，找到合适的技术；第三，收集温室气体排放数据，预测未来排放情景，提出相应的适应措施；第四，识别和协调利益相关方，制定科学管理制度，防止政出多门、相互干扰的情况发生。对具有协同效应的行动进行管理时，区分强协同效应和弱协同效应的不同管理特点，对具有强协同效应的行动而言，需要对减缓和适应措施同时进行协同行动的设计，使其双向正外部性得以充分发挥；对具有弱协同效应的行动而言，只需要对具有正外部性的行动进行协同管理。

对减缓和适应行动进行协同效应分析是制定协同管理政策的基础。不同国家和地区的碳排放结构及其面临的气候风险不同，相应的减缓和适应活动内容也有所差异，在进行协同效应分析时，需要因地制宜地界定分析的范围，使协同管理能够有的放矢，取得事半功倍的效果。协同管理的基本步骤包括：

（1）界定城市未来主要气候风险及协同管理的主要目标：对于管理者而言，识别出气候变化给地区方方面面带来的影响，尤其是各种潜在风险，有助于增进对社会经济脆弱性特征的认识，并将其作为确定协同管理目标和决策的依据。

（2）界定协同管理的主要领域和部门：梳理现有各领域的减排、适应措施，发现问题和不足；根据城市未来气候风险特征，明确开展适应行动的重点领域和关键部门，在此基础上分析减缓与适应行动可能产生的交互影响，确定哪些领域和部门适宜开展减排与适应的协同管理。

（3）甄别可开展低碳适应协同的政策选项：针对特定的气候风险，甄别不同领域和部门可能采用的各种协同对策，例如工程性措施、技术性措施、制度性措施等，同时评估这些协同对策与城市发展政策的相关性、相容性及可行性。

（4）设计政策评估原则，根据这些决策原则进行政策优选排序：政策优选是为了在有限的资源约束下，集中优势力量解决最重要、最关键的问题。政策遴选原则体现了决策者的价值观，例如无悔原则、成本效益原则、多赢原则、紧迫性原则等。

（5）政策规划的实施及后评估：将政策优选集纳入决策和规划，体现决策者的意志并利用行政权力或法律付诸实施。实施过程中需要进行监督、评估和反馈，及时发现新的问题，并结合新的科学知识、信息和反馈做出调整和改进。

三　低碳韧性城市的协同管理领域

（一）协同管理的内容

建设低碳韧性城市，需要明确关键领域减排与适应行动的交互关系，筛选具有协同效益的措施、减小二者的冲突或抵消效应。

首先，适应气候变化活动中，在确保适应目标实现的前提下，应当尽量选择那些能够带来减排效果的适应措施，减少适应行动可能带来的温室气体排放，即多采用低碳型适应技术，尽可能减少"适应性排放"。比如，沿海地区风能和太阳能资源丰富，在基础设施建设过程中，如果能充分利用自然资源进行清洁能源建设，发展潮汐发电、海上风电、太阳能光伏发电等项目，可以替代一部分化石能源，从而减少温室气体排放。但是从生命周期看，水电、风电、核电的生产也会产生温室气体排放。例如日本的研究表明，水力发电系统在建造过程中产生的温室气体排放占其生命周期排放量的82%，风电为72%（Honda，2005）。加拿大的研究发现，如果可再生能源项目建设选址不当，可能导致温室气体排放的增加。

其次，在节能减排和低碳城市建设中，应当努力减小低碳活动对适应产生的负外部性，增加正外部性。例如，能源结构的清洁化是减缓活动的一项重要内容。传统水电站的建设往往带来周边地区自然环境的改变，生物质发电需要充足的生物原材料，而这又可能弱化地方适应气候变化能力。低碳活动对适应产生的正面影响体现在不同的时间尺度上。一方面，通过近期和中期的低碳规划，优化产业结构、能源结构，开发和应用低碳技术，实施碳汇造林、农业减排等措施，有助于提高能效、节约资源，为适应气候变化奠定可持续的发展基础。另一方面，长期持续的减缓活动将有效降低大气中温室气体浓度，减小雾霾、高温、海平面上升等气候风险，从而减少防灾减灾等适应投入，保护和增进可持续发展能力。

（二）协同管理的领域

根据《中国应对气候变化国家方案》，减缓温室气体排放的重点领域有能源部门、工业部门、农林和生活消费；适应气候变化的重点领域有农业、林业、水资源管理、海岸带及沿海地区。可见，农业和林业部门是减缓和适应行动共同的重点领域，有利于开展协同管理行动。对城市地区而言，开展协同管理需要考虑的问题更加复杂。

2016年国家发改委、住房和城乡建设部共同制定的《城市适应气候变化行动方案》中提出，要加强城市建筑、能源、交通、水资源和生态等关键领域的适应能力，这些领域具有大量潜在的协同效应。例如，该方案要求绿色建筑推广比重达到50%，积极发展被动式超低能耗绿色建筑；建设节水型城市、海绵城市，构建气候友好型城市生态系统；科学规划城市绿地系统，充分发挥自然生态空间改善城市微气候的功能，依托现有城市绿地、道路、河流及其他公共空间，打通城市通风廊道，增加城市的空气流动性，缓解城市"热岛效应"和雾霾等问题。

2017年1月，中国政府向《联合国气候变化框架公约》秘书处提交了《中国气候变化第一次两年更新报告》①，其中提到了关键部门的适应技术需求清单。例如，林业部门的"干旱地区微水造林技术、基于森林健康理念的采伐作业技术措施"等；水资源领域的"太阳能光伏提水灌溉节水技术、干旱适应性技术、雨水集蓄利用技术、中水回用处理设备及技术、跨流域调水技术"等。城市地区的适应技术包括"长距离高扬程大流量引水工程关键技术、内涝防控及雨污分流排水技术、城市能源基础设施的'水、气、热三网'协同技术、被动式超低能耗绿色建筑建设技术、屋顶绿化技术、透水路面应用技术、基于气候适应的城市基础设施设计和建设标准体系提升及支撑技术、风险评估和绿色修复技术、城市绿地布局优化技术、公共交通基础设施优化布局与智能运行技术"等。通过加强协同管理，可以让这些适应措施充分发挥减排与适应的双重效益。

从国内外的研究与实践来看，城市生态系统是具有强协同效应的领域。例如，国际自然保护联盟（IUCN）提出的"基于自然的解决方案"（Nature – Based Solutions）就是充分利用自然资源应对生态环境风险和社会经济挑战的一种协同理念。从自然资源禀赋来看，森林、湿地等具有减缓气候变化、涵养水源、改善健康和文化教育、减灾等生态服务价值，是城市系统不可或缺的组成部分。"绿色基础设施"利用生态系统功能和服务，在降低高温热浪、洪水及干旱的影响时发挥诸多积极作用，相比高排放、高能耗的"灰色基础设施"更具成本效益和可行性（欧盟环境署，2014）。此外，发展城市有机观光农业，建设城市森林湿地、生物质能源林、防风沙或防台风海浪的防

---

① 《我国首次提交气候变化两年更新报告》，中国气候变化信息网，http://www.ccchina. gov. cn/Detail. aspx? newsId =66099，2017 年 1 月 24 日。

护林，加强森林管理和生物多样性保护等举措，也能够提升自然资本、增强森林碳汇。

欧洲的一项减排与适应的协同政策研究表明，在能源、建筑和城市空间规划三个领域中存在大量的协同机会。能源系统减缓和适应行动的协同关系主要发生在能源供应端，例如：对水电站进行防洪抗旱配套设施建设，增加蓄水灌溉功能，一方面能变害为利，充分利用水资源进行发电，提高发电设备利用效率；另一方面可发挥蓄洪抗旱功能，增强适应气候变化的能力（傅崇辉等，2014）。科学合理的城市空间规划有助于减少城市能源消耗，例如：城市气候地图是城市规划设计的重要工具，通过交通干道绿化、创造城市风道，能够改进城市通风、减少人为活动的热排放、增加人居环境舒适度；基于灾害风险的人口和产业布局有助于避开高风险地带、减小潜在的灾害伤亡和经济损失。

根据相关文献和案例研究，我们认为城市开展减排和适应协同管理的重点领域包括城市生态系统、城市建筑和住宅领域、城市能源电力、城市公共交通体系、城市水资源管理及流域管理、土地利用和城市规划等。针对不同的城市气候风险和适应目标，可以列出一些开展适应与节能减排协同管理的措施选项。例如，城市热岛效应加剧高温热浪，台风和暴雨常常导致城市水灾，以减缓热岛效应和应对城市水灾作为适应目标，可以考虑在不同领域采用多样化的协同管理措施（见表2-5）。

表2-5　　　　　　　　低碳韧性城市的协同建设领域示例

	减缓热岛效应	应对城市水灾
城市生态系统	建设沿海防护林、城市湿地、城市森林、水源涵养林、碳汇林等	建设沿海防护林、城市湿地、城市森林、水源涵养林、道路绿化带等
水资源和流域管理	建设引水工程和城市水道，开发中水回用及雨洪利用技术，实施阶梯水价机制等	建设城市水道，开展城市地下排水管网改造、城市水系自然改造、水库调蓄、加强农田水利设施、小流域治理，建设泄洪及蓄洪工程等

续表

	减缓热岛效应	应对城市水灾
能源电力	加强社区屋顶太阳能利用技术，能效及节能技术，风电、潮汐、地热、垃圾发电等可再生能源发电技术，智能电网技术等；加强电力需求侧管理	开发可再生能源发电技术，电网和电器防雷电、防漏电技术
公共交通	加强道路立体绿化，发展公共交通（城市快速公交、太阳能汽车、免费自行车）等	提升城市交通总和管理能力（公路、铁路、航空的接驳能力）
建筑及人居环境	开展建筑节能改造，开发可再生能源建筑应用技术，加强屋顶绿化，建设绿色低碳社区	加强立体绿化、屋顶绿化、透水砖、社区雨洪利用及储水技术、集雨型绿地等城市海绵体建设
城市规划	合理利用土地，调整人口政策，优化产业布局，编制低碳城市规划、低碳韧性城市考核目标（如城市中心区绿地覆盖率）等	编制城市气候变化规划、低碳韧性城市考核目标（如城市中心区绿地覆盖率、城市防洪排涝设计标准、灾害损失占 GDP 比重）等

资料来源：郑艳、王文军、潘家华：《低碳韧性城市：理念、途径与政策选择》，《城市发展研究》2013 年第 3 期。

四　国内外城市的协同政策和行动

目前国内外对减缓和适应活动虽然有一些初步考虑和举措，但是在规划和政策设计中有意识开展的协同管理案例较少，以自发和零散活动为主。近年来，对于城市地区应对气候变化协同效应的研究和实践日益增多。

（一）中国城市的实践和探索

中国一些沿海城市开始关注应对气候风险的政策协同设计。例如，上海市在《节能减排及应对气候变化"十二五"规划》中强调，要在推进节能低碳发展、减少温室气体排放的同时，进一步加强城市防洪、排涝能力建设，完善防灾减灾应急预警系统建设，加强适应气候变化的基础研究,逐步提高适应气候变化能力。其中一些政策目标能够发挥减排和适应的协同效应。例如:建设沿海防护林、水源涵养林和防污隔离林,2015 年上海市森林覆盖率达到 15.5%,提升了碳汇能力;发展高效生态农业,推广绿肥种植,农田秸秆还田,使废弃物综合利用率达到 95%;发展城市立体绿化和屋顶绿化,要求新建公共建筑屋顶绿化面积占适宜屋顶绿化公共建筑的 95% 以上等。厦门市通过城市发展综合规划,将防洪标准由"20 年一遇"提高到"50 年一遇",加强了对海平面上升的监测管理及海洋和海岸带管理,先后实施人造沙滩工程,扩大红树林种植面积,在防范海洋灾害的同时,也为白海豚、文昌鱼等珍稀濒危物种创造了良好的栖息环境(曹丽格等,2011)。

珠江三角洲城市群地区是我国遭受台风、暴雨、海平面上升等气候风险最高的地区之一。研究表明,当海平面在历史最高潮位上升 30 厘米时,珠江三角洲可能被淹没的面积达 1153 平方千米,受威胁最大的有广州、珠海和佛山等沿海城市。如果不实施适应气候变化的活动,预测广东省 2030 年的经济损失将达到 560 亿元人民币(王文军、赵黛青,2011)。从广东省采取的气候适应行动来看,主要投资于沿海城市的基础设施和海岸带防护建设。例如广州市在"十一五"期间,防灾减灾和水资源综合利用项目先后投资 580 亿元和 1000 多亿元,加强灾害监测预警和水资源管理,制定了海洋环境、湿地、红树林领域的保护和发展规划。表 2 - 6 分析了广东省主要减排和适应措施的协同效应。其中,水利设施和低碳能源生产、消费具有强协同效应;在应对气候变化的科普教育上,减缓和适应行动具有互补性;除此以外,科普对鼓励清洁能源的使用、提高能源效率都具有正的外部性;城市绿化项目有利于节约能源消费。

表2 -6　　　　　　　　广东省减排与适应协同效应分析

	水电站、太阳能、生物质发电	对清洁能源的使用	提高能源效率	节能监督,低碳科普
水利设施	(+,+)	(+,+)	(+,0)	(+,0)

续表

	水电站、太阳能、生物质发电	对清洁能源的使用	提高能源效率	节能监督，低碳科普
海堤工程	(0，+)	(+，0)	(+，0)	(+，0)
城市绿化，科普	(0，0)	(0，+)	(0，+)	(+，+)

注：+表示两个领域之间存在正向协同关系，0 表示不存在协同关系。

资料来源：王文军、赵黛青：《减排与适应协同发展研究：以广东为例》，《中国人口·资源与环境》2011 年第 6 期。

(二) 国际经验和进展

国际社会意识到城市层面迫切的减排和适应需求，在一些非政府组织和城市决策者的推动下，成立了大城市气候领导者集团 (C40 城市)、地方可持续发展国际理事会 (ICLEI)、世界气候变化市长理事会、城市气候保护联盟 (Cities for Climate Protection) 等政府间组织，全球许多城市利用这些国际平台开展了各种政府和民间层面的交流与合作。

欧洲城市是积极推进气候变化适应的先行者。2001 年，伦敦市建立了政府机构及企业、媒体广泛参与的"伦敦气候变化伙伴关系" (London Climate Change Partnership)，任命专职官员负责协调和实施"伦敦适应计划"，内容包括：2012 年增建 1000 公顷绿地以降低城市热岛效应，对伦敦河道进行生态修复，加强家庭节能和公共建筑节能，推广低碳建筑、节能交通和零碳交通等；此外，伦敦还启动了一项非常先进的为地下运输通道降温的项目。德国通过拆除水泥堤岸拓宽城市水系，恢复城市河道的天然生态，大大改善了河流的生态功能和防洪泄洪能力，同时也减少了因维护水泥堤岸而产生的碳排放。

美国有 1000 多个城市的市长签署了"气候保护协议"，其中比较成功的适应行动包括适应服务基础设施、洪水管理、城市造林、土地利用规划及政策等，减排行动包括减少温室气体排放、提高能效和节能、开发可再生能源、交通领域的减排计划等；与此同时，城市管理者也开始关注如何能够更好地利用现有经验推进适应和减排的整合，以便增进气候行动的成本效益和协同优势（Zimmerman and Faris，2011）。2010 年美国纽约市成立了气候变化专家委员会（NPCC），制定了《纽约气候适应计划》以应对海平面上升和城市高温等气候风险，其中包括为期 20 年的绿色基础设施计划，通过街区改造、土地利用规划和改进供排水设施（例如增加城市林木覆盖率，将洪水淹没区设计为公园绿地，改进雨水收集系统，修改排水设计标准，利用和加强自然景观的排水功能等），在提高洪水管理能力、降低热岛效应的同时，也有利于减少交通排放和能耗。

鉴于发展中国家有限的财政和人力资源，具有减灾和适应的协同效应的气候政策和行动极具社会经济效率。例如，南美洲玻利维亚的国家公园项目通过建设观赏林实现了三重政策目标：增加碳汇、保护生态系统多样性、促进地区经济可持续发展。越南一项研究基于多目标决策分析（MCA）技术，以商业可行性、可持续发展及减缓气候变化的适应效益等为准则，在一些自然和社会经济部门中推荐具有减缓和适应效果的政策优选方案：①具有良好适应效益的减排措施，如发展小型水电、减少稻田甲烷排放的水管理、森林保护与可持续经营管理等；②具有突出减排潜力的适应措施，如通过水资源管理促进水电发展、采用抗逆树种、灵活的农业耕作模式等（Dang et al. , 2003）。

五　建设低碳韧性城市的思路和建议

以城市为切入点开展低碳韧性城市的示范和试点，有助于从理念到行动推动减缓和适应目标的整合。建设低碳韧性城市建议从以下政策机制入手：

（一）在城市发展规划中协同考虑适应和低碳发展需求

城市承载着生产、消费、环境保护、资源利用等多种功能，建设低碳韧性城市需要尽可能地综合考虑多个城市发展目标，发挥多种协同效应，如在减少能源和碳排放、防灾减灾的同时，也可以协同考虑创造就业机会、促进社会公平、促进生态保护和资源可持续利用等其他目标。科学合理的城市空间规划（如人口和产业布局、交通路网设计、社区发展等）有助于保护城市生态环境的完整性，同时减少不必要的交通排放和建筑排放。国内外关于紧凑型城市的设计理念和实践有助于缓解热岛效应，减少能源消费。例如，新加坡和英国伦敦等城市为了满足城市空间规划立法中严格的城市绿地率限制，在城市交通规划中努力提高不同交通方式的联合接驳能力，体现了对城市土地资源的高效利用。

（二）构建城市应对气候变化的协同治理机制

气候变化作为近年来最受关注的环境问题，涉及多个目标和多个治理领域，以及气象、防灾减灾、水利、农业、生态、卫生、环保、规划等众多决策管理部门。2007 年以来，中国在国家和地方层面先后成立了应对气候变化和节能减排领导小组，建立了气候变化治理的基本架构，然而，如何在现有政策和机制基础上因地制宜、协同整合适应和减排的目标和需求，还需要借助试点深入探索。在我国一些发达的大城市，社会公众的气候变化意识和环境治理诉求日益提升，在建立城市气候变化协同治理机制过程中，应当借鉴国际上比较先进的城市治理理念和经验，例如"伦敦气候变化伙伴关系"，发挥社会各界的力量，广泛吸纳公众、专家、企业等不同利益相关方参与决策过程。

（三）市场与政府相结合的灵活的实施机制

适应与温室气体减排作为应对气候变化的两大领域，在性质、目标、方法和实现途径上都存在很大差异。与减排相比，适应气候变化具有更大的复杂性和迫切性，需要考虑地区差异，整合多部门的政策和规划。目前，国内对于城市如何适应气候变化的理论探讨和实践仍然不足，尤其是如何积极利用市场途径筹集资金、推动技术研发和应用推广，不仅需要政府在战略层面的导向，还需要制定一些政策保障机制，例如，加大低碳和适应协同技术的研发投入，为企业开展相关活动提供税收和信贷支持，将低碳韧性城市的关键指标纳入城市规划、立法及政府政绩考核指标等。

（四）推动低碳韧性城市的社区示范和试点建设

国内已经开展了一系列低碳城市的试点，并在国家政策的推动下进行了因地制宜的实践。国内的低碳城市建设从概念理解、操作手段和实施效果等方面还存在不少问题。例如，低碳城市建设普遍以"低碳园区"作为切入点，因为产业园区是城市物质生产和能源消费的关键环节，低碳韧性城市试点可以将社区作为一个切入点。我国目前推进的低碳城市、生态城市、海绵城市、气候适应型城市等各类试点建设，不论是新建的城市卫星城镇还是传统旧城区，面临的优先问题虽然不同，都涉及建筑、交通、生态绿化、减灾防灾、社区培育等多个领域，具有开展协同管理的现实性和必要性。开展低碳韧性社区示范的一个优势在于，调动社会公众和城市居民对于应对气候变化的意识和能力，自下而上推动城市气候治理行动。

（五）加强低碳韧性城市规划的政策研究和技术支持

中国地域广阔，发展水平差异很大，不同地区的城市具有不同的产业结构、发展水平，同时在气候风险和适应需求方面存在较大差异，需要因地制宜、合理确定协同政策的目标和措施。比如，沿海城市受到台风、高温、洪涝灾害的影响较大，社会经济发展水平高，属于增量型适应需求，西部内陆城市则普遍受到干旱和水资源短缺的影响，在气候变化和生态容量限制下，发展型适应问题突出。一方面，需要开展低碳韧性城市的政策研究，推动相关部门的重视和协作行动；另一方面，在挖掘传统经验和智慧的同时，也需要借鉴现代城市规划技术，例如加强城市空间规划技术在低碳韧性城市规划中的研究和应用，建设气候决策信息平台等。

第三章　长三角城市密集区适应气候变化研究

第一节　长三角城市密集区的发展
演变及未来趋势

一　长三角地区的界定

长江三角洲及周边城市密集地区具有优越的区位条件，自然禀赋优良，经济基础雄厚，体制比较完善，城镇体系完整，科教文化发达，已成为全国发展基础最好、体制环境最优、整体竞争力最强的地区之一。对长三角地区的界定可以从三重意义上来分析。本章提到的长三角地区采用了《长江三角洲地区区域规划》（以下简称《长三角地区规划》）的统计范围，长三角城市密集区采用了《长江三角洲城市群发展规划》（2016—2020）（以下简称《长三角城市群规划》）中的"长三角城市群"概念。

（一）气候与地理概念

长江三角洲处于长江入海口，是由于河水所含泥沙不断淤积而形成的低平的三角形陆地。根据国务院 2010 年批准的《长三角地区规划》，长江三角洲地区包括上海市、江苏省和浙江省，区域面积21.07 万平方千米，占全国国土总面积的 2.19%。其中陆地面积18.68 万平方千米、水面面积 2.39 万平方千米。长三角地区位于太平洋西岸的中间地带，地处我国东部沿海地区与长江流域的结合地带，属于我国东部沿海亚热带湿润地区，四季分明，水系发达，淡水资源丰沛，地势平坦，土壤肥沃，港口岸线及沿海滩涂资源丰富，具有适宜人口集聚和社会经济发展的优越自然条件。由于在气候带上属于温带季风气候区，毗邻东南沿海，经常会受到台风、洪涝灾害等气候风险的影响。

（二）产业经济区概念

长三角地区是我国经济最发达、进出口程度和国际竞争力最强的地区。以上海为龙头的苏中南、浙东北工业经济带一直是我国经济发展速度最快、经济总量规模最大、最具有发展潜力的经济板块。依据《长三角地区规划》的统计范围，2015 年长三角地区（苏浙沪）人口数为 1.59 亿，占全国总人口的 11.6%；创造了占全国 20.2% 的国内生产总值、12.1% 的财政收入和 34% 的外贸进出口总额，是我国最具活力的产业经济区。[①]

（三）城市经济及城市群概念

从城市经济的视角看，长三角城市密集区指的是上海市、江苏省、浙江省、安徽省三省一市毗邻地区的城市组成的一个较大的城市群区域。作为城市经济的研究对象之一，城市群是指在特定地域范围内，以 1 个以上特大城市为核心，由至少 3 个以上大城市为构成单元，依托发达的交通通信等基础设施网络所形成的空间组织紧凑、经济联系紧密，并最终实现高度同城化和高度一体化的城市群体。

长三角城市群是我国“十三五”期间重点建设的五大城市群之一，是我国最大的城市密集区域，在人口和经济规模上已位列世界第六大城市群，在我国城市化进程和经济社会整体发展中，具有举足轻重的地位。根据 2016 年发布的《长三角城市群规划》（2016—2020），长三角城市群规划范围以上海为核心，包括了江苏省 9 个城市、浙江省 8 个城市、安徽省 8 个城市，共 26 市，主要分布于国家“两横三纵”城市化格局的优化开发和重点开发区域；面积 21.17 万平方千米，2014 年地区生产总值 12.67 万亿元，总人口 1.5 亿，分别约占全国的 2.2%、18.5%、11.0%。

---

① 国家统计局城市社会经济调查司：《中国城市统计年鉴 2016》，中国统计出版社 2016 年版。

长三角城市密集区除了具有独特的自然环境和气候特征，随着城市经济的日益成熟，也正在形成自己的城市经济和城市文化特征。例如，2014 年上海交通大学城市科学研究院发布的《中国城市群发展报告》依据"城市化进程"对"文化型城市群从人口、经济、社会、文化和均衡性五方面"对中国六个城市群①进行了排名，长三角城市群在优质人口集聚、居民生活质量和文化发展水平等综合指标上均位居前列。② 与其他城市群相比，长三角城市群经济总量最大，同时生活质量指数领先，是较为理想的宜居城市群；京津冀城市群的科技文化发展水平最高；珠三角城市群的创新能力和绿色发展成绩突出，经济的可持续增长潜力大。

二 长三角城市密集区的空间分布格局

长三角城市地区具有完整、密集的城镇体系，已基本形成多中心的城市空间格局，拥有以上海、南京、杭州等大城市为核心的若干城市密集区，即内部的小城市集群，总体上已形成了一个包括特大、中、小城市和小城镇等级层次明显的城镇体系，能产生较高的城市圈体能级效应。长三角城市群是我国最大的城市群地区，包括 1 座超大城市、1 座特大城市、12 座大城市、9 座中等城市和 42 座小城市，及众多各具特色的小城镇（见表 3-1）。其中，上海市作为 2400 多万人口的超大城市，人均 GDP 超过 1 万美元（2016 年数据），在长三角城市地区具有突出的核心地位。长三角各城市与上海的联系强弱从中心区向四周降低，大致形成一种圈层结构。南京、苏州、无锡、杭州、宁波等城市在区域乃至全国占有重要地位。区域内的中小城镇也各具特色，具有很强的发展活力。城镇分布密度达到每万平方千米 80 多个，是全国平均水平的 4 倍左右，常住人口城镇化率达到 68%，具备了跻身世界级城市群的基础。

---

① 这六大城市群包括：长三角、珠三角、京津冀、山东半岛、中原经济区、成渝经济区。

② 刘士林、齐新静主编：《中国城市群发展报告 2014》，中国出版集团、东方出版中心 2014 年版。

表 3-1 长三角城市群各城市规模等级

规模等级		划分标准 （城区常住人口）	城市
超大城市		1000 万人以上	上海市
特大城市		500 万—1000 万人	南京市
大城市	Ⅰ型 大城市	300 万—500 万人	杭州市、合肥市、苏州市
	Ⅱ型 大城市	100 万—300 万人	无锡市、宁波市、南通市、绍兴市、芜湖市、盐城市、扬州市、泰州市、台州市
中等城市		50 万—100 万人	镇江市、湖州市、嘉兴市、马鞍山市、安庆市、金华市、舟山市、义乌市、慈溪市
小城市	Ⅰ型 小城市	20 万—50 万人	铜陵市、滁州市、宣城市、池州市、宜兴市、余姚市、常熟市、昆山市、东阳市、张家港市、江阴市、丹阳市、诸暨市、奉化市、巢湖市、如皋市、东台市、临海市、海门市、嵊州市、温岭市、临安市、泰兴市、兰溪市、桐乡市、太仓市、靖江市、永康市、高邮市、海宁市、启东市、仪征市、兴化市、溧阳市
	Ⅱ型 小城市	20 万人以下	天长市、宁国市、桐城市、平湖市、扬中市、名容市、明光市、建德市

资料来源：《长江三角洲城市群发展规划》（2016—2020）。

长三角城市密集地区的空间结构具有一个历史演变过程。20 世纪 80 年代以来，单中心（单极化）、行政地位主导、等级分明的空间结构体系正被弱化和扁平化，等级式的城市结构正在转向多中心（多极化）、网络化的空间结构布局，由规模扩张、资源驱动的外延式发展转向低碳绿色、内涵式的发展模式。

从城市人口规模来看，长三角城市密集区已形成了由超大城市、特大城市、大城市、中等城市、小城市组成的五个层次的层级式结构。第一层次是人口超过 1000 万的超大城市上海，是长三角城市群的核心区域和经济文化中心；第二层次是人口达到 500 万—1000 万的特大城市，为江苏省省会南京；第三层次为杭州、合肥、苏州等人口在 300 万—500 万的大城市，及无锡、宁波、南通、常州等人口在 100 万—300 万的大城市；第四层次为人口 50 万—100 万人的中等城市；第五层次为人口在 50 万以下的小城市，其中，人口在 20 万—50 万的小城市数目最多（见表 3－1）。

长三角城市密集区空间格局的演变特征主要包括两个方面：首先是由行政等级结构布局转向扁平式布局；其次是由极化发展转向泛化发展，区域内新的中心城市发展较快（王煜坤等，2010）。20 世纪 80 年代，长三角城市群布局主要以行政等级结构布局，即沪—宁杭（副省）—地级市—县的模式布局。进入 21 世纪以来，行政等级结构形成的城市结构逐渐被打破，苏州、无锡和宁波等城市崛起，演变成沪—宁杭苏锡甬（副省与发达地级市）—县市的多核心城市群结构。自浦东开发开放以来，长三角城市群处于土地快速扩张和外延式增长阶段，尤其是地级及地级以上市区表现明显。粗放式、无节制的过度开发，新城新区、开发区和工业园区占地过大，导致基本农田和绿色生态空间减少过快过多，严重影响到区域国土空间的整体结构和利用效率。进入 21 世纪，随着经济规模的扩大，土地资源日益紧张，长三角城市群转向集约化和内涵式发展，随着城市新区和开发园区的建设，经济产出效率持续提升，大城市发展呈现郊区化趋势。例如，浦东新区、无锡市区、杭州市区等土地产出率均居于长三角城市群前列。

三　长三角城市密集区在我国的重要战略地位

国家区域战略立足西部、东北、中部、东部四大地域板块，战略重点是西部大开发、东北振兴、中部崛起和东部率先发展。长三角地区作为国家区域战略和改革开放的首选地区，在目前国家实施的"区域协调发展战略"中具有举足轻重的地位。从表 3－2 可见，长三角城市密集区四省市（沪苏浙皖）各项社会经济发展水平在全国的相对水平。

长三角地区在我国国家战略和对外发展战略中发挥着日益重要的"龙头"效应。首先，长三角地区是我国区域发展战略的龙头地区。长三角地区经济基础雄厚，是国内综合实力最强的经济区域，工业化、信息化、城镇化、农业现代化协同并进，拥有面向国际、连接南

表 3 - 2　　　　　　长三角城市密集区主要经济指标与全国对比

	上海	江苏	浙江	安徽	长三角城市群	全国
年末常住人口数（万人）	2415	7976	5539	6949	10898	137462
人口自然增长率（%）	2.45	2.02	5.02	6.98	3.21	4.96
GDP（亿元）	25123	70116	42887	22006	135513	685506
第三产业比重（%）	67.8	48.6	49.8	41.1	45.4	53.7

注：“长三角城市群”各项指标依照《长江三角洲城市群发展规划》（2016—2020）的26 城市进行统计加总或平均。

资料来源：《中国城市统计年鉴 2016》

北、辐射中西部的密集立体交通网络和现代化港口群，经济腹地广阔，对长江流域乃至全国发展具有重要的带动作用。作为完善社会主义市场经济体制的主要试验地，长三角城市密集区正在积极推进长江经济带、长三角一体化、中国（上海）自由贸易试验区、苏南国家自主创新示范区、舟山群岛新区等创新发展战略。

其次，长三角城市群是我国参与国际竞争的重要平台。长三角地区已率先建立起开放型经济体系，形成了全方位、多层次、高水平的对外开放格局，是亚太经济区非常活跃的经济中心之一，在土地面积、人口规模、经济体量上正在追赶和超越其他全球著名城市群（见表 3 - 3）。

表 3 - 3　　　　　　长三角城市群与其他世界级城市群比较

城市群	中国长三角城市群	美国东北部大西洋沿岸城市群	北美五大湖城市群	日本太平洋沿岸城市群	欧洲西北部城市群	英国中南部城市群
面积（万平方千米）	21.2	13.8	24.5	3.5	14.5	4.5
人口（万人）	15033	6500	5000	7000	4600	3650
GDP（亿美元）	20652	40320	33600	33820	21000	20186
人均 GDP（美元/人）	13737	62030	67200	48315	45652	55305
地均 GDP（万美元/平方千米）	975	2920	1370	9662	1448	4485

注：长三角城市群数据为 2014 年统计数据。

资料来源：《长江三角洲城市群发展规划》（2016—2020）。

然而，与以纽约、东京、伦敦等全球发达城市为核心的世界级城市群相比，长三角城市群还具有不少劣势，在国际竞争力和影响力、国际化程度、城市化水平和经济效率等方面，仍远落后于许多世界级城市群地区。例如，作为城市群核心城市的上海，世界 500 强企业总部的落户数量仅为纽约的 10%，外国人口占常住人口比重仅为 0.9%。

此外，长三角地区的城镇化质量和空间利用效率不高，城市建设无序蔓延，城市间分工协作不够，低水平同质化竞争严重，高附加值的制造业、高技术产业和现代服务经济发展滞后。近年来长三角城市密集区的快速发展导致城市人口密度不断增大、能源消费快速增加、交通拥堵、环境恶化、城市运营成本过高等诸多"大城市病"，宜居性的下降一定程度上削弱了长三角城市群对国际资本和人才资源的吸引力。例如，2013 年长三角城市群建设用地总规模达到 36153 平方千米，国土开发强度达到 17.1%，高于日本太平洋沿岸城市群 15% 的水平；上海开发强度高达 36%，远超法国大巴黎地区的 21%、英国大伦敦地区的 24%，导致后续建设空间潜力不足①。

最后，长三角城市群也是我国建设 21 世纪海上丝绸之路的重要依托。长三角城市群处于东亚地理中心和西太平洋的东亚航线要冲，是"一带一路"与长江经济带的重要交汇地带，近年来在我国"一带一路"建设中发挥着日益突出的作用。

四　长三角城市密集区未来发展趋势及适应挑战

区域经济学与城市经济学研究者认为，区域一体化本身就是在静态局部不平衡中达到动态整体平衡的过程。在推动长三角区域联动整合发展的途径选择上，应该牢牢把握"多层级、多中心、多维向和多动力"的发展原则。在上海"中心城市"这个"龙头"的带动作用下，把杭州、南京、苏州等区域副中心城市培育成区域副中心或次中心，推动区域整体发展，促进更大范围的城乡一体化进程，解决大城市土地资源匮乏、人口爆炸、环境保护等诸多城市问题，从而真正实

---

① 资料来源：《长江三角洲城市群发展规划》(2016—2020)。

现长三角发展中城乡发展、区域发展、经济和社会发展、人与自然和谐发展、国内发展和对外开放的"五个统筹"目标。要实现这样的目标就必须全面考虑长三角地区所面临的各种优势和风险，尤其是气候变化这样的不确定风险给区域和城市发展带来的风险放大效应和波及效应。

（一）长三角地区中长期发展展望

城市群已经成为国家新型城镇化规划建设的"主体形态"。《国民经济和社会发展第十三个五年规划纲要》提出，坚持以人的城镇化为核心，加快城市群建设发展，优化提升东部地区城市群，建设京津冀、长三角、珠三角世界级城市群。积极转变城市发展方式，提高城市治理能力，建设"和谐宜居城市"。例如，加大"城市病"防治力度，不断提升城市环境质量、居民生活质量和城市竞争力，加强城市防洪防涝与调蓄、公园绿地等生态设施建设，支持海绵城市发展，完善城市公共服务设施，提高城市建筑和基础设施抗灾能力，等等。这些新型城镇化的发展理念为长三角城市地区未来发展指明了方向。

放眼未来，长三角城市群的演化是一个较长的过程，不可能一蹴而就。在不同的阶段会有不同的发展模式。在经历了2010年上海世博会后，长三角城市群的道路交通基础设施（3小时经济圈），以及商贸、旅游、会展等产业在城市群内得到初步整合。长三角城市群的硬件框架渐渐成形。预计到2020年，这期间城市继续扩张，人口继续涌入，然而劳动密集型产业对劳动力的吸纳量逐步减少，资本和技术密集型的产业成为经济的主要构成部分，同时第三产业比重大大增加。随着产业结构进一步升级，城市在外延扩大的同时，内涵或质量的进步也日益明显，城市群内产业和空间布局开始趋于合理。到2050年，长三角城市群将接近发达国家的城市群水平。这时城市人口高达70%以上，城市群功能更加复杂化和多样化，第三产业成为经济发展的主要动力，实现了城乡一体化，城市发展从增量驱动转变为内涵或质量驱动。

《长三角地区规划》已明确提出"调控城镇人口规模"，将上海市中心城区常住人口控制在1000万以内，南京、杭州市区常住人口不超过700万，苏州、无锡、常州、徐州、宁波、温州等城市市区人口规模不超过400万。《长三角城市群规划》预测到2020年，长三角主要城市常住人口将进一步增加（见表3-4），长三角城市群将在全国2.2%的国土空间上集聚11.8%的人口和21%的地区生产总值，基本形成经济充满活力、高端人才汇聚、创新能力跃升、空间利用集约高效的世界级城市群框架。未来长三角城市在地理空间、社会经济、人口和财富等方面的发展变化，将构成未来气候变化风险的暴露因素，长三角地区的行政管理特点，也将影响到未来城市风险治理的模式和效果。对于这些潜在的挑战，城市决策者需要予以前瞻性的考虑和应对。

表3-4　　　　　　　　长三角城市市域常住人口预测　　　　　　单位：万人

城市	2014年	2020年预测	2030年预测	城市	2014年	2020年预测	2030年预测
上海	2426	2500	2500	湖州	292	279	307
南京	822	950	1060	绍兴	496	534	551
苏州	1059	1100	1150	台州	602	625	660
无锡	650	720	850	舟山	115	150	200
常州	470	570	650	金华	544	554	565
南通	730	870	910	合肥	770	860	1000
扬州	447	560	570	芜湖	362	430	530
镇江	317	360	400	马鞍山	223	260	330
泰州	464	560	580	滁州	399	460	560
盐城	722	755	800	宣城	257	290	340
杭州	889	940	950	铜陵	74	100	130
宁波	768	820	900	池州	143	160	180
嘉兴	457	590	690	安庆	538	570	630

资料来源：《长江三角洲城市群发展规划》（2016—2020）。

（二）长三角城市密集区的适应挑战

在生态文明战略的指导下，我国新型城镇化建设更加注重质量和内涵的提升，因此长三角地区的发展也要求体现以人为本、大中小城市协调发展、城乡一体化协同发展、绿色低碳发展、安全宜居等宗旨。长三角城市密集区要落实新型城镇化目标，一方面，需要进一步提升和优化区域内的人口、土地、产业布局，走低碳绿色发展之路；

另一方面，还要提升城市环境与风险治理能力，积极应对伴随着城镇化提升及全球气候变化背景下的各种灾害风险问题。

从适应气候变化的视角来看，未来长三角地区的规划还存在一些薄弱环节，例如，没有考虑气候变化风险及适应目标，缺乏应对气候变化及灾害风险的区域决策协调机制，缺乏以城市群为主体的应急联动机制等。对此，需要在现有规划的基础上，着重加强以下两方面的主要工作：

1. 优化区域人口布局，减小气候风险的暴露度

长三角城市密集区人口密度大，灾害风险暴露度高。长三角城市是我国外来人口最大的聚集地域，约有 2500 万外来人口未在常住城市落户。由于缺乏常住城市的户籍，外来人口难以在教育、就业、医疗、养老、保障性住房等方面享受到城镇居民的基本公共服务。长三角城市群中的外来人口比重较高，导致城市内部二元矛盾突出。许多外来人口居住在人居环境较差、基础设施薄弱的城郊接合地带，加之缺乏风险防护意识和能力，成为灾害风险的高脆弱群体。

未来应当科学调控城镇人口规模，创新流动人口服务管理体制，完善常住人口调控管理制度，引导人口有序流动。合理控制沪宁和沪杭甬沿线特大城市人口增长，适度提高人口集聚度，优化人口和产业的空间分布，积极引导重点生态保护区的人口逐步向外迁移，鼓励人口向沿江、沿湾、沿海以及主要交通沿线、资源环境承载能力强的重点城镇转移。

2. 增强城市气候风险防护能力，构建韧性城市

长三角地区是受到我国季风影响的典型区域，天气和气候复杂多变，干旱、洪涝、台风、雷暴、低温冷害等都属于多发的气象灾害。城市化的快速发展，导致人口集聚、下垫面改变，加剧了城市热岛效应，城市高温、强降雨等极端天气频发。近年来，工业化和城市能源消费的快速增长加剧了污染物排放，区域性灰霾天气日益严重，江浙沪地区全年空气质量达标天数少于 250 天。生态环境恶化、灾害频发，严重制约了长三角城市地区的持续和健康发展，对此必须深刻反思城市化进程中的问题和教训，学习借鉴国际城市在构建生态城市、

韧性城市等方面的经验和做法，树立以提升城市综合韧性（如经济韧性、社会韧性、生态韧性、灾害韧性等）为目标的城市发展理念。

为了践行生态文明理念、提升区域发展的品质，《长三角城市群规划》提出，要有效控制城市开发强度，构建与资源环境容量相适应的空间格局，将15%以上的区域面积划入生态保护红线。例如，将开发强度接近饱和的上海、苏南、环杭州湾等地区，生态敏感性较高、资源环境承载能力较低的苏北、皖西、浙西等城市地区，列为限制开发区域，并加强水资源保护、生态修复与建设；对于具有较大资源环境承载潜力的地区，如苏中、浙中、皖江、沿海部分地区，可以适度增加人口集聚程度，建设产业园区和新城镇（见图3-1）。

图3-1　长三角城市群主体功能区

资料来源：《长江三角洲城市群发展规划》（2016—2020）。

在上述地区制定发展规划的过程中，除了中长期的社会经济人口发展，还要充分考虑到未来的气候变化风险，针对不同主体功能区的定位，分析其气候灾害类型、风险的空间和地域分布，将适应气候变化目标纳入城市发展规划之中，有针对性地加强气候敏感行业、脆弱群体的风险防范能力，加强气候防护基础设施建设，增强城市适应气候灾害风险的韧性或恢复力。一方面，需要建立长三角城市群的决策协调机制，提升城市群应对区域环境问题和灾害风险的治理能力；另一方面，加强省际、城际基础设施的共建共享、互联互通水平，统筹建设城乡、城际供排水、供气、供电、通信、垃圾污水处理和区域性防洪排涝、治污工程等重大基础设施。

第二节　气候变化对长三角城市密集区的影响

气候变化带来的极端灾害、长期的海平面上升，对长三角城市密集区的人居环境、基础设施、人口和社会经济等多方面会带来不同程度的影响。

一　海平面上升对人居环境的影响

沿海地区更容易受到海平面上升和风暴潮的影响。海平面上升给长三角地区带来一系列环境问题，主要有：①海洋侵蚀作用导致海岸线后退、陆地面积缩小；②沿海平原的土壤盐渍化范围扩大程度加深；③沿海地带的自然生态环境恶化；④河湖的排水入海能力降低，河床淤高，增加防洪压力；⑤风暴潮的发生强度和频率增大，危害性加剧；⑥削弱现有港口码头江海堤防等重要基础设施（顾朝林，2010）。沿海地区海平面上升带来风暴和咸潮，侵蚀建筑，污染地下水，引发地面塌陷或下沉，对管线、建筑地基和其他基础设施的损害极大。根据《第二次气候变化国家评估报告》，中国全海域海平面2030年将比2009年上升80—130毫米。其中，上海在全国沿海地区情况最严重，达到98—148毫米。依此趋势，至2050年，长三角50年一遇的极值水位将缩短为5—20年一遇。

二 对城市基础设施的影响

气候变化对城市中由建筑、道路、排水系统和能源系统等构成的基础设施网络产生了直接的影响，并间接影响城市居民的福利和生计。

（一）能源

气候变化加剧长三角地区的能源供需矛盾，尤其是对城市用电负荷及电网安全具有重要影响。对气温变化最为敏感的是生活电力消费。一方面，夏季气温升高使夏季空调的使用量增加，进而增加生活电力消费；另一方面，冬季气温升高使城市出现暖冬现象，从而减少城市冬季取暖电力消费。研究表明，近些年夏季高温日数增多是居民和城市系统用电量增加的重要气候因子。例如，上海电网的负荷特性逐渐呈现国际大都市电网的用电特征，气温成为负荷曲线的主要决定因素，若在夏季用电高峰期间出现持续高温或出现极端高温天气，则空调制冷负荷的迅猛增长将造成上海电网用电负荷的大幅攀升。据调查，夏季温度每升高1℃，上海电网的用电负荷将增加约70万千瓦。针对南京的研究表明，1996—2000年南京市的供电负荷比率夏季最大，冬季次之；利用日平均气温变量可以预测日用电量和日最高电力负荷的变化，7—9月日平均气温每增加0.1℃，该月平均日最高电力负荷会相应分别增长2.3万千瓦、4.1万千瓦和2.5万千瓦〔《长三角城市群区域气候变化评估报告》（2016）〕。

（二）交通

气候变化带来的天气条件改变常常会扰乱交通系统的运行，例如洪灾和山体滑坡可能造成高速公路、海港、桥梁和机场跑道等交通基础设施的永久性损坏；长时间的高温会让铺设的道路出现路面损害。表3-5是长三角城市地区不同运输方式容易遭受的气象灾害类别。

表3-5　　长三角城市不同交通运输方式易遭受的气象灾害种类

交通运输方式	线路形式	气象灾害种类
公路	高速公路	暴雨（引发洪水、泥石流、滑坡等次生灾）、雾和霾、高低温、雨雪冰冻
	普通公路	暴雨（引发洪水、泥石流、滑坡等次生灾）、雾、雨雪冰冻

交通运输方式	线路形式	气象灾害种类
铁路	电气化铁路	暴雨（引发洪水、泥石流、滑坡等次生灾）、雨雪冰冻、雷电
	非电气化铁路	暴雨（引发洪水、泥石流、滑坡等次生灾）、雨雪冰冻
水运	内河航运	暴雨（引发洪水、泥石流、滑坡等次生灾）、雾、大风、干旱（水量过少造成断航）
	海上航运	暴雨、台风、雾、大风
航空	—	暴雨、雨雪冰冻、大风、雷电、雾

资料来源：《长三角城市群区域气候变化评估报告》（2016）。

三 对城市经济活动的影响

极端气候事件的频发和强度的增大会让城市经济资产变得脆弱。气候变化能影响一系列广泛的经济活动，包括贸易、制造业、旅游业和保险业。

气候变化和极端气候事件对工业的直接影响，包括建筑、基础设施和其他资产的损毁。例如，由于气候影响而造成的交通延误、通信和电力中断会严重影响城市运行安全和居民生活。此外，极端天气还会影响城市物流、旅游、商业零售等密切依赖交通基础设施的城市经济活动。对于以旅游业为主要收入来源的城市，当地经济可能会遭受不同程度的损失，并影响相关行业的就业。此外，城市暴雨洪涝常常加剧保险业的损失，可能造成保险需求上升而可保范围下降。未来高损失事件发生的不确定性也可能会让保险费直线上升。

四 对城市脆弱群体的影响

气候变化对各个群体的影响是不一样的，气候变化的影响程度根据个人和群体的财富以及对资源的获得能力不同而有所差异。对城市地区极端天气事件进行的灾难影响研究显示，在灾害中丧命或受重伤，以及损失大部分或全部财产的人大多来自低收入群体。低收入家庭最易受气候变化影响，主要是因为他们的居住条件较差，居住区更加脆弱，缺乏必要的知识、信息和资源来有效实施自我保护。例如，课题组在上海部分城区的社会调查发现，只有 1/3 的受访者了解、听说或者参加过气候变化相关的宣传活动。其中，老龄群体是气候变化的敏感人群，外来务工者是社会边缘化的脆弱群体，各有不同的风险与需求，有必要针对不同类型的城市群体加强科普宣传，提升其应对气候灾害的能力和意识。

第三节　城市化进程对长三角地区
气候变化的影响

在全球气候变化的背景下，20 世纪 80 年代以来长三角地区的区域和局地气候受到城市化进程的显著影响。首先，城市化进程对于长三角地区观测气温变化具有显著的影响，其中最显著的就是长三角城市密集区域。根据《华东区域气候变化评估报告》，1981—2007 年，华东地区城市化对于区域平均变暖幅度的总体贡献约为 1/4，其中特大城市的热岛效应对增暖的贡献超过 44%（徐影等，2013）。其次，城市建设改变了土地利用方式，下垫面硬化、不透水，同时人口和建筑集中、能源消耗和污染物排放密集化，形成了城市热岛、雨岛、雾岛等现象，并且出现了一些周期性、区域性或群发性的天气现象。此外，在城市化的影响下，长三角地区某些极端天气有所增多，某些则显著减少，例如雷暴天气、大风和大雾天气有所减少，但是高温热浪、暴雨事件增多，甚至出现城市型水灾、雾霾等新型、复合型的城市气象灾害。对此，需要加强研究，认识城市群地区的气候特征及其影响，增强适应能力。

一　城市化引发的群发性极端天气

近年来，长三角城市高温热浪、暴雨、雾霾等极端天气频现，除全球气候变化的影响以外，城市化进程对局地气候的影响更大。在全球气候变化的大背景下，常常形成区域性的群发性天气事件。群发性极端事件是指在较大尺度的连片区域内各地同期或近似同期发生的一类极端事件，其影响范围广、持续时间长、社会经济影响更大（秦大河等，2015）。例如持续暴雨引发的流域性洪水、城市群地区的雾霾和大范围的高温热浪等。2013 年夏，我国华东区域的大范围高温热浪就是一个典型的群发性的极端天气事件，高温区域覆盖 19 个省区市，约占 1/3 国土面积。其中，杭州以 40.4℃高温创下 1951 年以来当地气温最高纪录，上海 6—9 月期间，共有 47 天的高温天气，15 天持续高温，其中有 5 天气温超过 40℃，造成城市饮水困难、农作物严重干旱。

二　城市化引发的周期性天气现象

定量评估人类活动对于气候变化的影响是国内外城市与环境研究领域的前沿议题。一般而言，天气过程很难会保持 7 天以上的周期，但是近 30 年来，国内外一些学者发现了许多国家的城市地区具有明显的气象要素周期现象，这是人类活动影响气候的有力证据之一（Gordon，1994）。

气象要素周期的存在与人类活动排放的污染物和热排放有关。早期研究发现，澳大利亚墨尔本市冬季降水与最高气温存在周循环即周末气温高于周中、周中降水量多于周末的现象（Simmonds，1986），随后有学者在全球范围内发现了多种气象要素均存在周周期和周末效应。例如，Forster 和 Solomon（2003）利用气温日较差资料发现，美国、墨西哥、日本和中国等城市都存在气温的周末效应；美国相关研究发现，东南部城市及其邻近地区存在明显的降水周循环，其中周末降水偏多（Cerveny and Balling，1998）；Patrick 等（2008）检验了欧洲 8 个国家的气温周末效应，发现气温周循环效应在 1930 年以后显著加强；Fujibe（2010）利用全日本 29 年气象自动站资料研究了不同级别城市间的周末效应，发现在人口最稠密的东京地区，周末气温比工作日偏低 0.2℃—0.25℃；段春锋等（2012）利用 1996—2010 年长三角地区 4 个城市（上海、南京、杭州、合肥）的逐日地面观测资料，发现气温变化具有明显的周循环和周末效应现象，其中气温日较差和日最高气温最为显著，气温变化的周末效应存在季节差异，即夏季周末气温指标值比工作日大，其他季节周末气温指标值比工作日小，其中春季周末效应最为显著。

一些研究认为，气溶胶的周周期可能是造成气象要素周末效应的原因。与人类活动周循环规律类似，很多地区臭氧（O_3）、二氧化碳（CO_2）、二氧化氮（NO_2）等气溶胶粒子也存在周期性特征。龚道溢等（2006）发现，我国东部地区存在日较差的周末效应，其中冬季周末日较差大，而夏季则相反，指出冬夏季节差异是气溶胶对辐射、云、降水存在直接和间接作用的结果；以长三角城市为例，通过分析2006年上海5个臭氧监测站周末与工作日臭氧浓度的变化规律，发现上海徐家汇与国外许多城市中心一样，存在周末臭氧浓度比工作日高的臭氧周末效应，这种效应随云量增加而逐渐减弱或消失，表明上海市中心城区的臭氧周末效应是由臭氧光化学生成引起的。

三 城市化密集地区的雾霾

随着城市化的快速发展，城市消费和生产所排出的温室气体已占到温室气体总量的70%，成为当今世界最大的温室气体来源。雾霾的产生是由于人类污染物排放超过了气候系统对大气污染的自净化能力。一方面，全球和区域气候变化加剧了雾霾的发生和影响机制；另一方面，城市热岛、雾岛、暖冬等局地性和季节性的气候效应也是产生和加剧雾霾的重要贡献因素。

我国近二三十年中东部区域霾问题日益严重，主要是由人为排放的大气气溶胶显著增加所致。与气溶胶密切相关的雾霾也是一种深受气候条件影响的季节性气象灾害。中国气象局研究表明，在全球气候变暖影响下，20世纪60年代以来，京津冀地区平均风速减小了37%，11—12月大气环境容量下降了42%。[①] 暖冬导致大气自净能力降低，不利于污染物消散，因此，冬季往往成为全国城市地区雾霾最严重的季节。

雾霾对于城市居民的健康影响日益受到关注。2015年2月，国际环保组织绿色和平与北京大学公共卫生学院联合发布研究报告《危险的呼吸2：大气PM2.5对中国城市公众健康效应研究》。报告采用全球疾病负担估算方法，定量计算了全国31座省会城市和直辖市

---

① 《京津冀气候条件越来越不利于污染物扩散》，《中国青年报》2017年2月6日。

PM2.5 年平均浓度变化的健康影响。健康影响指标采用公众因四种疾病（缺血性心脏病、脑血管病、肺癌、慢性阻塞性肺疾病）而导致的过早死亡（超额死亡率）。研究结果发现，2013 年全国主要城市的平均超额死亡率为 0.9‰，即每十万人中约有 90 人因 PM2.5 而导致了超额死亡。这一数字远大于中国 2012 年的吸烟死亡率（0.7‰）及交通事故死亡率（0.09‰）。其中，长三角地区的南京、上海、杭州 2013 年每万人因雾霾污染（PM2.5）导致的超额死亡分别为 116 人、86 人、78 人，分别居全国城市的第 5 位、第 20 位和第 23 位。

第四节　长三角城市密集区的气候变化趋势及其特征[*]

根据长三角地域范围的定义，考虑到长三角地区 16 个典型城市站点的数据可得性，选取气象基准站、基本站和一般站点共 140 个，依据气温和降水分析长三角地区的气候变化趋势。

一　长三角地区的气温变化

（一）年平均气温变化趋势及空间分布特征

从图 3 - 2 来看，近 30 年间，整个长三角地区年平均气温的线性

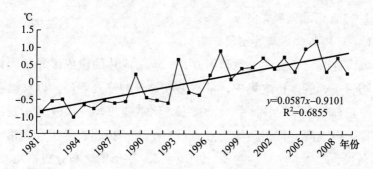

图 3 - 2　1981—2010 年长三角地区年温度距平变化趋势

　　* 摘自吴蔚、史军、董广涛、侯依玲、陈蔚镇、田亮《长三角城市群气候变化演变特征》，载《长三角城市群区域气候变化评估报告》，气象出版社 2016 年版。有修改。

升温率为 5.87℃/100 年，显著高于全球升温率（0.74℃/100 年），尤其是自 1997 年以来，连续 14 年气温距平均为正值，其中 2007 年为 30 年间气温最高的年份（17.5℃），达到了上海市百年来的最高气温。

图 3-3 是长三角 16 个城市 1981—2010 年年平均气温的升温率，其中苏州是长三角 16 个城市中升温率最高的城市。

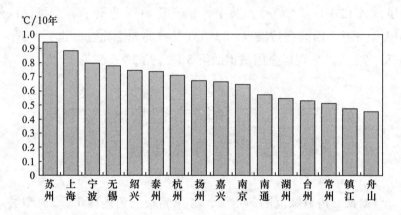

图 3-3　1981—2010 年长三角地区城市升温率

从城市年平均气温的空间分布来看，1981—2010 年长三角区域年平均气温等温线由北向南基本呈纬向型分布（见图 3-4），气温最高为浙江台州的温岭市（17.9℃），最低为江苏南通的如皋市（15.1℃），南北气温差约 3℃。

（二）热岛效应及其空间分布

城市群改变了地区土地利用方式，连绵成片的建成区导致人口和建筑物密集、能源排放集中，常常形成显著的热岛效应。以气温变化率来看热岛效应（见图 3-5），长三角区域年平均气温升温率北部高于南部，以上海、杭州为转折点，贯穿南京、扬州、常州、无锡、苏州、嘉兴、绍兴、宁波、台州，呈现"Z"字形的热岛分布格局。

二　长三角地区的降水变化

（一）年降水量变化趋势

从图 3-6 可见，1981—2010 年，长三角地区的平均年降水量略有减小。其中，20 世纪 80 年代末至 20 世纪 90 年代初期和 20 世纪 90 年

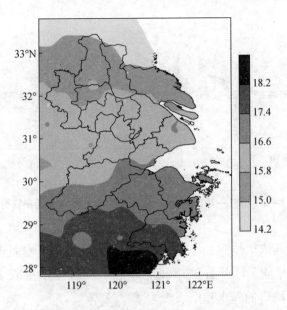

图 3-4　1981—2010 年长三角地区城市年平均气温空间分布（单位：℃）

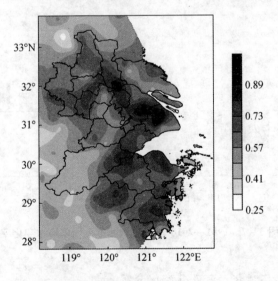

图 3-5　1981—2010 年长三角地区城市热岛效应及其空间分布
（单位：℃/10 年）

代末至 21 世纪初期降水偏多，20 世纪 90 年代中期和 21 世纪初前十年的中后期降水偏少。

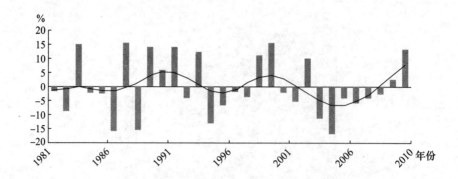

图 3 - 6 1981—2010 年长三角地区平均年降水量距平百分率

从高到低依次排列长三角 16 个城市的平均年降水量变化（见图 3-7），30 年间，江苏各城市和上海的平均年降水量表现为增加趋势，浙江各城市的降水量则表现为减少趋势。

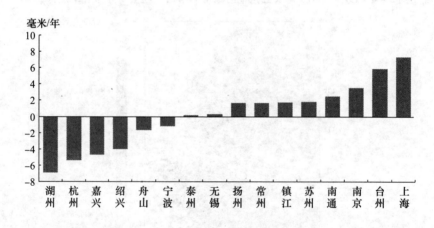

图 3 - 7 1981—2010 年长三角城市平均年降水变化率

（二）降水变化趋势及其空间分布

1981—2010 年，长三角地区平均年降水量约为 1310 毫米，且由北向南降水量逐渐增多（见图 3 - 8（a））。其中，年降水量最大的为浙江台州的温岭市（1799 毫米），最小的为江苏扬州的宝应县（998 毫米），南北相差约 800 毫米。从降水量的变化趋势来看（见图 3 - 8

（b）），整个长三角区域以北部增加、南部减少为主。

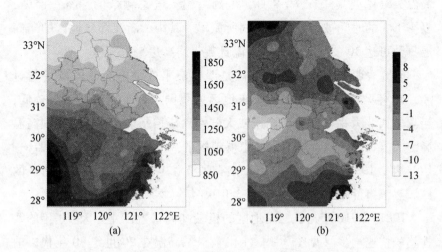

图 3 - 8　1981—2010 年长三角地区平均年降水量（a，单位：毫米）及
降水变化率（b，单位：毫米/年）

三　长三角地区的极端天气气候事件

依据长三角 32 个气象基准站、基本站的逐日最高、最低气温、日降水量数据，及逐月大风日数和雾日数等，分析了长三角地区1981—2010 年主要极端天气气候事件（包括高温热浪、暴雨、大风、大雾、台风）发生频次（日数）的年际变化和空间分布。

其中，极端高温日数是指日最高气温≥35℃的日数，持续暖夜日数是指日最低气温≥28℃的持续日数，暴雨日数是指日雨量（20 时至次日 20 时）≥50 毫米的日数，雷暴、大风和大雾的定义标准参照中国气象局的《地面气象观测规范》。

（一）高温热浪

高温热浪是气象学的概念，世界气象组织将超过32℃的天气界定为高温，我国将高温热度界定为日最高气温达到或超过35℃，连续 3 天以上的高温天气过程。1961 年以来，中国极端高温事件增多。1971—2000 年，极端高温影响范围约占全国 12%；21 世纪初 10 年间，极端高温值平均比常年偏高 0.8℃，高温影响范围达国土面积的

43%。从全国范围来看，东南沿海地区是我国高温热浪的频发区域，高温天气主要集中在 7—8 月，占到高温天气总频数的 78%—85%，夏季 1/3 的时间被高温热浪天气所笼罩。其中，浙江部分地区的年高温日数可达 30—50 天，极端高温日数年均高达 5—6 天。

研究表明，长江中下游地区是湿热浪事件集中高发区域（超过 0.5 次/年）。长三角所在的华东地区为我国东部季风区，纬度较低，当夏季西北太平洋副热带高压或大陆性高压控制华东时容易出现高温高湿天气，易形成湿热浪。城市群地区的高温热浪尤其显著，1976—1994 年、1997—2008 年，中国东部地区尤其是长江中下游等地区的区域热浪事件频次增加了 0.5—3.0 次/年（秦大河等，2015）。

1981—2010 年，长三角地区的极端高温日数以 4.6 天/10 年的线性趋势快速增多（见图 3 – 9（a））。极端高温在 20 世纪 80 年代以前较少，1982 年的极端高温日数最少（3.9 天），2003 年达到最大的 28.4 天。1981—2010 年，长三角的持续暖夜日数以 0.7 天/10 年的线性趋势极显著增加（见图 3 – 9（b）），1982 年的持续暖夜日数最少（0 天），1998 年达到最大值，为 3.1 天。

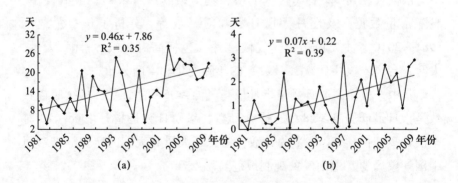

图 3 – 9　长三角地区极端高温（a）和持续暖夜（b）日数的年际变化

1981—2010 年，极端高温日数在整个长三角地区都呈增加趋势，在长三角北部地区和沿海，包括江苏南部绝大多数地区、安徽东北部、上海和浙江东部沿海，极端高温日数多以 0—6.0 天/10 年的线性趋势增加；其他地区多以大于 6.0 天/10 年的线性趋势增加（见图 3 - 10（a））。1981—2010 年，长三角地区的持续暖夜日数呈现普遍增多趋势，中部地区，包括江苏南部和西南部、上海和浙江北部，持续暖夜日数以 0.7—1.8 天/10 年的线性趋势增加；其他地区则多以小于 0.7 天/10 年的线性趋势增加（见图 3 - 10（b））。

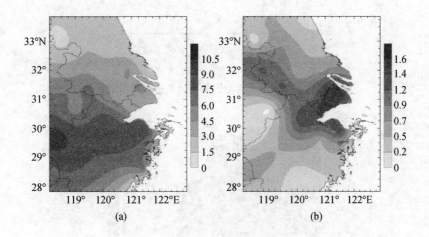

图 3 - 10　长三角地区 1981—2010 年极端高温（a）和持续暖夜（b）日数变化趋势空间分布（单位：天/10 年）

（二）暴雨和洪涝

长三角地区受到东亚季风及台风的影响，暴雨天气多发，持续性和群发性的暴雨天气易于引发区域性的洪涝灾害。1981—2010 年期间，长江三角洲暴雨日数没有呈现出显著变化趋势（见图 3 - 11）。暴雨日数在 20 世纪 80 年代和 21 世纪初较少，而在 20 世纪 90 年代较多。就整个长三角地区平均而言，暴雨日数在 1989 年最多（5.6 天），其次是 1983 年（5.5 天），而在 1982 年最少（2.7 天）。

1981—2010 年，暴雨日数增多区域主要分布在长三角地区的西北部和南部区域，包括江苏淮安、高邮和盱眙地区、浙江南部和东南沿海以及江苏东南部和浙江平湖地区，以 0—1.0 天/10 年的线性趋势增加。其他地区呈现减小趋势，尤其是在安徽、江苏和浙江三省交界处，暴雨日数以大于 0.7 天/10 年的线性趋势减少（见图 3 - 12）。

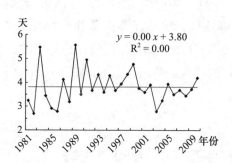

图 3 - 11　长三角地区暴雨日数的年际变化

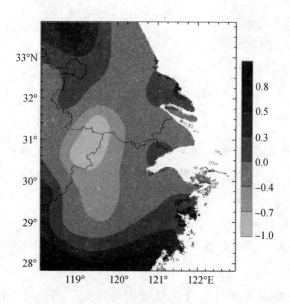

图 3 - 12　长三角地区暴雨日数变化趋势空间分布（单位：天/10 年）

（三）雷暴

雷暴是伴有雷击和闪电的局地对流性天气，常伴有强烈的雷电过程，产生阵雨或暴雨，有时伴有冰雹和龙卷天气。城市群地区由于热岛效应和雨岛效应，在郊区和城市存在较大温差，易于形成雷电、暴雨等强对流天气。雷暴的持续时间一般较短，多发生于下午或晚间，单个雷暴一般不超过 2 小时。城市地区的雷电天气常引发人员伤亡和财产损失。

长三角地区的雷暴日数在 1981—2010 年期间呈现出减少的变化特征，但变化趋势在统计上不显著（见图 3 – 13）。20 世纪 80 年代的雷暴日数较多，而在 21 世纪初较少；从最高和最低雷暴日数来看，1987 年长三角地区发生的雷暴天气最多，高达 48.4 天，2001 年最少，只有 26.0 天。

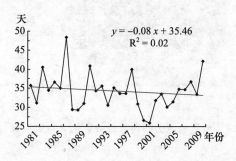

图 3 – 13　长三角地区雷暴日数的年际变化

在长三角北部地区，如江苏南部大部分地区、上海大部和浙江东北部部分地区，1981—2010 年，雷暴日数在以 0—4.0 天/10 年的线性趋势增加，其他地区尤其是在长三角西南部地区则呈减少趋势，例如，浙江南部的雷暴日数以大于 4.0 天/10 年的线性趋势减少（见图 3 – 14）。

（四）大风

1981—2010 年，长三角地区的大风日数以 2.9 天/10 年的线性趋势显著减少（见图 3 – 15）。大风日数在 20 世纪 80 年代较多，而在 21 世纪初较少。其中，1981 年的大风日数最多（23.0 天），2003 年最少（9.1 天）。

大风日数除在长三角北部部分地区略有增加外，在长三角其他大部分地区都呈减少趋势，以浙江东北部沿海大风日数减少较为明显，多数地区以超过 8.0 天/10 年的线性趋势减少；在中部和西部地区，大风日数在多数地区以低于 4.0 天/10 年的线性趋势减少（见图 3 – 16）。

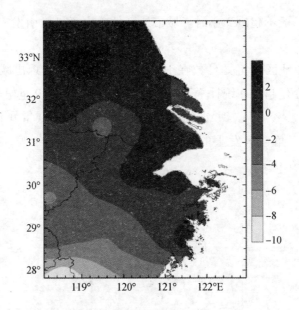

图 3 - 14　长三角地区的雷暴日数变化（单位：天/10 年）

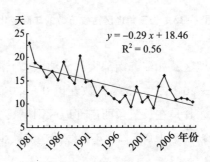

图 3 - 15　长三角地区大风日数的年际变化趋势

（五）大雾

1981—2010 年，长三角地区大雾日数以 6.8 天/10 年的线性趋势极显著减少（见图 3 - 17）。大雾日数在 20 世纪 80 年代较多，而在 21 世纪初较少。就整个长三角地区而言，大雾日数在 1983 年最多（47.4 天），而在 2009 年最少（23.1 天）。

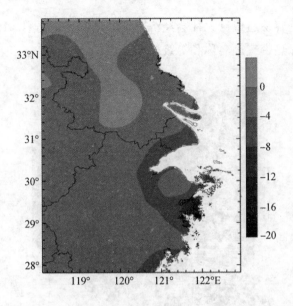

图3-16　长三角地区的大风日数变化（单位：天/10年）

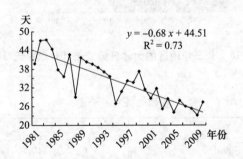

图3-17　长三角地区大雾日数的年际变化趋势

　　1981—2010年，长三角地区大雾日数除在西南部极个别站点略有增加外，在长三角其他地区多以0—12.0天/10年的线性趋势减少（见图3-18）。

　　（六）热带气旋和台风

　　我国一般将海温高于26℃的热带洋面上产生的热带气旋称为台风。热带气旋按照其强度的不同，依次可分为六个等级：热带低压、热带风暴、强热带风暴、台风、强台风和超强台风（见表3-6）。可见，台风是容易造成巨大社会经济影响的热带气旋类型。1989 年起我国采用国际热带气旋名称和等级标准分类。

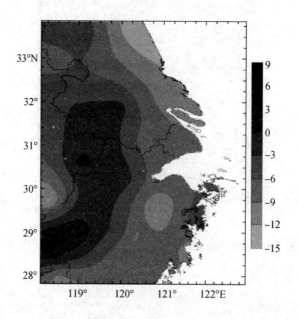

图 3-18　长三角地区的大雾日数变化（单位：天/10 年）

表 3-6　　　　　　　　　　　我国热带气旋分类

分类	最大风速
热带低压	6—7 级（10.8—17.1 米/秒）
热带风暴	8—9 级（17.2—24.4 米/秒）
强热带风暴	10—11 级（24.5—32.6 米/秒）
台风	12—13 级（32.7—41.4 米/秒）
强台风	14—15 级（41.5—50.9 米/秒）
超强台风	≥16 级（≥51.0 米/秒）

资料来源：中国天气网，http：//www.tianqi.com/zhuanti/taifeng。

　　1961 年以来，影响长三角地区的台风有 206 个，平均每年 4.4 个，最多年份为 1985 年与 2002 年，各有 9 个。自 1949 年以来，登陆长三角地区的台风有 33 个，平均每年 0.5 个，最多年份为 1989

年，有 3 个（见图 3 – 19）。从 1949 年以来影响及登陆台风数没有呈现增加趋势，但台风强度却明显增强，台风登陆的中心平均风速由 20 世纪 50 年代的 26 米/秒增加到 21 世纪的 47 米/秒（见图 3 – 20）。台风来得更早，去得更晚，持续时间更长。台风的影响主要集中在 6—9 月，此时段共出现 156 个，占台风影响总数的 76.1%，其中 8 月最多，有 46 个，占总数的 22.6%。登陆长三角地区的台风一般出现在 7—9 月，其中 8 月最多，占总数的一半。

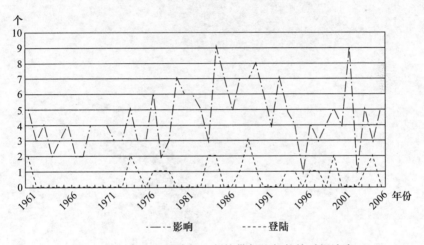

图 3 – 19　影响及登陆长三角热带气旋频数的时间演变

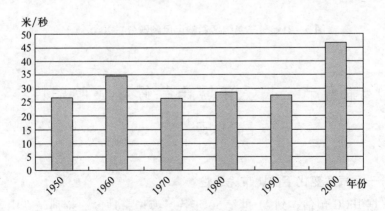

图 3 – 20　长三角各年代台风登陆时中心平均风速

在 33 个登陆长三角地区的台风中，有 5 个在江苏登陆，3 个在上海登陆，其余在浙江登陆。登陆地点以浙江象山与温岭最多，分别达

6个/年。从空间分布上看（见图3-21），影响长三角地区的台风数量从西北到东南逐渐增多，大部分地区平均每年在2个以上，宁波以南沿海及海岛在5个以上，上海、杭州达到4—5个，长三角北部最少，只有2—3个。

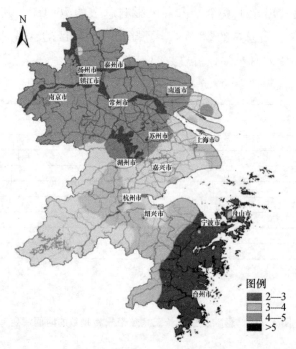

图3-21 长三角地区影响台风频数分布（个/年）

第五节 长三角城市气候变化脆弱性
综合评估*

一 气候变化下的城市脆弱性

据IPCC预估，到21世纪50年代，海岸带地区，特别是在南亚、

---

* 原载谢欣露、郑艳、潘家华、周洪建《气候变化下的城市脆弱性及适应：以长三角城市为例》，《城市与环境研究》（集刊）2013年第1期，第43—62页。有修改。

东亚和东南亚人口众多的大三角洲地区将会面临最大的风险（IPCC，2007）。我国长三角地区面临多种气候致灾因子，如台风、暴雨、高温等。这些气候灾害影响城市的正常运行，造成交通中断、城市积涝、能源和资源供给紧张、基础设施损毁、居民财产损失或人员伤亡，影响居民健康、衣食住行。随着人口城市化进程不断加速，长三角城市密集区的人口和财富快速聚集，人口、基础设施、产业和公共资源更集中地暴露于气候灾害影响之下。

长三角城市在中国社会经济发展中扮演着龙头角色，2010 年长三角 16 个主要城市人口为 8491 万人，占我国城市总人口的 6.8%；生产总值达到 70675 万亿元，占我国 GDP 的 17.6%。随着未来城市人口和财富的持续增加，在气候变化背景下，极端天气和气候事件将给长三角城市带来更大的不确定风险。气候风险的敏感性和适应性将直接影响到这一地区的城市安全和可持续发展。本节以 16 个长三角城市为例，通过城市综合脆弱性评估，分析了不同城市的敏感性和适应性特征，并提出了有针对性的适应政策建议。

（一）脆弱性概念的发展演变

20 世纪中后期以来，在全球环境和气候变化背景下，脆弱性、适应性逐渐成为可持续发展科学的核心概念。脆弱性概念最早出现在生态学领域，作为可持续发展科学的一个重要概念，被广泛应用于灾害学、地理科学、经济学、社会学、政治学等领域，尤其是环境和气候变化的相关研究中。生态学和灾害学强调了环境和气候变化因素在脆弱性评估中的重要作用，如 White 和 Haas（1975）强调气候变化特征和暴露程度对脆弱性的影响。社会科学领域的研究者认为，脆弱性的主要驱动因素是人，强调经济、社会、文化、政治过程对脆弱性的影响。

从气候变化科学来看，IPCC 第三次科学评估报告（IPCC，2001）将脆弱性界定为"系统易于受到或不能应对气候变化（包括气候变化和极端气候事件）不利影响的程度"，脆弱性是暴露度、敏感性和适应能力的函数。IPCC 特别报告，即《管理极端事件及灾害风险，推进适应气候变化》（IPCC，2012）认为，脆弱性是人类及其生计，以及物理、社会、经济支持系统遭受到灾害事件时易受影响和损害的一种内在特质,脆弱性是敏感性和适应能力的函数。前者包括系统的外部特征,后者强调系统的内在特质;前者从科学评估角度分析人类社会面临的气候变化风险,后者更注重气候风险管理和气候适应。

目前,对气候脆弱性的内涵和外延仍存在较大争议,没有统一的概念框架。本书拟用 IPCC 特别报告的定义,从系统内在特征进行分析,评估城市系统气候脆弱性。

(二) 国内外城市气候脆弱性评估研究

脆弱性最基本的评估方法是指数评估法。气候脆弱性指数评估法的目的是识别和评估灾害的驱动因素,理解气候脆弱性的地区分布,指导各地区未来空间发展战略,促进地区的平衡发展,以及探索气候变化风险管理的方法。

我国关于城市气候脆弱性的定性研究较多,主要有金磊(2000)、吴庆洲(2012)等,或者给出理论模型但缺乏实证研究,如樊运晓(2003)。陈文方等(2011)关于长三角地区台风灾害风险评估中,应用主成分分析法分别构建了致灾因子强度指数和承灾体脆弱性指数,其中脆弱性指数中包括人口密度、GDP 和第一产业所占比重等。文彦君(2012)采用了主成分分析法评估了陕西省自然灾害的社会易损性,选取的指标体系包含人口密度、路网密度等密度指标。人口密度和 GDP 等作为暴露度指标,指标值越大越脆弱,这种假设忽视了社会经济发展程度对气候适应能力的提升,可能导致越发达地区脆弱性越高的评估结果。李辉霞(2002)将 GDP 密度(万元/平方千米)作为社会易损性指标,根据均值和标准差将易损性划分为五类,GDP密度越高则易损性越低。这些指标并不能揭示社会经济脆弱性的本质和根源。因此,密度指标并不必然对应着脆弱性的上升或下降。张斌(2010)基于 GIS 技术采用图层叠置法评估区域承灾体的脆弱性,这种方法忽视了指标体系权重的重要性。总体来看,国内关于城市气候脆弱性的内涵、外延及脆弱性内在影响因素的分析仍存在诸多不足,社会科学与自然科学在脆弱性评估中的整合力度不够,进一步深入研究非常必要。

Adger（2004）、O'Brien（2004）、Hahn（2009）、Kathraine Vin-
cent（2004）、欧洲委员会的地区 2020 项目、欧盟联合研究中心（the
Joint Research Center of EU，JRC）、欧盟环境署（European Environ-
ment Agency，EEA）、欧洲空气和气候变化专业中心（The European
Topic Centre on Air and Climate Change，ETC/ACC）城市气候脆弱性评
估项目（Inke，2010）、澳大利亚政府气候变化部门（Department of
Climate Change，DCC）项目、Balica 等（2012）建立了气候脆弱性评
估指标体系，不同研究者对暴露度、敏感性和适应性指标选择的侧重
点不同。澳大利亚政府 DCC 项目从高温热浪、暴雨、海平面上升、
森林火灾、生态资源等方面进行脆弱性研究，更关注悉尼海岸委员会
小组（Sydney Coastal Council Group，SCCG）地区 15 个成员的气候适
应能力，强调气候适应不仅是金融资本和适应信息获取的问题，更是
适应对策实施中的制度过程和障碍，该项目的评估指标体系中包括暴
露度、敏感性和适应性指标，适应性指标相对多一些，侧重于人口结
构、居住特征、资源获取能力和成本方面的指标（Preston，2008）。
Balica 等（2012）从自然、社会、经济和制度四个方面建立指标体
系，其中自然脆弱性指标中包括海平面上升、风暴潮、最近 5 年内台
风次数等暴露度指标；社会脆弱性中包括近海岸人口及文化遗产（暴
露度指标）、老幼人口比重（敏感性指标）、防护所和防灾意识及准
备（适应性指标）等；经济脆弱性包括海岸人口增长率（暴露度指
标）、排水管长度及恢复时间（适应性指标）等；制度脆弱性包括非
控制规划区（暴露度指标）、洪水风险图（敏感性指标）和制度性组
织及洪水防护（适应性指标）等，共有暴露度指标 11 个，敏感性指
标 2 个，适应性指标 6 个。Balica 等（2012）的研究仍偏重于自然科学
领域，虽然包括社会经济领域的指标，但不够充分和深入。Adger 等
（2006）研究非洲国家适应能力时，认为指标选取应基于脆弱性驱动因
素与社会经济现象的理论关系。Preston 等（2012）开发了气候、自然
灾害、适应能力和社会生态结果关系的概念模型，以指导指标的选取。

二　长三角城市地区气候脆弱性评估分析框架

根据《中国气象灾害大典》（上海卷、浙江卷、江苏卷），长三

角地区的气候灾害主要有台风、暴雨洪涝、高温等，造成人员伤亡，危害人体健康，造成农业、交通、基础设施等的损毁，导致次生灾害的发生（见表3-7）。农业对台风、暴雨、洪涝、干旱、低温冷害等灾害性天气都非常敏感，会造成减产、绝收、病虫害等发生。气候灾害破坏各种设施，会影响城市生命线系统，如电力、通信、供水、交通等。从海陆空交通来看，台风、暴雨、热带气旋、浓雾、大雪等会导致交通中断、阻塞、事故等发生，造成重大经济损失和人员伤亡。以上海为例，台风、暴雨、高温是上海三大主要气象灾害，导致城市积涝、交通拥堵、能源需求增加、生病等不利影响。例如，气候变暖诱发一些呼吸系统病症、过敏症、心肺异常等，从而影响人类的整体健康水平。1988年7月4—22日，南京连续9天高温，4500人中暑，其中重症411人的死亡率达30.2%。同年，上海极端高温38.4℃，815人中暑，死亡193人。高温导致用电需求大幅增加，与能源供给形成矛盾，影响正常的生产和生活。气温升高加快污染物的分解，促使有害物暴发性增殖，并有可能导致恶性水污染事件的发生。2007年，太湖"蓝藻暴发"导致自来水污染事件，引致无锡市民纷纷抢购纯净水。专家认为全球变暖是主因，加之4月降水量偏低，导致太湖水温比往年高，为藻类繁殖提供了适宜的条件。也有人认为，主要原因是长期以来的太湖流域污染治理和排污措施不力。

表3-7   **长三角地区气候灾害种类及其影响**

气候	灾害影响					
	设施损毁	人员伤亡	健康	农业	交通	其他
台风	√	√	√	√	√	—
梅雨、暴雨、洪涝	√	√	√	√	√	滑坡/泥石流
雷电、冰雹、龙卷	√	√	√	√	√	火灾
干旱、高温	—	√	√	√	√	水量/水质/火灾
寒潮、大雪	√	√	√	√	√	—
浓雾	√	√	√	√	√	—
低温冷害	—	√	√	√	√	—

资料来源：根据《中国气象灾害大典》（上海卷、浙江卷、江苏卷）整理。

　　基于项目课题组 2011—2012 年在上海、南京等城市开展的调研考察，结合国内外文献，构建了可持续发展框架下的城市气候脆弱性模型（见图 3－22），描述了长三角城市主要气候驱动因素、灾害发生的条件、过程及影响，用于指导评估指标体系的构建。

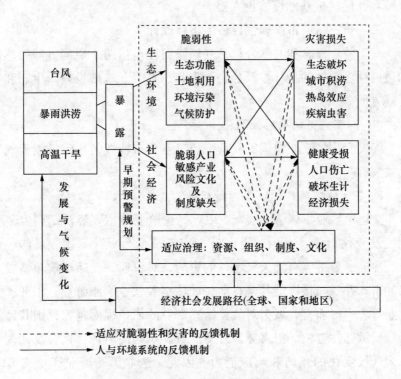

图 3－22　可持续发展框架下的城市气候脆弱性模型

　　图 3－22 表明，城市气候脆弱性不仅与城市生态、环境、设施等城市硬环境有关，也与社会制度、经济发展、社会结构等软环境有关。在气候变化下，城市生态环境脆弱性可导致生态破坏、城市积涝、城市热岛、疾病虫害等，进而影响城市人口、产业、公共服务。城市社会经济脆弱性表现为脆弱人口、敏感产业、风险文化及制度缺失等。我国许多城市出现过暴雨导致交通中断、人员伤亡事件，不仅暴露出城市基础设施建设滞后的问题，更暴露出城市气候灾害适应性缺失问题。

由此，提升城市对气候变化的适应能力需从两方面来展开：一方面是减小敏感性，包括减小城市对气候灾害的敏感性，扶助城市脆弱群体。另一方面是增强适应性，包括解决城市发展与风险防护投入不均衡、不匹配的问题，增强城市生态功能，改善城市环境，促进社会保障和气候防护基础设施投入等。

三 长三角城市脆弱性评估的指标设计

基于前述概念和文献分析，气候脆弱性包括两个层面，即敏感性和适应性，具体的指标涉及经济、人口、社会、基础设施、生态和制度等方面。

（一）气候变化敏感性指标

气候变化将改变地区气候系统的时空分布特性，导致极端天气和气候灾害。

1. 基于敏感部门的敏感性指标

交通运输业、旅游会展业、农业、保险业等主要经济部门容易受到气候变化影响。其中，沿海地区容易遭受台风、暴雨、洪涝、干旱、冷冻、雾雪等极端天气事件的影响，对农业、交通运输业造成直接冲击，并且间接影响其他行业，如住宿餐饮业、旅游业、工业、保险业等。一般而言，城市对气候敏感产业的依赖程度越强，则其经济的气候敏感性越强。灾害频繁可能严重影响居民生计、社会及社区对未来气候变化的预防和响应能力。因此，选取第一产业产值占GDP的比重、交通运输业敏感指数（交通运输量与GDP的比值）、气象灾害损失占GDP的比重作为气候敏感性的关键指标。

2. 基于敏感群体的敏感性指标

老幼人口、贫困人口、外来人口等社会脆弱群体的应灾能力差，易受气候变化冲击，而且他们的气候适应能力明显不足。特别是文盲人口，其获取各种资源的能力低，生计选择的范围小，生活在城市边缘地带，其气候敏感性强，容易受到气候灾害的侵害，灾后恢复正常生计也较困难。城市贫困群体是城市不均衡发展的一个表现，与收入分配制度、就业、教育等因素有关。由于城市贫困群体难以统计，选择低保人口比重作为代理指标。死亡率综合反映某地人口和社会脆弱性。人均受灾次数反映人口对灾害的敏感程度。因此，选取老幼（15岁以下及65岁以上）人口比重、低保人口比重、文盲率、死亡率和人均受灾次数作为人口和社会敏感性指标。

（二）气候变化适应性指标

文献研究表明，城市发展水平、生态环境、气候防护设施、社会保障能力等因素会影响城市的气候适应性。

1. 发展水平

人均 GDP 可反映城市综合适应能力。人均财政支出可反映一个城市的公共投入水平。保险是风险转移、灾害恢复和应对的重要手段。公共医疗服务是灾后健康恢复、防止疫病的重要保障。因此，选取人均 GDP、保险密度、人均医师数和人均财政支出作为反映发展水平的气候适应性指标。

2. 生态环境

对于经常发生城市水灾、热岛效应、雾霾等气象灾害的城市地区而言，城市绿色空间（绿地）和城市灰色空间（建筑、道路）是一个此消彼长的竞争关系。人工建筑物快速扩张，改变了城市生态，使裸露的渗水土地面积越来越少，大部分降雨无法进入地面垫层以下，从而形成地面径流，使暴雨洪水的流量增大（吴庆洲，2012）；城市道路、建筑物密集，促使城市热岛效应越来越严重（金磊，2000）；城市热岛又会增加城市暴雨的可能性，而城市绿地则能够有效改善城市硬化和灰色空间过度密集的问题。因此，选取绿化覆盖率作为反映城市生态环境的气候适应性指标。

3. 城市气候防护基础设施

过去30多年来，我国城市建筑物总量快速增长，与此同时相应的基础设施建设相对落后，基础设施建设投入占 GDP 的比重基本在0.5%—0.7%徘徊。与世界银行公认的发展中国家城市基础设施建设投入占 GDP 5%的比重相去甚远。城市排水设施是重要的城市基础设施，我国城市建设长期以来重视地上而轻视地下，导致地下基础设施缺乏总体规划和管理，这是形成城市积水和内涝的重要原因。城市避难场所数量少，导致某些灾害发生时居民不知在何处避难。因此，我

国城市气候防护基础设施投入数量和质量方面都有待提高。选取城市
建成区排水管道密度、市政投入占 GDP 的比重作为气候防护指标。

根据前述分析，选取脆弱性指标如表 3 - 8 所示。

表 3 - 8　　　　　长三角 16 个城市气候脆弱性评价指标体系

目标层	准则层	指标层①
气候脆弱性	敏感性	第一产业产值占 GDP 的比重（%） 交通运输业敏感指数 气象灾害损失占 GDP 的比重（%） 老幼人口比重（%） 低保人口比重（%） 文盲率（%） 死亡率（%） 人均受灾次数（人次/万人）
	适应性	人均 GDP（万元） 人均医师数（人/万人） 保险密度（元/人） 人均财政支出（元） 绿化覆盖率（%） 市政投入占 GDP 的比重（%） 城市建成区排水管道密度（千米/平方千米）

四　长三角城市脆弱性评估

选取评估指标之后，需要对指标之间的关系进行分析，对指标赋
权。评估方法可分为基于专家打分的主观赋权方法和基于统计模型的

① 各指标数据来源于《中国城市建设统计年鉴》（2010）、《中国城市统计年鉴》
（2011）、《中国保险年鉴》（2011）、《上海统计年鉴》（2011）、《江苏统计年鉴》（2011）、
《浙江统计年鉴》（2011）、中国国家统计局网站、国家减灾中心及中国国家民政局网站。除
死亡率、15 岁以下及 65 岁以上人口比重和文盲率为 2000 年的数据外，其余均为 2010 年的
数据。

客观赋权方法。本书采用了客观赋权方法，通过指标之间的内在关联，寻找指标间的公共因子，并确定权重。

（一）评估方法

第一步，数据处理。在综合评价时，各指标的方向必须保持一致，因此将各指标标准化为指标值越大越脆弱。敏感性指标和适应性指标标准化公式分别为式（3-1）和式（3-2），其中 max 表示取最大值，min 表示取最小值。

$$x_{ij} = \frac{X_{ij} - \min X_j}{\max X_j - \min X_j} \quad (i=1, 2, \cdots, n; j=1, 2, \cdots, m)$$

$$(3-1)$$

$$x_{ij} = \frac{\max X_j - X_{ij}}{\max X_j - \min X_j} \quad (i=1, 2, \cdots, n; j=1, 2, \cdots, m)$$

$$(3-2)$$

其中，X_{ij} 表示第 i 个样本的第 j 个指标值，$\max X_j$ 表示取第 j 个指标的最大值，$\min X_j$ 表示取第 j 个指标的最小值，x_{ij} 为第 i 个样本第 j 个指标标准化后的值。

第二步，因子分析模型。采取的统计模型如下：

$$x_j = \alpha_{j1}f_1 + \alpha_{j2}f_2 + \cdots + \alpha_{jl}f_l + \cdots + \alpha_{jk}f_k + e_j, \quad k < m \qquad (3-3)$$

$x_j(j=1, 2, \cdots, m)$ 为 m 个指标，$f_l(l=1, 2, \cdots, k)$ 为 k 个公共因子，e_j 为第 j 个指标的差异因子。α_{jl} 为第 j 个指标在第 l 个公共因子 f_l 上的载荷系数（或权重系数）。

在城市综合脆弱性评估中，脆弱性指标是我们可观测到的指标（显变量），公共因子用于表明脆弱性指标背后共同的驱动因素（潜变量）。因此，因子分析的目的之一是通过观测到的指标，寻找气候变化背景下影响城市脆弱性的潜在驱动因素。

（二）评估结果及分析

1. 气候脆弱性因子分析

利用相关软件（SPSS16）对所选指标进行因子分析，得到 5 个公共因子，累计方差贡献率达 86%（见表 3-9）。其中，第一因子权重为 34.1%，是长三角 16 个城市气候脆弱性评估中最重要的因子，反

映了医疗、保险、财政、市政基础设施投入等方面对城市气候适应的
支撑作用，可命名为社会经济发展因子。第二因子权重占31.2%，气
候灾害经济损失比重、气候敏感产业（交通运输、农业）、人口受教
育程度（文盲率）等指标在该因子上的载荷系数较大，反映了城市对
气候变化的敏感性，可命名为气候敏感性因子。第三个因子权重为
13.1%。城市低保人口比重指标一般反映城市的社会保障水平，同时
可作为城市低收入群体或经济脆弱人口的一个代理指标，该因子命名
为社会保障因子。第四因子权重为11.4%，反映了城市在公共卫生、
防洪排涝等气候防护方面的基础设施水平，命名为气候防护因子。第
五因子权重为10.2%，城市绿地覆盖率在该因子上的载荷系数较大，
命名为生态环境因子。

表 3 - 9　　　　　　　　　　脆弱性因子评估结果

指标	社会经济发展因子(34.1%)	气候敏感性因子(31.2%)	社会保障因子(13.1%)	气候防护因子(11.4%)	生态环境因子(10.2%)
人均财政支出（元）	**0.875**	0.089	-0.026	-0.003	-0.170
15岁以下及65岁以上人口比重（%）	**0.864**	0.047	0.218	0.050	-0.067
保险密度（元/人）	**0.838**	0.438	-0.130	-0.088	-0.088
市政投入占GDP的比重（%）	**0.818**	0.220	-0.139	-0.023	0.339
死亡率（%）	**0.706**	0.162	0.487	-0.010	0.152
人均GDP（元）	**0.563**	0.399	0.446	0.369	-0.270
交通运输敏感指数	-0.151	**0.934**	-0.033	0.034	0.033
气候灾害损失占GDP的比重（%）	0.191	**0.851**	-0.187	0.130	-0.318

续表

指标	社会经济发展因子(34.1%)	气候敏感性因子(31.2%)	社会保障因子(13.1%)	气候防护因子(11.4%)	生态环境因子(10.2%)
人均受灾次数（人次/万人）	0.232	**0.837**	-0.279	0.277	0.060
文盲率（%）	0.288	**0.825**	0.199	0.012	-0.035
第一产业占GDP的比重（%）	0.471	**0.748**	0.311	0.078	0.046
低保人口比重（%）	0.028	-0.104	**0.940**	-0.030	-0.104
人均医师数（人/万人）	0.530	-0.156	0.174	**-0.602**	-0.166
建成区排水管道密度（千米/平方千米）	0.081	0.129	0.050	**0.920**	0.077
绿地覆盖率(%)	-0.022	-0.099	-0.092	0.143	**0.953**

注：括号内为各因子的权重。

因子分析根据方差贡献率对各因子赋权，因此，较小的权重表明各城市在该因子上的差异性较小。根据本书分析，长三角16个城市在社会保障、气候防护和生态环境等因子上的差异较小，在社会经济发展、气候敏感性等因子上的差异较大。这可能说明，长三角城市在社会经济发展差距拉大的同时，气候防护、社会保障、生态环境等方面的发展没有与社会经济发展同步。实际上，我国城市在气候防护、城市防灾减灾、社会保障、生态环境等方面滞后于社会经济发展，对气候防护设施和生态环境的重视不足。近年来，中国不少城市的教训表明，在突发的极端天气和气候灾害侵袭之下，原有的城市防护设施、社会保障体系及生态环境等方面暴露出历史欠账的问题，同时城市中心区人口、建筑物和交通体系密集分布的城市格局，更加凸显了城市的敏感性和脆弱性。

2. 因子得分及城市脆弱性分级

根据因子得分及权重，计算各城市综合脆弱性等级，公式为：

$$S_i = \sum_{j=1}^{5} s_{ij} w_j, j = 1, 2, \cdots, 5 \qquad (3-4)$$

s_{ij} 表示城市 i 在第 j 因子上的得分，w_j 为第 j 个因子的权重，S_i 为城市 i 的综合脆弱性得分。

标准化：

$$G_i = \frac{S_i - S_{\min}}{S_{\max} - S_{\min}} \qquad (3-5)$$

$S_{\max}$ 表示综合得分的最大值，$S_{\min}$ 表示综合得分的最小值，则 $0 \leqslant G_i \leqslant 1$。$0 \leqslant G_i < 0.2$ 时脆弱等级为 1，$0.2 \leqslant G_i < 0.4$ 时脆弱等级为 2，$0.4 \leqslant G_i < 0.6$ 时脆弱等级为 3，$0.6 \leqslant G_i < 0.8$ 时脆弱等级为 4，$0.8 \leqslant G_i \leqslant 1$ 时脆弱等级为 5，等级越高越脆弱。

长三角 16 个城市综合气候脆弱性等级如表 3-10 所示。

表 3-10　　　　　　　长三角 16 个城市综合气候脆弱性等级

脆弱等级	城市
5	泰州、舟山、台州、
4	镇江、绍兴、扬州、嘉兴、南通、湖州
3	杭州、宁波
2	常州
1	上海、苏州、无锡、南京

各城市在 5 个主成分因子的得分如图 3-23 所示，分值越高越脆弱。

在社会经济发展因子上，得分较高的城市有绍兴、泰州、镇江、台州、嘉兴等，得分较低的为上海、南京。在气候敏感性因子上，最脆弱城市依次为舟山、台州、湖州，低脆弱性的地区为苏州、上海和镇江等。在社会保障因子上，得分较高的有泰州、扬州、上海、南通等，得分较低的有苏州、台州、杭州等。在以公共医疗和城市排涝系

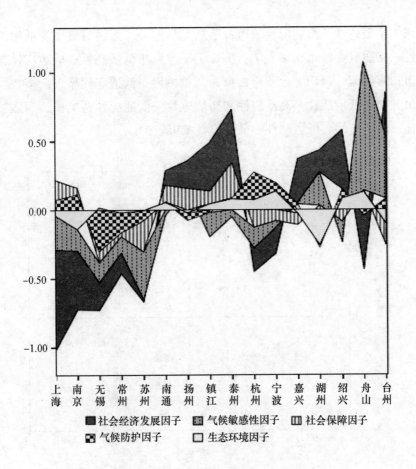

图 3 - 23 长三角 16 个城市脆弱性各因子得分

统为代表的气候防护因子上，最脆弱的城市为杭州、南京，脆弱性低的城市有无锡、常州，其他城市气候防护脆弱性均较高，说明长三角城市对于健康和城市水灾方面的防护体系和投入普遍不足。在生态环境因子上，宁波、舟山、绍兴、泰州的脆弱性较高，湖州、南京、台州的脆弱性较低。

（三）案例城市的敏感性与适应性分析

根据指标性质，计算各城市敏感性和适应性得分，并将适应性得分转化为值越大越有助于降低脆弱性，敏感性得分仍是值越大越脆弱，如图 3 - 24 所示。长三角 16 个城市大概分为四类：第一类，湖州为高敏感性—高适应性城市；第二类，上海、无锡等城市为低敏感性—高适应性城市；第三类，杭州、宁波属于低敏感性—低适应性城市；第四类，舟山、台州等城市为高敏感性—低适应性城市。多数城市分布在低敏感性—高适应性和高敏感性—低适应性两类中，高敏感性—高适应性、低敏感性—低适应性城市较少。

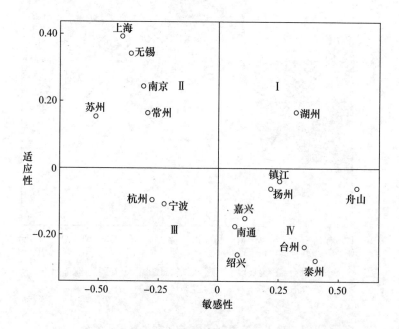

图 3-24　长三角 16 个城市气候敏感性与适应性分析结果

1. 第一类城市：高敏感性—高适应性

以湖州为代表，综合脆弱性指数为 4 级。进一步发现湖州的高敏感性主要来自社会经济发展的相对滞后，适应性来自生态环境方面的气候适应性较强。

2. 第二类城市：低敏感性—高适应性

第二象限的城市总体上具有相对较低的气候脆弱性。对各因子得分进行分析发现，脆弱性的主要因子，特别是社会经济发展因子具有低（高）敏感性、高适应性。例如，上海、无锡、常州的经济敏感性均高于其他城市，且气候灾害的经济损失比重较大，但较高的经济发展水平使得这些城市的总体适应能力较强，因而降低了经济脆弱性。南京的薄弱环节是气候防护因子，南京在该因子上的敏感性强、适应性一般。苏州、常州、无锡气候脆弱性的主要驱动因素是土地利用不合理、城市生态环境相对脆弱。

3. 第三类城市：低敏感性—低适应性

杭州、宁波是第三类城市的典型代表，在气候敏感性和适应性方面，各因子的表现都不太突出，使得总体的气候脆弱性指数位于各城市的中等水平（脆弱性得分为3）。需要注意的是，相对来看，杭州和宁波气候脆弱性的主要驱动力是气候防护因子和生态环境因子，敏感性强而适应性较差。这类城市需要在今后的城市适应管理中应加强防护设施建设及保护生态环境。

4. 第四类城市：高敏感性—低适应性

第四类城市由于气候敏感性较高，适应能力又相对薄弱，成为气候脆弱性最高的一组（脆弱性指数得分最高的都在这一组中）。其中，泰州、绍兴、镇江、嘉兴、扬州等城市社会经济发展因子敏感性高、适应性低，是这些城市气候脆弱性的主要驱动因素。气候变化下，舟山、台州、湖州等的经济脆弱性相对于其他城市更突出，其主要原因不在于经济敏感性比其他城市高，实际上这些城市的经济敏感性低于无锡、上海、常州，而在于其经济发展对气候变化的适应性很差，从而推高经济对气候变化的脆弱性。

（四）不同城市的发展型与增量型适应特征

我们发现，上述城市中"双高""双低"的城市都比较少，更多的是敏感性低—适应性高，或者敏感性高—适应性低型城市。这一现象可以用自发适应来解释，例如一些城市在发展过程中可能比较注重风险防范，使得城市发展获得的资源、治理手段能够用于提升适应能力，从而降低了对气候变化及其灾害风险的敏感性。此外，也可以佐证敏感性与适应性这些社会经济指标内在的交互关联作用。

如果将敏感性与适应性进行比较，将敏感性大于适应性（或敏感性小于适应性）视为适应能力的相对赤字（或者盈余），则可以用增量型适应、发展型适应的概念对这几类城市进行具体分析。

1. 低敏感性—高适应性的城市

如上海、南京等，属于增量型适应类型，未来主要的适应任务是针对新增风险（极端气候事件、间接风险）进行治理，侧重于减小脆弱区域和群体的气候敏感性。

2. 高敏感性—低适应性城市

如舟山等城市，位于长三角沿海地区，气候风险高，敏感性突出，适应能力相对滞后，需要侧重于提升适应能力，在发展的基础上补旧课上新课，即以发展型适应为主。

3. "双高"或"双低"类型的城市

如杭州、宁波、湖州，需要增量型和发展型适应并重，根据自身情况，巩固和提升适应能力，减小风险敏感性。

五　提升长三角城市气候适应能力的政策建议

从长三角 16 个城市气候脆弱性分析来看，较发达城市在气候防护上的适应性普遍较低，滞后于社会经济发展。气候防护应纳入城市规划，促进城市可持续发展。各城市的气候脆弱性的主要驱动因素不同，应针对不同城市的气候脆弱性特征，重点治理。总体而言，气候适应是系统问题，应综合考虑环境和社会两方面的气候适应性，通过生态性、工程性、制度性、技术性等适应措施促进城市的气候适应性。

1. 在城市规划中加强气候风险评估工作

合理的城市空间规划是抵御气候风险的首要防线，是长久基业。气候风险评估机制能够促进城市规划决策的科学性，气候标准能够在技术层面提高各项工程的抗气候风险能力。在城市规划和建设中，还应重视生态性适应措施，如增加城市绿化、恢复防洪河道、增加排水表面等，在增加城市景观的同时，降低城市热岛和城市雨岛效应，降低城市发展与生态环境的矛盾。

2. 完善城市风险保障体系，增强弱势群体的气候适应能力

城乡二元结构是我国快速人口城市化过程中的不合理制度导致的，拉大了城乡收入、保障水平等经济社会方面的差距，城市中存在一些贫困人口，他们的居住条件差、受教育程度低、经济不稳定，是

城市中的气候脆弱群体。城市管理者应考虑这部分弱势群体的气候适应需求。城市的人口老龄化趋势明显,气候变化诱发的相关疾病对老龄人口的健康不利,增加医疗资源需求以及家庭支出负担,应考虑建立相关保障体系。

3. 建立城市气候适应治理机制,提高灾害综合治理能力

我国城市灾害应急管理采用"条块管理"形式,缺乏资源、人员等方面的整合,灾害应急预案和联动机制的可操作性差。由于部门条块分割、缺乏常规联系制度,城市规划、交通、通信、水务等部门缺乏灾害防护和应急管理的协同效应,"头痛医头,脚痛医脚",不利于气候适应治理。由此,应建立气候适应治理机制,加强资源整合,促进灾害综合治理能力。气候适应治理机制应包括广泛的利益相关方,如规划、市政、水务、气象、交通、通信、能源、宣传等职能部门,也包括企业、社区、居民、非政府组织等,明确各组织的职责,实现各层次灾害管理的协同。

4. 研发气候适应技术、产品和服务体系

针对农业、交通运输业等敏感产业,研发相关技术和产品,如抗灾作物品种等;完善相关政策保险和商业保险,如农业灾害保险、交通运输保险等,加快灾后产业的恢复力。将现代信息技术等用于城市安全管理,如移动信息平台、云计算、GPS(导航系统)、GIS(地理信息系统),整合地理、设施、灾情、管理部门、社区等信息,为精细化、智能化城市灾害管理提供技术支撑。

气候脆弱性和适应性具有很强的地域性,各城市仍需结合当地知识,进一步深入细致地分析气候脆弱性驱动因素和适应对策。同时,建立有关气象灾害、敏感产业、人口、设施等基础信息数据库,推进气候脆弱性和适应性研究。

六 加强长三角城市群的区域适应规划和决策协调机制的政策建议

在全球变暖和城市化提升的背景下,长三角城市群地区应对未来气候变化的不确定性和风险很可能加剧。伴随着城镇化过程,城市群地区的人口和经济往来、城市建设活动、资源和能源消耗都将持续增

多，对于城市灾害风险管理也提出了更大的挑战。例如，暴雨洪涝等极端天气气候事件将危及城市运行及城市生命线安全；高温热浪将进一步加大城市居民对水资源和电力的需求，加大城市基础设施压力；雾霾将恶化城市环境，引发健康问题。可见，提升城市群的气候适应能力是一个系统工程，需要联合各个城市的技术、资金优势，在气候变化监测、气候防护基础设施、社会经济结构、生态系统、治理能力等方面加强协同规划与行动。针对长三角城市群未来可能面临的气候变化风险，应着重加强以下几个方面的工作：

1. 制定城市群适应气候变化的中长期规划和决策协调机制

城市发展，规划先行，科学的城市规划对于灾害风险管理和适应气候变化非常重要。第一，需要加强对城市群地区的气候变化风险评估，明确各个城市在气候变化风险下的影响行业、关键领域和高风险区域，做到心中有数；第二，在区域发展规划的基础上考虑气候变化风险管理和适应目标，明确适应的主要风险、优先领域和重点措施，尤其是沿海、沿江、生态脆弱等高风险地区的人口和产业布局；第三，建立城市群应对气候灾害的决策协调机制，如建立市长联席会议制度，成立区域适应气候变化的技术支持机构或专家委员会，建立灾害风险统计和监测信息平台，制定高温热浪、低温雨雪、暴雨内涝和持续性干旱等各类极端天气气候事件情景下城市群在用水、用电和城市交通等安全保障领域的应急联动预案等。

2. 加强城市群关键基础设施的气候防护能力

首先，将适应气候变化和防范气候灾害风险纳入城市重大工程与基础设施建设，切实提高极端天气气候事件应对能力，着力保障城市居民生活用水、用电安全和城市交通运行安全。其次，城市及城市群的基础设施建设（如交通、电力、通信、供排水、气象监测预警等）必须要考虑未来的气候变化风险，同时加强城市间的协调和联动。例如，雾霾和空气污染与气象条件、城市交通状况都有很大关系，需要加强地区间的信息沟通、联防联控，以及城市群的极端天气气候风险预警、预报和监测体系建设。最后，加强城市空间布局、重大工程及关键基础设施的气候可行性论证。实施风险隐患排查，升级和改造城市防洪排涝系统；通过优化城市绿地和水体布局，有效控制城市热岛效应；建立城市建筑节能设计气象标准，保障建筑节能设施的运行安全和节能降耗等。

3. 加强区域气候风险评估及研究支撑

对城市化产生的新问题和新灾害开展研究和评估，为科学应对提供支撑。例如，开展城市及城市群的气候变化影响、脆弱性与风险评估，制定未来气候变化灾害风险区划；提升对城市群气候变化综合灾害风险的监测与预警技术，加强城市群天气气候、水文监测及预测信息平台建设；加强气候变化背景下的城市安全与人口承载力研究，借鉴国内外经验，研究和提出城市重大工程、人居环境、水资源、能源电力、交通、人体健康等领域的适应措施，探索城市减排、生态保护、防灾减灾的协同政策机制及措施等。

4. 加强城市群适应气候变化的风险分担机制

首先，加强城市对防灾减灾和适应气候变化的资金投入，使得城市社会经济发展与适应气候变化能力同步提升，通过财政税收政策，推进政府、家庭与市场并重的灾害风险分担机制；其次，加强气候风险方面的科普教育、宣传和应急演练，增强公众对突发气象灾害的防范意识和应对能力；最后，加强城市群适应气候变化的政策、立法，逐步完善医疗卫生等配套设施和社会保障制度，重点关注低收入、外来务工群体、老幼人口等脆弱群体，鼓励社区防灾减灾及公众参与。

第六节　长三角地区未来气候变化风险评估*

依据上海市气候中心数据，选择对长三角城市群地区影响最大的三个气候灾害——高温、降水、台风进行未来风险评估。

上海市气候中心利用 NCAR_ CCSM3 全球模式的预估资料，采用

---

*　摘自吴蔚、史军、董广涛、侯依玲、陈蔚镇、田亮《长三角城市群气候变化演变特征》，载《长三角城市群区域气候变化评估报告》，气象出版社 2016 年版。有修改。

RegCM3 区域模式，预估了 A1B 情景下 2011—2050 年中国东部地区高分辨的区域气候变化趋势。区域模式的水平分辨率为 50 千米 × 50 千米，A1B 情景是指温室气体浓度每年线性增加，直到 2100 年后稳定不变，如二氧化碳（CO_2）的浓度增加到 850ppm，然后保持不变再运行到 2200 年。在此基础上，选取长三角地区（范围为 118.09°E—122.94°E，27.82°N—33.85°N）进行重点分析《长三角城市群区域气候变化评估报告》，2016）。

一　未来气温变化趋势

从图 3 - 25 可见，A1B 情景下，长三角地区呈现升温趋势，升温率在 0.1℃/10 年至 0.3℃/10 年，其中浙江西南部升温率较高，为 0.2℃/10 年至 0.3℃/10 年，其余地区为 0.1℃/10 年至 0.2℃/10 年。

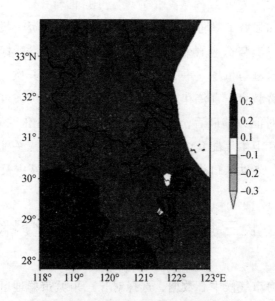

图 3 - 25　A1B 情景下长三角年平均温度变化趋势空间分布（单位:℃/10 年）

从长三角地区的整体情况来看，A1B 情景下，虽然逐年气温有升有降，总体而言，年平均气温均为上升趋势，升温率为 0.16℃/10 年（见图 3 - 26）。

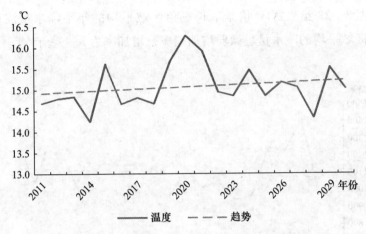

图 3 - 26　A1B 情景下长三角地区年平均气温变化趋势

二　未来降水变化趋势

A1B 情景下，长三角区域大部分地区呈增加趋势，其中江浙交界处、浙江东北部和上海中南部增加趋势最为明显，达 6—10 毫米/年（见图 3 - 27）。

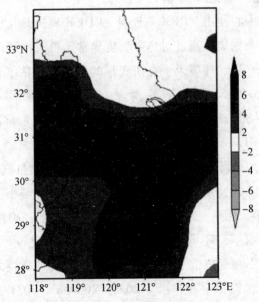

图 3 - 27　A1B 情景下长三角地区年降水量变化趋势空间分布（单位：毫米/年）

图 3 - 28 给出 A1B 情景下长三角区域平均的年平降水量演变趋势。区域平均的降水量呈微弱增加趋势,增加率为 3.4 毫米/年。

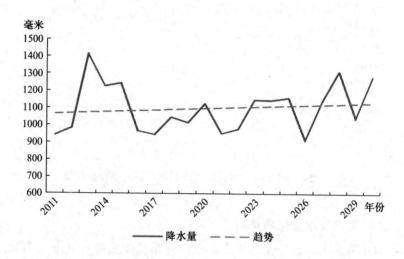

图 3 - 28　A1B 情景下长三角地区区域平均年降水量变化趋势

三　未来台风的变化趋势

上海气候中心利用 MIROC - ESM - CHEM 模式月尺度资料和热带气旋最佳路径数据集,通过对热带气旋异常年份大气环流背景(西北太平洋副热带高压、环境风垂直切变)的分析,预估了长三角城市群地区 2011—2040 年中等排放情景(RCP45)和高等排放情景(RCP85)下热带气旋的可能变化特征(《长三角城市群区域气候变化评估报告》,2016)。

根据长三角地区热带气旋的历史数据分析,热带气旋偏多年份,副热带高压偏北,且强度偏弱,而环境风垂直切变偏小。预估结果表明,未来 30 年,无论是中等还是高等排放情景下,副热带高压的强度均有加强且南压,环境风垂直切变增加。也就是说,未来 30 年大气环流的特征不利于热带气旋的发生发展,即热带气旋的发生频数可能减少。分别以 2011—2020 年、2021—2030 年、2031—2040 年三个阶段研究发现,2011—2020 年热带气旋减少的趋势将最大,2031—

2040 年次之，2021—2030 年减少的趋势最小。

　　对 1952—1998 年影响华东的热带气旋频数和西北太平洋生成的热带气旋频数做相关分析，二者的相关系数为 0.396，通过 0.01 显著性水平检验。预计在未来西北太平洋热带气旋频数可能减少的情景下，影响华东以及长三角地区的热带气旋频数也将可能减少。

　　有研究（Knutson and Tuleya，2004）指出，未来全球变暖条件下，强台风的发生概率将增大，也就是说单个热带气旋的影响将可能增大。因此，虽然未来热带气旋的频数可能减少，但产生的影响需要更多关注。

第四章 适应气候变化的案例研究：上海市

上海作为国际著名的沿海特大型城市，处在中国沿海发展轴和长江产业带的接合部，正在逐渐成为中国的经济、金融、贸易和航运中心。同时上海又是高度城市化、人口高度密集、自然资源匮乏、生态环境脆弱，以及易受气候变化的不利影响的地区。气候变化给上海自然生态系统和经济社会发展带来了现实的威胁，主要体现在城市防灾减灾、能源供应、水资源、公共卫生安全、城市交通与建筑、沿海海岸带和城市与农业生态系统等领域。2012年上海发布《节能和应对气候变化"十二五"规划》，明确指出要提高适应气候变化能力。2013年我国发布《国家适应气候变化战略》指出，气候变化已经持续影响到中国许多地区的生存环境和发展条件，将选择有条件的地区开展适应气候变化试点示范，逐步引导和推动各项适应工作。因此，适应气候变化已成为上海在应对气候变化中面临的迫切任务。

第一节 上海市气候变化的历史趋势、特征及影响分析

一 上海市气候变化的主要特征

（一）气温

长三角地区共有2个百年以上气象观测站，分别为上海徐家汇站和江苏南京站。其中，上海徐家汇气象观测站自1873年建站至今已积累了141年连续资料，是我国有最长连续观测资料的气象站。图4-1为徐家汇1873—2013年年平均气温变化趋势。总体来看，141

年来徐家汇年平均气温的升温率为 1.5℃/100 年，显著高于全球年平均气温升温率 0.74℃/100 年。并且，不同时段的升温率差别很大，以 1935—1950 年和 1982—2013 年两个时段增温最为明显，特别是 1982 年以来，上海连续 30 年年平均气温正距平（相对于 141 年平均气温），其中 2007 年偏高 2.7℃，年平均气温达 18.5℃，是有器测记录以来最热的一年。

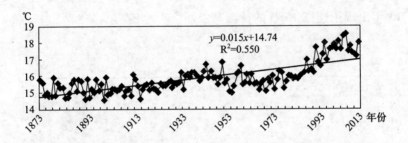

图 4-1　徐家汇站 1873—2013 年年平均气温的变化趋势

（二）降水

上海徐家汇站 140 年来年降水量有小幅增加，增加率为 8.1 毫米/10 年（见图 4-2）。同时，上海的年降水量呈现出明显的年代际变化，20 世纪初至 20 年代、20 世纪 40 年代至 60 年代、20 世纪 90 年代至 21 世纪初为降水偏多年代，其他年代降水偏少。

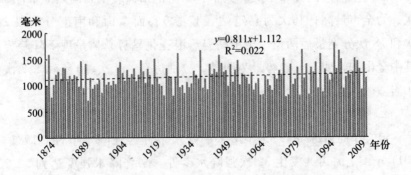

图 4-2　徐家汇站 1874—2013 年平均年降水量的变化趋势

（三）高影响天气

1. 高温热浪

根据上海徐家汇站的气温数据，整理出 20 世纪 60 年代以来该地区的高温热浪事件。1961—2012 年，上海徐家汇共计发生高温热浪事件 130 次，其中 2000 年以后（2001—2012 年）共发生 57 次，占全部热浪事件的 43.8%。徐家汇高温热浪发生频次呈现明显上升趋势，其线性倾向率达到 0.78 次/10 年（见图 4 - 3）。2012 年发生 4 次。2013 年出现了连续 15 日的持续高温。

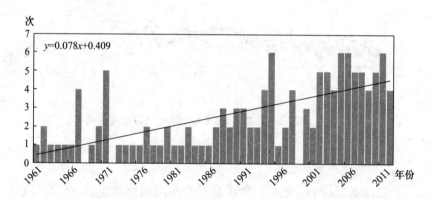

图 4 - 3　1961—2012 年上海徐家汇高温热浪事件变化

2004—2013 年，上海市高温热浪分布呈现中心城区高于市郊、西部站点高于沿海的分布格局。其中，徐家汇站共发生高温热浪事件 51 次，为全市最高；其次为嘉定站（47 次）；而金山和南汇分别以 21 次和 18 次分列最后两位。全市高温热浪变化趋势总体呈现下降趋势，其中金山和崇明上升趋势最为明显，分别达到 1.8 次/10 年和 1.7 次/10 年。

2. 强降水

定义小时降水量≥35.5 毫米的降水事件为强降水事件。1981—2011 年，上海市共发生 32 次强降水事件。平均降水强度达到 52.23 毫米/小时。2001 年上海市徐家汇站最大小时降水量达到 298 毫米（见图 4 - 4），为该时期的最大值。2006 年后，降水强度略有增强。

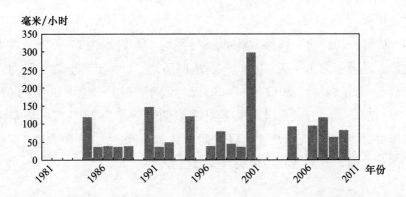

图 4 - 4 1981—2011 年上海徐家汇 35.5 毫米/小时以上量级降水变化

3. 台风

热带气旋是一种高影响天气事件，华东是我国热带气旋影响严重地区，上海地处北纬 31 度附近，太平洋西岸，易受台风灾害影响。1961—2011 年，影响上海的台风总数达到 132 个，平均每年 2.1 个。热带气旋年频数线性变化趋势不显著，基本保持不变，1981—2011 年，上海年平均热带气旋影响数为 2.15 个，而 1961—1980 年，平均影响数为 1.9 个，近 30 年，影响数量稍有增多且年际变化增大（见图 4 -5）。

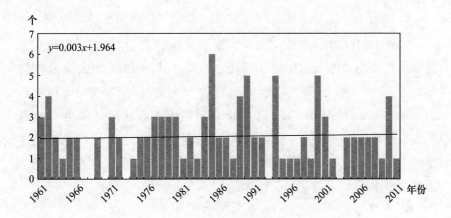

图 4 - 5 1961—2011 年影响上海的热带气旋频次变化

4. 雷暴

1961—2013 年，上海徐家汇站年平均雷暴日数为 27 天，呈减少趋势，递减率为 1.4 天/10 年（见图 4-6）。2008 年起上海年平均雷暴日数逐年减少，2013 年为 20 天，低于 1981—2010 年平均值。2004—2013 年，上海年平均雷暴日数崇明最多，为 28.7 天，浦东南部最少，为 21.9 天。从该时段空间变化趋势来看，除了宝山、浦东北部和青浦，其他区县均呈现减少的趋势。

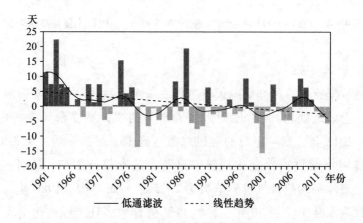

图 4-6 1961—2013 年上海徐家汇站年平均雷暴日数距平变化

5. 大风

1961—2012 年，上海宝山站年平均大风日数为 13 天，呈减少趋势，递减率为 6.8 天/10 年（见图 4-7），其中 1962 年大风次数最多，为 52 次，前 26 年共发生大风日数 564 天，占 52 年间大风日数的 86.5%。2004—2013 年，上海大风日数由中心城区（10 年共出现 1 天）向郊区依次增加，崇明 10 年共出现大风日数 62 天，为区县中最多。从变化趋势来看，该时段整个上海市大风日数一致性减少，宝山减少最多。

6. 大雾

1961—2012 年，上海徐家汇站年平均大雾日数为 26 天，呈减少趋势，递减率为 8.34 天/10 年（见图 4-8）。1961—1997 年除了 1985

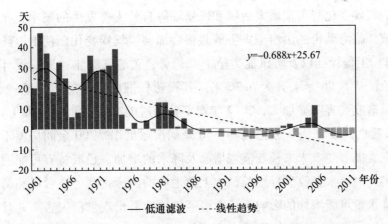

图4-7 1961—2012年上海宝山站年平均大风日数距平变化

年、1988年和1995年以外全部是正距平年，1998—2012年全部为负距平年。2004—2013年，上海大雾日数由中心城区（5.7天）向郊区依次增加，崇明最多（23.9天），奉贤次之（23.3天）。从空间变化上来看，该时段上海大雾日数一致性减少，其中青浦减少最多。

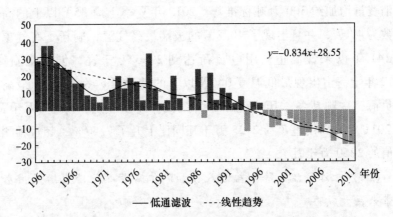

图4-8 1961—2012年上海徐家汇站年平均大雾日数距平变化

二 上海市气候变化的主要影响

（一）台风、暴雨、强对流及风暴潮等极端事件对城市防灾减灾造成了巨大影响

上海易遭受流域洪水、区域暴雨、台风、高潮位等多重袭击影

响。气候变化将可能增大台风和风暴潮等自然灾害发生的概率，尤其是滨江临海城市的洪涝潮灾害威胁将会加剧。气候变化已使上海防洪（潮）工程标准以及防汛能力呈下降趋势，黄浦江千年一遇的设计高潮位已从 5.86 米上升为 6.26 米，其设防标准已降至约 200 年一遇。台风造成灾害明显加大，2012 年海葵台风造成上海受灾人口 36.1 万，2 人死亡，31.1 万人紧急转移，50 余间房屋倒塌，700 余间房屋不同程度受损。随着未来长江流域增温及降水的增加，径流将有可能明显增多，加上水土流失导致长江中上游地区的河床抬高，在台风和梅雨期降水量可能增加的影响下，上海区域更容易出现洪涝灾害，并且出现百年一遇甚至千年一遇洪水的可能性增大，洪涝、台风及其引发的风暴潮灾害的影响将加剧。

（二）极端高温和低温事件频发，能源电力需求压力不断增大

极端的高温和低温天气不仅给市民的正常生活带来不便，还给上海城市能源和电力需求造成了很大影响。基于 20 世纪 80 年代中期以来上海相关的数据分析，若年平均气温增加 1℃，则引起上海生活能源消费量增加约 300 万吨标准煤。2013 年夏季上海 35℃ 以上的高温日数为 47 天，并且出现了 40.8℃ 的极端最高气温，刷新了有气象记录 141 年以来最高值，用电负荷达到 2936 万千瓦，创历史新高。2012 年上海市出现最低温度 0℃ 及以下的低温日数为 12 天，最高用电负荷三次刷新冬季历史纪录，日最高用电负荷为 2296.7 万千瓦，较 2011 年最高用电负荷 2135 万千瓦同比上升了 7.57%，超过预测最高值的 2250 万千瓦。

（三）长江径流下降、盐潮入侵和湖体富营养化给上海饮用水安全带来巨大威胁

气候变化已经引起长江流域近 40 年来径流量呈下降趋势，海平面上升的加速趋势造成海水入侵呈加剧态势。2006 年长江特枯水情期间，9 月 11 日出现氯离子超标的咸潮入侵现象，咸潮入侵开始时间提前两月，持续时间也直逼城市供水极限。气候变暖易导致江河湖泊水质恶化，蓝藻暴发频率增加。2007 年淀山湖湖区水质富营养化，导致上海只有 1/10 的地表水符合饮用水水源国家标准。

（四）强对流天气、雷电频发影响交通运行安全，气温和降水形态的变化、霾日数增加影响居民健康

强对流天气、雷电的发生可导致地面交通、轨道运行、飞机航班等受阻，导致交通停顿和阻塞。近年来，中心城区黄浦江沿岸、宝山、崇明和浦东北部是雷电灾害的高发区。2011 年 6 月 17 日，上海受到大风、雷电、暴雨肆虐，地铁 11 条线路渗漏，其中 6 号线、4 号线和 10 号线部分站点下起了"瀑布雨"。

气候变暖，高温日数增加，可能会进一步提高城市居民超额死亡率。气温和降水形态的变化，将可能有助于传染性虫媒繁殖与侵袭力的加强，致使传染疾病发病感染率上升。空气污染是影响人身体健康的重要因素。霾中小于 2.5 微米的气溶胶能直接进入并黏附在人体呼吸道和肺叶中，引起鼻炎、支气管炎等病症，对有心脏病和肺病的人危害极大。

（五）海平面上升、风暴潮影响上海沿海海岸带生态系统和经济产业的持续发展

沿海风暴潮灾害发生的频率增大，灾害强度加大，导致滩涂湿地淹没和侵蚀，植被类型发生退化和反向演替，降低海岸带生态系统生物多样性。气候变暖也会引起长江鱼类死亡率增加，繁殖力下降。海水温度升高和海洋酸化直接干扰了浮游生物和鱼类的繁殖，进而造成海鸟数量的变化，影响渔业生产。上海沿海海岸线是港口、机场、造船和化工等重要产业的聚集地，未来气候变化、海平面上升风暴潮灾害的发生会给此地区产业经济发展带来重大的影响。

第二节　上海市未来气候变化情景预估

上海市气候中心对上海未来平均气温、高温日数、年总降水量和强降水日数的气候变化趋势进行了预估。其中平均气温和年总降水量的预估分析了三种排放情景（低排放 B1 情景、中排放 A1B 情景和高排放 A2 情景），高温日数和强降水日数的预估分析了中排放 A1B

情景。

一 上海气温变化趋势预估

图4-9为未来三种排放情景下上海市区域平均的年平均温度变化趋势。三种情景下，虽然逐年气温有升有降，总体而言，年平均气温均为上升趋势。其中B1情景升温趋势最大（0.428℃/10年），A1B情景次之（0.293℃/10年），A2情景升温趋势最小（0.208℃/10年）。

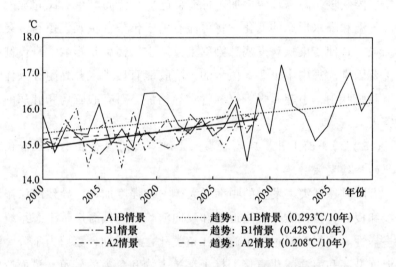

图4-9　三种情景下上海市区域平均的年平均气温变化趋势

利用一种较为普遍使用的物理量变化趋势显著性检验方法（黄嘉佑，1995）来检验年平均气温变化是否显著。利用此种方法算出上海市的变化趋势Z统计量及95%信度检验值$Z_{0.05}$和99%信度检验值$Z_{0.01}$（见表4-1）。由表4-1可以看到，B1情景和A1B情景下上海市年平均气温增长趋势均通过了95%的信度检验，而A2情景下上海市年平均气温增长趋势则没有通过95%的信度检验。说明B1情景和A1B情景下上海市年平均气温增温是显著的，而A2情景下上海市年平均气温增温不显著。

表4-1　　　　　三种情景下上海市年平均气温变化趋势及检验

	A1B情景下 Z统计量	B1情景下 Z统计量	A2情景下 Z统计量
上海	0.26	0.36	0.16
95%信度检验值 $Z_{0.05}$	0.25	0.32	0.32
99%信度检验值 $Z_{0.01}$	0.33	0.42	0.42

二　上海降水变化趋势预估

图4-10给出未来三种排放情景下上海市区域平均的年总降水量变化趋势。A1B情景下的年总降水量明显减少,下降率为8.99毫米/年;B1情景下上海市年总降水量则略有减少,下降率为0.24毫米/年;而A2情景下上海市年总降水量则略有上升,增加率为2.75毫米/年。

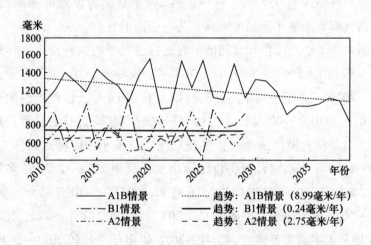

图4-10　三种情景下上海市区域平均的年总降水量变化趋势

利用上述温度变化趋势显著性检验的方法检验上海市年降水量的变化趋势是否显著。计算得到上海市年降水量的变化趋势Z统计量及95%信度检验值 $Z_{0.05}$ 和99%信度检验值 $Z_{0.01}$ (见表4-2)。可以发现,上海市年降水量变化趋势只有A1B情景下通过了95%的信度检验，其余两个情景均没有通过 95% 的信度检验。说明 A1B 情景下上海市年降水量变化是显著的；而其余两个情景下，上海市年降水量变化则是不显著的。

表 4 - 2　　三种情景下上海市年降水量变化趋势统计量 Z 及检验

	A1B 情景下 Z 统计量	B1 情景下 Z 统计量	A2 情景下 Z 统计量
上海	- 0.27	0.02	0.11
95% 信度检验值 $Z_{0.05}$	0.25	0.32	0.32
99% 信度检验值 $Z_{0.01}$	0.33	0.42	0.42

三　上海高温日数变化趋势预估

本书中高温阈值的确定办法为：对某一点 1961—1990 年共 10957 天日最高气温进行从大到小排序，第 2% 个数即为该点的高温阈值，日最高气温大于等于该阈值则标记为一个高温日。

图 4 - 11 给出模拟和观测的上海地区区域平均的高温日数年代际变化。观测的 1961—1990 年多年平均年高温日数为 6.7 天，而 2001—2010 年多年平均年高温日数则上升至 19.0 天；模式也能模拟出 2001—2010 年年高温日数较 1961—1990 年年高温日数显著升高的趋势，只是模式模拟的增加幅度较观测明显偏小；而模式预估表明，2011—2050 年年高温日数仍将继续增加，其中 2011—2020 年多年平均较 2001—2010 年多年平均显著增加，2021—2030 年多年平均较 2011—2020 年多年平均略有降低，2031—2040 年多年平均较 2021—2030 年多年平均显著增加，2041—2050 年多年平均较 2031—2040 年多年平均略有降低。

四　上海强降水日数变化趋势预估

强降水阈值的确定办法为：对某一点 1961—1990 年所有降水大于 0 的日降水进行从大到小排序，第 2% 个数即为该点的强降水阈值，日降水大于该阈值即标记为一个强降水日。

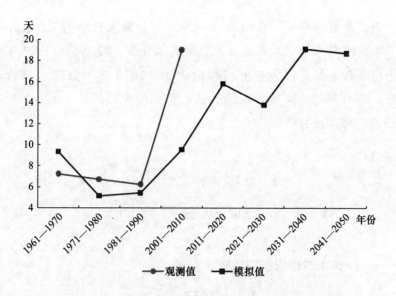

图 4 - 11　上海地区区域平均的高温日数年代际变化

图 4 - 12 给出模拟和观测的上海地区区域平均的强降水日数年代

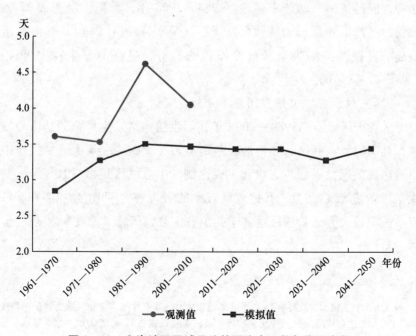

图 4 - 12　上海地区区域平均的强降水日数年代际变化

际变化。观测的 1961—1990 年多年平均年强降水日数为 3.9 天，而 2001—2010 年多年平均年强降水日数为 4.0 天，较 1961—1990 年多年平均略有增加；模式也能模拟出 2001—2010 年年强降水日数较 1961—1990 年年强降水日数增加的趋势。而模式预估表明，2011—2050 年年强降水日数变化不大。

第三节　上海市暴雨洪涝风险及基础设施防范能力评估 *

一　上海市洪涝灾害灾情概况

（一）洪涝灾害灾情的历年变化趋势分析

暴雨洪涝是上海市每年都发生的气象灾害，在上海市的气象灾害中，暴雨洪涝造成的经济损失仅次于台风影响造成的灾害。随着防灾减灾能力的加强和经济的发展，气象灾害导致的人员伤亡呈现减少的趋势，但经济损失却越来越多。1984—2008 年，暴雨洪涝造成 27 人死亡，最严重的是 1991 年 16 人死亡（见图 4 - 13（a））；暴雨洪涝造成的直接经济损失呈现缓慢增长的趋势，最高值发生在 1999 年（见图 4 - 13（b））。

（二）洪涝灾害灾情空间分布分析

从各个区域看，1984—2008 年暴雨洪涝灾情发生最重的是中心城区，其次是浦东新区，其他地区差别不大（见图 4 - 14（a））因暴雨洪涝造成的死亡人数与灾情几乎成比例，中心城区最多（16 人），其次是浦东新区（6 人），其他地区较少或者没有（见图 4 - 14（b））；直接经济损失方面青浦区远高于其他各区县，闵行、嘉定、浦东、金

* 节选自上海市发改委 2010 年节能降耗和应对气候变化基本工作及能力建设项目成果《上海城市生命线适应气候变化风险评估及对策建议报告》，作者为梁卓然、梁萍、史军。有修改。

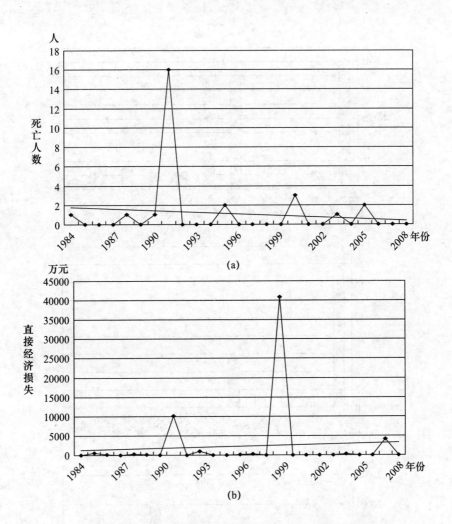

图4－13　1984—2008年暴雨洪涝灾害主要灾情历年变化

山以及崇明都非常少（见图4－14（c）），而农业受灾面积最大的是在嘉定区，其次是宝山区，最少的是在闵行区（见图4－14（d））。

二　城市洪涝灾害系统特点及形成机制

（一）城市洪涝灾害复杂系统

城市洪涝灾害系统受到天、地、人等多种条件的约束和众多因素的影响，是一个典型的复杂系统。从系统论的观点来看，城市洪涝灾害系统是由致灾因子（天气和气候事件）、暴露度和脆弱性共同组成

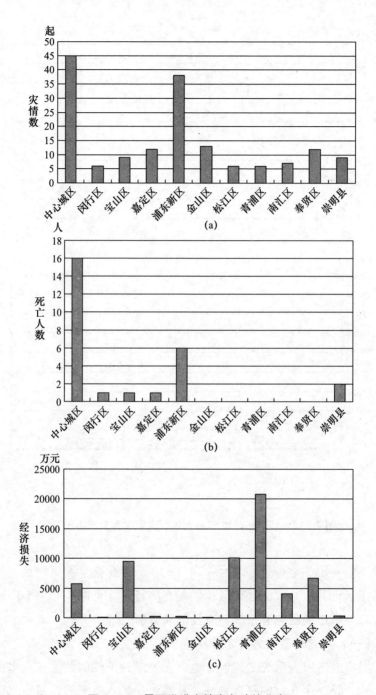

图 4-14　暴雨洪涝灾情在各地的分布

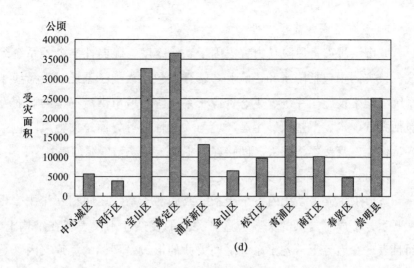

(d)

图 4 - 14　暴雨洪涝灾情在各地的分布（续）

的地球表层变异系统，灾害风险是这个系统中各个子系统相互作用的产物，灾害风险管理与适应行动有助于减小灾害风险（见图 4 - 15）。城市洪涝灾害系统具有以下几个方面的突出特点：

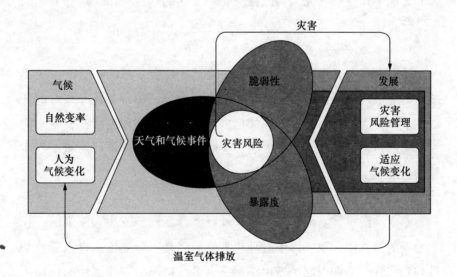

图 4 -15　气象灾害系统模型

1. 系统组成的高维特性

城市洪涝灾害风险是由致灾因子、暴露度、脆弱性三个子系统组成。致灾因子包括降水和径流等。暴露度包括人类子系统、生命线子系统、地下设施子系统、生态资源子系统等。城市洪涝灾害的脆弱性包括大气、水、下垫面、生态环境与人文环境等方面，灾害风险包括人员伤亡、直接经济损失、间接经济损失、生态与资源的破坏等。

2. 子系统之间关联复杂

城市洪涝灾害系统内各个子系统或局部子系统之间相互作用、相互联系，形成了复杂的关联。这种关联的复杂性不仅表现在结构上，而且表现在内容上，各子系统之间关联的形成是多样的。致灾因子是灾害产生的充分条件，暴露度是放大或缩小灾害的必要条件，脆弱性是影响致灾因子和承灾体的背景条件。灾害是它们相互作用的结果。

3. 系统的随机性

系统的随机性包括致灾因子、暴露度和脆弱性的随机性，例如全球变暖作为城市洪涝灾害的发生背景，还存在着许多不确定的因素，我们无法事先预知它究竟会怎样变化、变化的幅度，以及这种变化的时空分布。

4. 系统的开放性

城市洪涝灾害系统是一个"人—自然—社会"系统，这一系统不断地与周围环境发生着物质能量和信息的交换，体现了这一系统的开放性。一方面，城市洪涝灾害的形成需要从其外部环境系统中得到能量、物质；另一方面，城市洪涝灾害的发生又对其外部环境系统产生影响。

5. 系统的动态性

城市洪涝灾害系统是伴随着区域经济开发同步发生和发展的，在它形成的过程中，致灾因子有随机性，脆弱性与暴露度也存在着波动性和趋向性，从而引起了城市洪涝灾害系统的输入输出强度与性质不断地变化，并进一步引起系统的结构与功能的变化，使系统呈现出显著的动态性。

6. 系统的非线性

系统的非线性指城市洪涝灾害系统的输出特征，对于输入特征的响应不具备线性叠加性质。例如，相同强度的洪水，在经济发展水平相近的地域，其规模量级大小与损害数量程度方面具有一定的对应关系，但因为不同地域的背景条件、人口财富密度、经济发展水平等方面有差异，所以灾害事件的规模和造成的损失之间具有非线性变化特征。

（二）城市洪涝灾害的形成机制

人类活动与自然变异在灾害形成过程中具有对立统一性，随着人类改造自然能力的扩大，人类与灾害相互影响的强度在不断递增，灾害的诱导性和人类的主动性是现代城市洪涝灾害加剧的原因。因此，在研究城市这一特殊区域洪涝灾害的形成机制时，不能忽略任何一方的作用，必须应用多学科的知识，从灾害系统的角度加以研究。

城市洪涝灾害的发生是致灾因子、脆弱性和暴露度相互作用的结果，在城市洪涝灾害的形成过程中，除了致灾因子的重要作用，我们更加强调脆弱性和暴露度在其中的作用。在城市洪涝灾害的形成过程中，首先，全球变化改变了致灾因子，加快了灾害形成的频率；其次，城市洪涝灾害的形成是与城市化密切联系在一起的，城市土地利用方式的改变和城市小气候诱发了洪涝灾害的发生；最后，城市承灾体的聚集效应，加大了城市洪涝灾害的暴露度。

在城市洪涝灾害的研究上，应该就城市化与洪涝灾害形成机理与其动态变化过程进行综合分析，密切关注城市洪涝灾害形成过程中的动力和变化过程。从中我们可以发现，致灾因子频率和强度越高，城市洪涝灾害的风险就越大。全球变暖引起的极端事件的增加，包括台风、暴雨频率和强度的加大，使得城市面临着更大的洪涝灾害风险；对于沿海城市来说，海平面上升导致的风暴潮、海水入侵以及排水不畅，加重了沿海地区的洪涝灾害。全球变化改变了自然环境，城市化则主要改变了土地资源的利用方式，下垫面的变化影响了流域水循环的过程，改变了城市对于洪涝灾害的脆弱性。洪涝灾害的承灾体在城市化的进程中，也出现了大的变化。城市化导致人口财富密度加大，同样的洪涝灾害所造成的损失加大了；地下设施的增多和城市生命线系统对城市居民生产生活的辐射作用，使得由洪涝灾害造成的间接损失越来越大。随着城市的现代化，城市对洪涝灾害的承受能力没有增强，暴露度反而增加了。

三　气候变化和城市化背景下上海市洪涝灾害致灾因子分析

（一）城市强降水变化

定义小时降水量大于 50 毫米为一次暴雨事件。19 世纪 80 年代至20 世纪 90 年代，上海市强降水事件有增加趋势，且主要发生在梅雨期（见图 4 - 16）。其中，20 世纪 90 年代为梅雨期间暴雨次数最多的年代，而 19 世纪 90 年代为最少的年代。1961—2011 年，上海暴雨发生频次存在明显的增加趋势（0.15 次/10 年）。20 世纪 80 年代中期之前和之后两个时段平均的暴雨事件分别发生 2.9 次/年和 3.8 次/年，增加幅度为 31%，主要增幅发生在 20 世纪 90 年代。20 世纪 90年代暴雨的发生频次占近 50 年暴雨总频次的 28.7%。

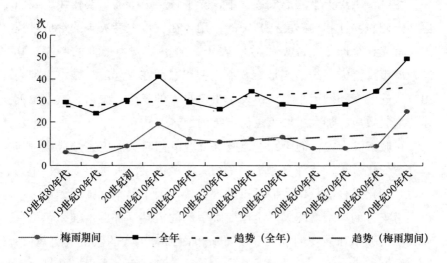

图 4 - 16　19 世纪 80 年代至 20 世纪 90 年代徐家汇各年代平均的全年及梅雨期间的暴雨次数（放大 10 倍）及相应的线性趋势

1874—2014 年，徐家汇站平均年总降水量变化趋势不明显。对比分析 1951—1980 年和 1981—2014 年两个时间段的降水频率发现：
1981—2014 年的降水强度明显超过 1951—1980 年，大于 10 毫米、25
毫米、50 毫米降水的频率都明显增加，分别达到 30.2%、12.6%、
3.8%，上海降水向强度增强方向转变（见图 4 - 17）。

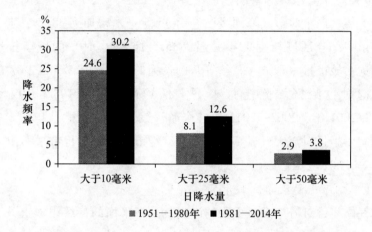

图 4 - 17　1951—2014 年上海市降水频率变化规律

资料来源：陈振林、吴蔚、田展等：《城市适应气候变化：上海市的实践与探索》，载
王伟光、郑国光主编《应对气候变化报告（2015）：巴黎的新起点和新希望》，社会科学文
献出版社 2015 年版。

从近年来短时强降水的空间分布特征来看，不管是年平均 3 天最
大降水量、年均暴雨日数还是年小时降水量≥35.5 毫米总时数的空间
分布特征，都体现为中心城区和黄浦江沿岸要高于区县地区。许多城
市自然灾害的起因都与气象因子的变化有关，并形成了与乡村不同的
特有的城市气候。大都市的形成伴随着城市热岛效应，使城市上空气
层不稳定，引起热力对流。当城市中水汽充足时，容易形成对流云
和对流降水。从 19 世纪末开始，大量学者通过长期的对比研究，基
本上认为城市化引起了城市局部降水量的增加，造成所谓的"雨岛
效应"。大量的城市建筑物，加大了地表粗糙度，阻碍降水系统的
移动，延长了降雨时间，增大了降雨强度。城市向大气排放的大量
污染物，成为降雨的催化剂，在适当的情况下促进了降雨的形成。

在总降水量增加的同时，城市及城市周围的暴雨出现频率也增加了。

上海市一年重现期设计的雨水管道可以承受 35.5 毫米/小时的降雨（强降水事件）。近年来强降水事件呈上升趋势，增长率为 0.81次/10 年，中心城区和黄浦江沿岸要高于区县地区。研究表明，目前上海 1 年一遇小时最大降雨量已经由 35.5 毫米增加到 38.2 毫米，而上海市大部分区域执行 1 年一遇（35.5 毫米/小时）的城镇排水标准，这给城市排水管道、泵站等基础设施的正常运行带来了较大的压力，同时也给区域除涝带来更大的影响。对比 1982—1991 年、1992—2001 年、2002—2011 年三个时段发现，近几年，上海市早高峰期间发生强对流天气概率趋于增多，给市民交通出行带来不便（陈振林等，2015）。

（二）海平面及潮位上升

气候变化对海岸带最重要的影响就是海平面的持续缓慢上升。这主要是由于气候变暖导致的海水热膨胀以及大陆冰川和极地冰盖的融化所引起的。过去 100 年间的观测表明全球海平面已上升了 10—25厘米，上升速率约为 1.8 毫米/年；1993—2003 年间全球海平面上升的平均速度达到了 3.1 毫米/年（IPCC，2007）；至 2050 年，全球海平面预计升高 7—39 厘米；而到 21 世纪末，海平面将上升 18—59 厘米。不仅如此，由于气候系统反馈机制在时间尺度上的迟滞性，即使到 2100 年全球温室气体排放能够显著减少甚至完全停止排放，海平面上升仍将不可避免地持续很长一段时期（IPCC，2007）。而一项最新研究指出了更加严峻的现实：近年来全球气候变化指标实际已接近预测范围的上限，例如 1978—2008 年实际观测到的全球海平面上升的速度，几乎达到了 IPCC 预测的最高上升速度（见图 4 - 18）（Rahmstorf，2006）。到 21 世纪末，海平面与 1990 年相比很可能将升高 50—140 厘米，这个预测结果超出了 IPCC 组织预测的全球海平面变化水平的两倍（Rahmstrof，2007）。

华东地区自北向南的沿海海平面变化情况的地域差异更加明显，长三角沿海的海平面平均上升速率为 4.7 毫米/年，上升速度最为显

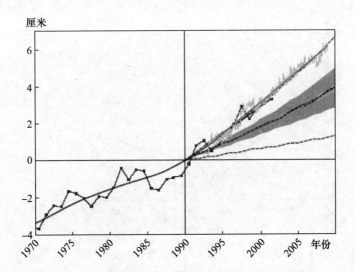

图 4 – 18　1970—2008 年间海平面相对于 1990 年的变化

注：实线表示消除了年际变化影响的实际观测结果（光线连接数据点）。其中最近几年的数据是通过卫星传感器获得的。图中提供了 IPCC 预测范围作为比较：虚线为单独的预测结果，阴影为预测的不确定性（Rahmstorf，2007）。

著，远远高于华东其他沿海地区（徐影等，2013）。1980—2014 年，上海沿海的年代际海平面呈明显上升趋势（见图 4 – 19）。根据《中国海平面公报 2014》数据，1980—2014 年，上海近海海平面上升速率为 3.2 厘米/10 年，高于全球平均水平。2014 年，上海近海海平面上升幅度又创新高，为 1980 年以来最高值（16 厘米）（陈振林等，2015）。

　　受到气候变化和城市化的影响，上海主要河流的潮位也表现出趋高性。黄浦江苏州河口的最高潮位，20 世纪 50—60 年代是 4.5 米，到 70—80 年代上升到 5 米，90 年代以后升到 5.5 米至 5.7 米，最高达 5.72 米，潮位呈抬高趋势。自 20 世纪 50 年代至 90 年代，5 米以上高潮位共出现 7 次，其中 80 年代 2 次，90 年代 5 次，2000 年一年就出现了 4 次，刷新了历史第二高潮位，达 5.70 米，高潮位出现的频率越来越高。

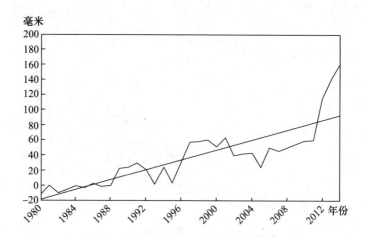

图 4 – 19　上海近海地区海平面变化情况

资料来源：陈振林、吴蔚、田展等：《城市适应气候变化：上海市的实践与探索》，载王伟光、郑国光主编《应对气候变化报告（2015）：巴黎的新起点和新希望》，社会科学文献出版社 2015 年版。

　　一方面，海平面上升将增加海堤高潮位频率，沿海地带遭受破坏性海浪的危险加大，增大防汛设施的损毁风险。另一方面，城市建设造成的河道减少和地面进一步硬化，使得城市自然排涝能力下降，河道潮位可能继续呈上升趋势；同时地下水的过度开采，地面沉降异常，又加剧了其相对海平面的上升幅度。例如，上海黄浦江防汛墙设计水位为 1000 年一遇，若海平面上升 100 厘米，则变为 100 年一遇；海平面上升 20—50 厘米，长江三角洲的海防堤标准将由 100 年一遇降为 50 年一遇（徐影等，2013）。受海平面上升和地面沉降等因素影响，黄浦江市区段防汛墙的实际设防标准已降至约 200 年一遇，给城市洪（潮）防御工作带来较大压力。

　　（三）风暴潮加剧

　　风暴潮灾害是世界沿海国家普遍存在的一种海洋自然灾害，尤其对地处海湾河口的三角洲地带危害极大。例如 2005 年飓风卡特琳娜袭击美国南部的新奥尔良（New Orleans），造成新奥尔良 85% 的地区被淹没，死亡 1464 人；并造成墨西哥湾的石油开采被迫停止，从而引起全球石油价格的升高。而我国拥有绵长的海岸线，横跨纬度范围大，又是少数既受台风风暴潮又受温带风暴潮影响的国家之一，风暴潮因此成为我国最主要的自然灾害之一。

华东沿海地区大部分海岸段属于风暴潮易发地段，2000 年我国沿海曾发生严重风暴潮灾害，给华东沿海地区造成的直接经济损失就高达 112 亿元；并造成 39 万平方千米的农田被淹，受灾人口多达 920 万人，其中上海市经济损失约 1.4 亿元。2011—2015 年风暴潮导致的我国沿海地区年均直接经济损失为 107.49 亿元。2015 年，风暴潮灾害对华东地区造成的直接经济损失相对较小，为 42.67 亿元（见表 4 - 3）。

表 4 - 3　　2000 年与 2015 年华东地区风暴潮灾害损失统计比较

省份	死亡（失踪）人数（人）		直接经济损失（亿元）	
	2000 年	2015 年	2000 年	2015 年
浙江省	4	16	43.0	11.25
上海市	1	0	1.4	0.05
江苏省	9	1	56.1	0.58
福建省	1	2	11.9	30.79
总计	15	19	112.4	42.67

资料来源：国家海洋局：《2000 年中国海洋灾害公报》《2015 年中国海洋灾害公报》。

随着全球温度和海平面的持续缓慢升高，风暴潮爆发频率和强度将进一步加剧。这主要是由于海平面上升使得平均海平面以及各种特征潮位相应增高，水深增大，波浪作用增强，因此增加了风暴潮增水出现的频次；如果风暴潮增水与高潮位叠加，也将进一步增大风暴潮的强度（段晓峰，2008）。

同时随着温度的升高，西北太平洋台风发生频率及在我国登陆台风频率也将发生改变，必然影响华东地区的风暴潮的发生频率及其强度。例如温度升高 1.5℃时，西北太平洋台风发生频率预计增加 2 倍左右，这将使得登陆我国沿海的台风频率增加 1.76 倍；到 21 世纪后期，台风数量预计有可能减少，但强台风数量及其降水和风速将可能增强。

四 气候变化和城市化背景下上海市洪涝脆弱性分析

(一) 高程和地形标准差

上海是长江河口的一块冲积平原，境内除西部、南部有十余座基岩残丘外，均为坦荡平原，平均地面高程为2.3米（黄海高程，下同），地形特征是东高西低（见图4-25）。上海西部因临太湖及其四周小湖群，故地势最为低洼，青浦、松江大部分及金山北部，是全市地势最低地区，平均地面高程在1.0—1.5米；中北部包括中心城区、浦东新区西部、嘉定和宝山相对西部较高，地面高程在2.0—3.0米；东南部的闵行南部、浦东新区东部、奉贤、南汇是上海地势最高的地带。长江的入海口有崇明、长兴和横沙三个岛屿，崇明岛平均地面高程2.5米左右，长兴岛、横沙岛地势较低，高程在1.5—2.5米。所以，地势低平，地下水位高（特别在低洼地区），明涝暗渍较严重，是上海地区的重要特点。

同时考虑相邻范围内的地形起伏变化来确定洪水危险程度大小，即计算某个栅格单元相邻范围内的高程相对标准差。标准差越小，表明该处附近地形起伏越小，越容易形成洪水；相反，标准差越大，表明该处附近地形起伏越大，形成洪水的危险性也越低，本部分通过GIS空间分析功能的领域分析，计算DEM栅格周围邻域内25格（包括自身）栅格高程的标准差。上海市中心城区及长江入海口沿岸，松江和闵行的部分地区及崇明岛北部地形起伏相对较大，其余部分地形起伏较小，相对洪涝风险较大。

(二) 河湖网络及海岸带

评价区域发生洪灾的概率与区域内河网的分布情况有关。距离江、河、湖、库等越近，则洪水危险程度越高。河流级别越高，水域面积越大，其影响范围越大。河网越密，发生洪涝灾害的危险性也越大。上海境内江河纵横、水网稠密，是湖源型平原感潮河网地区，平均每平方千米的河流长度达4.36千米，河网以西部最为稠密，崇明、南汇和奉贤沿海河网也相对稠密。主要河流有黄浦江及其支流苏州河。黄浦江是太湖流域的主要排水河道，黄浦江、苏州河都是感潮河道，因此，当暴雨连日、太湖水涨、水流下泄时，如遇长江洪水或河口潮水顶托，往往造成上海西部低洼地区严重的洪涝灾害。另外上海拥有几百千米长的海岸线，海岸带地区易遭受灾害性海浪的冲刷，也存在着洪涝灾害的风险，根据距离海岸线及江河湖库等面状水体越近，洪水危险程度越高的原则，通过建立缓冲区显示洪水危险程度。在本书中一般将海岸带的影响用一级和二级缓冲区表示，其中一级缓冲区 4 千米，二级缓冲区 6 千米。对于面状水域如黄浦江干流和淀山湖我们同样通过建立缓冲区的方法考虑其洪涝影响，其中黄浦江干流的一级、二级缓冲区宽度分别为 2 千米和 4 千米，湖面水域的缓冲区范围为 0.5 千米和 1 千米，在所有一级、二级和非缓冲区，我们将海岸带和面状水域的影响因子分别定义为 0.8、0.6 和 0.1。河网密度是流域结构特征的一个重要指标，其定义为单位面积内河道的总长度，可用公式表示：$D = L/A = nl/na = l/a$。式中，L 为流域内河流总长度，A 为流域面积，n 为流域内河段总段数，l 为平均河长，a 为平均相邻面积。在实际计算中，可计算每个格网内的河流长度，因不同级别对于涝灾的影响程度不同，对线状河流根据等级赋权重后进行河网密度的计算。

（三）土地利用类型及土壤

土地利用类型如植被覆盖和土壤类型对洪涝灾害的危险性分布具有一定的影响。植被覆盖与土壤类型对降雨的入渗有较大影响，其中，丰富的植被分布具有涵养水源、调节径流、保持水工等多种生态功能，肥沃的土壤蓄水保水能力强，可减弱降水对地面侵蚀的动能，能在一定程度上减弱洪峰流量，延缓洪峰到来的时间，可见，土地利用类型和土壤性质直接影响下垫面土壤的透水能力，在相同洪水和内涝气象致灾因子的影响下，土地利用类型和土壤透水力决定了灾情被排除的及时程度。上海市主要水体（淀山湖和黄浦江干流）及中心城区核心区由于城市建设的下垫面大面积硬化都被视为几乎不透水的区域，崇明岛南部下垫面透水能力高于北部。上海大部分地区由于其土壤特性，透水能力一般，只有在浦东和金山沿海以及松江的东北部地区有排水能力较好的下垫面地表分布。

（四）防汛工程设计标准

依据上海的河网分布和地势特点，上海市采取"分片控制，洪、涝、潮、渍、旱、盐、污综合治理"的治水方针。1980 年，上海市水务局编制完成《上海郊区水利建设规划（1981—1990 年)》草案，正式提出把全市分为 14 个水利控制片进行综合治理。14 个水利控制片合计面积6158.62 平方千米，控制全市总面积的97.1%。水利控制片基本上由外围一线堤防、水闸、泵闸，片内河道以及圩区组成。

从各水利控制片内河堤防设防标准来看，蕴南片、浦南西片和商榻片的设计水位标准最高，分别为 4.44 米、4.25 米和 4.25 米。长兴岛片和横沙岛片设计水位标准最低，为 2.70 米。

圩区是指地势低洼的独立排涝区域，据 1999 年上海市水资源普查对市郊圩区的 30 个属性数据的调查分析，市郊共有圩区 385 个，总控制面积 186 万亩，其中耕地 135 万亩。上海市共有 9 个区县存在圩区，青浦圩区最多，为 143 个，占圩区总数的 38%；松江 303 个，占圩区总数的 36%；圩区数最少的为嘉定和奉贤两区，各有 8 个圩区。圩区的排涝能力也可以代表上海市对于洪涝灾害的脆弱性，表现为近郊圩区排涝能力强，远郊圩区排涝能力较弱的特点，其中松江、金山、青浦是上海市低洼地比较集中的地区，而其排涝标准较低，易发生涝灾。

上海市已建成一线海塘 523.484 千米，其中达到 200 年一遇潮位加 12 级风标准的共有 114.775 千米，占 22%；达到 100 年一遇潮位加 11 级风防御标准的共 296.273 千米，占 56.6%；其余 111.417 千米则是 100 年一遇潮位加不足 11 级风的防御能力，占 21.3%。依据上海市海堤设计标准，200 年一遇潮位加 12 级风标准的高标准海堤主要修建在宝山、浦东和金山的沿岸。区域海岸线大多数以中等标准的 100 年一遇潮位加 11 级风防御标准为主。崇明岛的海堤防护标准较低，除了 100 年一遇潮位加 11 级风防御标准外，在崇明岛的东部海岸线，海堤只有 100 年一遇潮位不足 11 级风防御标准。

五 气候变化和城市化背景下上海市洪涝暴露度分析

承灾体的暴露度特征反映了特定社会的人们及其拥有的财产对水

灾的易损性。在同等致灾条件下，暴露度越高的承灾体，灾害造成的损失越大。有人认为，随着城市的现代化，城市的防洪排涝能力也自然有所加强，防灾减灾能力得到提高，城市洪涝灾害应该有所减轻。而事实正相反，越是现代化的城市，对城市洪涝灾害的暴露度越高。因为城市人口与财产密度加大，同样的洪涝所造成的生命财产损失加大；城市地下设施，如交通、仓库、商场、管线等大量增加，抗洪能力较差；维持城市正常运转的生命线系统发达，如电、气、水、油、交通、通信、信息等网络密布，一处发生故障将产生较大面积的辐射影响；同时，比较有利的地势已经被老城区占据，人口和资产只能向防洪能力薄弱的低洼地区集中。总的看来，城市经济类型的多元化及人类活动的影响使城市的综合减灾能力越来越脆弱了，导致在同等致灾条件下其损失总量不断上升。

因此本书选用 2010 年上海市人口密度、耕地面积比重、地均GDP 来表示暴雨洪涝灾害的社会经济暴露度，此外虽然 2009 年南汇区并入浦东新区，但是原南汇区的社会经济发展状况和原浦东新区差异较大，在考虑人口密度、耕地面积比重和地均 GDP 时，仍将现浦东新区分为原浦东新区和原南汇区两部分考虑。上海市人口密度以市区最高，其次为浦东新区（不包括原南汇区）以及近郊的闵行区及宝山区、崇明县人口密度最低。耕地面积比重的分布基本和人口密度分布相反，以远郊的崇明县、嘉定区和奉贤区耕地面积比重最高，中心城区、闵行区和浦东新区（不包括原南汇区）最低。上海市地均 GDP的分布和人口密度的分布较为类似，同样是市区和近郊高，远郊比较低。

六　上海市洪涝灾害风险评价指标体系及风险评估

（一）上海市防汛排涝领域洪涝灾害风险评价指标体系

根据上述城市洪涝灾害发生机制下上海市洪涝灾害的致灾因子、脆弱性和暴露度的分析，综合考虑数据的可获得性，通过不同层次的目标层、决策层、指标层、子指标层架构的搭建，基于专家打分和层次分析的主观结合客观的评价方法，确定各层次上要素的权重值，提出上海市洪涝灾害风险评价的指标体系（见表 4 - 4）。为了消除不同指标层指标之间的量纲差异，对各层指标进行归一化处理，对于与风险呈正相关的因子采用公式 $y = (x - x_{\min})/(x_{\max} - x_{\min})$、对于和风险呈负相关的因子采用公式 $y = (x_{\max} - x)/(x_{\max} - x_{\min})$ 进行数据的归一化。

表 4 - 4 　　上海市防洪排涝领域气候变化背景下的城市
洪水风险评估指标体系

目标层	决策层	权重	指标层	权重	子指标层	权重
上海市防洪排涝领域指标体系	致灾因子	0.33	降雨因素	1.00	年均暴雨日数	0.32
					年均 3 天最大降水量	0.36
					小时降水 ≥35.5 毫米	0.32
	脆弱性	0.36	河湖海岸因素	0.25	河网密度	0.58
					面状水域缓冲区	0.21
					海岸缓冲区	0.21
			地形因素	0.30	DEM 高程	0.41
					高程标准差	0.59
			土壤因素	0.15	土壤排水力	1
			防汛工程设计标准	0.30	内河堤防设计标准	0.37
					圩区排涝标准	0.28
					海堤设计标准	0.35
	暴露度	0.31	人口因素	0.37	人口密度	1
			经济因素	0.35	GDP 密度	1
			耕地因素	0.28	耕地密度	1

（二）上海市防汛排涝领域灾害风险区划

将各区县的不同降雨因素的致灾因子归一化后，对年均暴雨日数、年均 3 天最大降水量和小时降水大于等于 35.5 毫米降水总时数分别取权重值 0.32、0.36 和 0.32，采用加权综合评价法计算得到各区县洪涝灾害致灾因子的危险性指数，结果是最大值达 75.8（中心城区），最小值为 25.2（青浦区）（见表 4 – 5）。图 4 – 20 是上海全市的洪涝灾害致灾因子危险性指数的空间分布。分布图表明，洪涝灾害致灾因子危险性指数最大值分布在上海的中心城区及其东南部，最小值分布在西部和崇明岛。

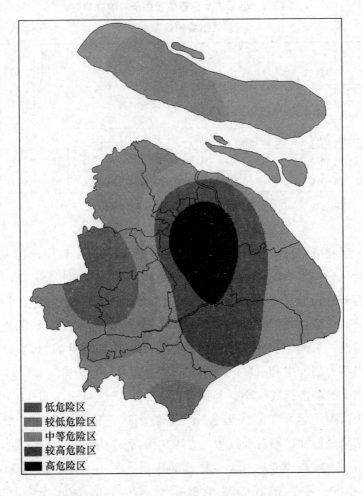

图 4 – 20　上海市洪涝灾害致灾因子危险性区划

　　根据洪涝灾害致灾因子危险性指数大小，利用自然断点分级法将上海市 11 个区县划分为高危险区、较高危险区，中等危险区、较低危险区、低危险区。结果是中心城区和闵行区为上海市的洪涝灾害致灾因子高危险区，奉贤区和浦东新区为较高危险区，原南汇区、宝山区为中等危险区，崇明县、松江区、金山区和嘉定区为较低危险区，青浦区为低危险区（见表4-5）。

表4-5　　　　　上海市分区县洪涝灾害致灾因子危险性指数、
脆弱性指数和暴露度指数

	中心城区	崇明县	宝山区	嘉定区	青浦区	松江区	金山区	奉贤区	原南汇区	浦东新区	闵行区
致灾因子危险性指数	75.8	42.5	47.4	39.1	25.2	35.8	43.2	57.4	53.9	62.5	67.5
脆弱性指数	20.8	30.3	16.1	22.3	33.7	31.4	21.3	24.9	30.3	27.4	20.7
暴露度指数	98.5	42.1	49.2	55.2	36.6	36.7	44.8	38.7	37.9	75.6	38.1
风险指数	63.0	37.6	36.3	37.6	31.2	33.9	35.4	39.6	40.1	53.9	41.2

注：浦东新区不包括原南汇区。

对河湖海岸因素、地形因素、土壤因素和防汛工程设计标准的归一化指标分别取0.25、0.30、0.15和0.3为权重，计算上海市洪涝灾害脆弱性指数。图4-21显示了上海市洪涝灾害脆弱性空间分布，中心城区脆弱性较低，西部脆弱性较高，此外部分沿海岸线的地带由于风暴潮的可能影响和海堤防御标准低于其他地段其脆弱性也较高，比如崇明岛的北岸和奉贤区的南部海岸地区。

根据脆弱性指数大小，利用自然断点分级法将上海市11个区县划分为高脆弱区、较高脆弱区、中等脆弱区、较低脆弱区、低脆弱区。结果是松江区和青浦区为上海市的洪涝灾害高脆弱区，崇明县和原南汇区为较高脆弱区，奉贤区和浦东新区为中等脆弱区，金山区、闵行区和中心、城区为较低脆弱区，宝山区为低脆弱区（见表4-5）。

将上海各区县的与洪涝灾害承载体相关社会经济指标数据归一化后，取人口密度的权重为0.37，GDP密度的权重为0.35，耕地比重的权重为0.28，采用加权综合评价法计算得到各区县承灾体的暴露度

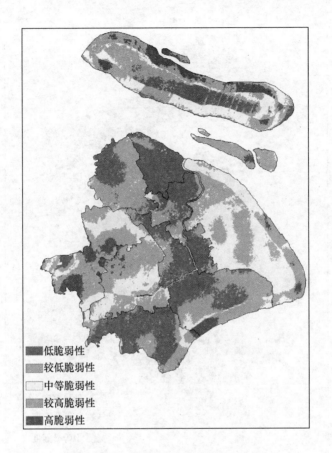

图 4 -21 上海市洪涝灾害脆弱性区划

指数，最大值是 98.5（中心城区），最小值为 36.6（青浦区）（见表 4 -5）。图 4 -22 是上海全市的承灾体暴露度指数的空间分布。分布图表明，暴露度指数最高值分布在上海的中心城区及浦东新区，最低值分布在西部的青浦区和松江区。

根据承灾体的暴露度指数大小，利用自然断点分级法将上海市 11 个区县划分为高暴露度区、较高暴露度区、中等暴露度区、较低暴露度区、低暴露度区。可见，中心城区和浦东新区为上海市高暴露度区，宝山区和嘉定区为较高暴露度区，金山区和崇明县为中等暴露度区，奉贤区、闵行区和原南汇区为较低暴露度区，松江区和青浦区为低暴露度区。

低暴露度
较低暴露度
中等暴露度
较高暴露度
高暴露度

图 4 - 22　上海市洪涝灾害暴露度区划

　　综合上述上海市防洪排涝领域的致灾因子、脆弱性和暴露度的评估结果,分别对致灾因子取权重 0.33, 孕灾环境取权重 0.36, 承灾体取权重 0.31, 得出上海市洪涝灾害的风险区划(见图 4 - 22)。中心城及周边地区由于雨岛效应的影响,洪涝灾害致灾因子危险性较高,同时由于中心城区人口及经济活动密集,承灾体暴露度也最高,所以上海市中心城区及周边区域的洪涝灾害风险最高。上海市西部地区的青浦区和松江区虽然洪涝灾害的脆弱性较高,但是由于洪涝灾害的致灾因子危险性较小，加之承灾体的暴露度在各区县中排在靠后的位置，所以总体而言洪涝灾害风险最低。崇明岛、长兴岛等由于受河网、海岸的共同影响，也属于洪涝灾害较高的区域。从总体洪涝灾害风险的区划来看，上海市洪涝灾害的风险空间分布特征表现为以中心城区为高值中心、东北高西南低的特点。

　　根据灾害风险指数大小，利用自然断点分级法将上海市 11 个区县划分为高风险区、较高风险区、中等风险区、较低风险区、低风险区。其中，中心城区和原浦东新区为高风险区，闵行区和南汇区为较高风险区，奉贤区、崇明县和嘉定区为中等风险区，金山区和宝山区为较低风险区，松江区和青浦区为低风险区（见图 4-23）。

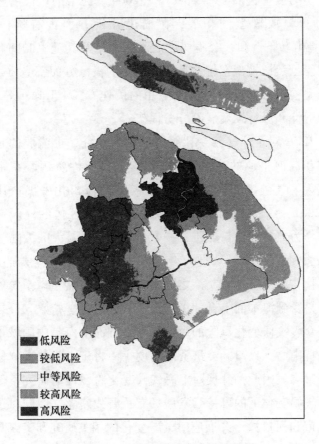

图 4-23　上海市洪涝灾害风险区划

第四节 上海市分区县气候脆弱性评估

一 研究意义和背景

20 世纪 40 年代以来，人类居住区的风险和脆弱性问题引起了学术界的关注。最初研究的重点是有风险的地区以及导致脆弱性增加的自然风险（White and Haas，1975）。O'Keefe 等（1975）提出，脆弱性的加剧是由于世界范围内的政治冲突和经济冲突导致的，强调人类活动对脆弱性的影响，此后该框架被广泛运用在环境和发展的研究领域。进一步的理论进展是 Wisner 等（2004）提出的风险容量，特别是对压力和释放模型的拓展，在描述分析方面很有价值。Cutter（1996）指出暴露性和社会脆弱度之间的关系及其随着时间和空间变化的特征。虽然该模型在解释社会脆弱性的根源方面备受质疑，但该方法是经验检验和空间地理技术应用的最佳方式。Turner 等（2003）提出了脆弱性和可持续发展的分析框架。

根据 IPCC 对全球气候变化脆弱区域的研究，最脆弱的是那些位于海岸带和江河平原的地区、经济与气候敏感性资源联系密切的地区、极端天气气候事件易发的地区，特别是城市化发展快速的地区（IPCC，2001）。河口城市是集众多敏感因素于一体的气候变化脆弱区。上海作为典型的河口城市，一方面位于全球最大的大陆（亚欧大陆）上最大河流（长江）进入全球最大海洋（太平洋）的入海口，是大陆特性与海洋特性相交汇之处，具有河口自然生态系统的脆弱性特征，极易受到海平面上升、极端天气气候事件、盐水入侵、湿地环境退化等众多气候变化风险的影响。另一方面上海是中国城市化水平最高的经济中心，人口和经济资源高度集中将进一步放大气候变化的社会经济影响。因此，开展对上海气候变化脆弱性的研究不仅对上海实现全球气候变化下的可持续发展具有重要战略意义，同时也对其他海岸带城市和河口城市开展应对气候变化的相关研究和实践具有一定的借鉴价值。

根据徐家汇气象站 1956—2006 年平均气温计算，上海城区气温在 50 年间上升了 2.2℃。这种气温上升的变化主要体现在两个方面：一方面是平均最高气温和最低气温的上升；另一方面是城郊温差的增大。如浦东新区平均城郊温差为 1.02℃。结合任国玉（2005）对长三角区域年平均气温变化的研究成果看，上海市的季节和年平均气温变化高于全国和长三角的平均变化水平 2 倍。综合分析，上海快速的城市化建设中工业废气的排放、城市环境的污染、城市规划的热岛效应等均是气候变化显著的主要诱因。

二　相关概念及文献综述

根据 IPCC 第四次评估报告（IPCC，2007），脆弱性可以理解为，一个系统面对气候变化（包括气候变异和极端气候）的负面影响时的敏感程度和无法应对的程度。脆弱性是系统的暴露度、敏感性和适应性，以及气候变化的速度、特征、级别等的函数（IPCC，2007）。脆弱性一方面取决于系统外部因素的影响，即系统暴露于气候风险的程度；另一方面取决于系统内部因素，即系统敏感性及适应能力。暴露度指的是给定地点对气候刺激的预期变化。例如，在海平面上升情况下沿海地区比内陆地区的暴露度大，而在温度升高情况下内陆地区比沿海地区的暴露度大。敏感性代表了一个系统受气候变化直接或间接影响的程度。例如，气旋对于一个大城市的影响远大于一个无人居住的地区，温度升高对于需要在冬季经受霜冻的作物的影响远大于热带植物。暴露度和敏感性构成了气候变化的潜在影响，可以通过个体或者系统的适应能力来削减其负面影响。适应性指的是成功应对气候变化的能力或者潜力，包括行动、资源和技术的调整。它是由一个社会或者系统的金融、人力、技术、基础设施、体制和自然资本构成的。气候脆弱性评估对城市管理者及个人和社区认识气候变化、理解气候变化的影响、了解适应能力等方面有重要作用。脆弱性评估旨在界定脆弱群体、脆弱区域和脆弱部门，并在脆弱性分析的基础上，充分了解各脆弱性的核心要素以及相应的适应性。

脆弱性评估不仅涉及时间、空间的脆弱性变化，同时也涉及由人类活动和人类系统如政策、决策所衍生的脆弱性（Cutter，2003）。脆弱性评估框架包括外部维度（暴露度）和内部维度（敏感性和适应性），这是全球环境变化和气候变化研究中的最常用框架（Fussel，2007；Fussel and Klein，2006）。城市居民面临着气候变化带来的海平面上升、干旱、热浪、洪水等风险，但仅仅关注这些自然灾害的暴露度还远远不够，在评估适应能力和适应行动方面，还需要将城市恢复力、发展、社会、经济、公平、治理结构等纳入分析框架。

三　上海气候变化脆弱性评估

脆弱性评估作为影响评估的第二代方法学，有助于分析城市地区这种具有高度复杂性的人类社会与自然环境相互作用、密切关联的社会—生态系统（Social – Ecological System，SES），可以单独作为评估工具使用，其结果能够为适应政策提供决策依据。

（一）人口暴露度分析

根据 IPCC 的分析框架，脆弱性涵盖暴露度、敏感性和适应性的分析。在现有的文献研究中，对暴露度的区分一般分为两种情况：人口暴露度和资产与基础设施暴露度。

脆弱性 $(V) = f\{$暴露度$(E) \times$敏感性$(S) \times$适应性$(A)\}$。

其中：暴露度指标越大则表明在同等程度的灾害风险侵袭下，系统的脆弱性越高，潜在的影响越大。可以用总人口或地区的人口密度等指标来反映。随着上海地区的人口密度逐年增加（见图 4 – 24），上海在气候变化背景下的风险暴露度也在逐渐增加。

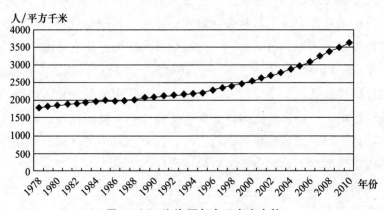

图 4 – 24　上海历年人口密度走势

（二）气候敏感性和适应性分析

脆弱性指标包括了反映气候敏感性和适应性的指标，例如敏感人群包括老弱人口、外来人口等群体，相关指标可以作为敏感性指标；此外，还可以考虑反映城市人居环境脆弱性的老旧城区建筑比重，反映气候灾害敏感性的历年气象灾害伤亡人数、出警率指标，以及反映气候风险暴露度的人口密度指标。在适应性指标的选择上，人均GDP反映经济发展水平提高对适应能力的贡献，人均财政支出与地均财政支出可反映与适应基础设施相关的公共投入，每千人中卫生技术人员数反映公共医疗方面的适应能力，人均城市绿地面积反映各区县的生态环境适应性。某一地区结合暴露度、敏感性和适应性之后的综合排名越靠前，则在气候变化条件下越脆弱。所有指标的数据来自《上海统计年鉴》（2011）和上海气象局提供的数据。

（三）上海分区县的脆弱性因子分析结果

从因子分析的结果可见，上述所选的11个指标可以归入5个公共因子，分别界定为经济发展因子、气候敏感性因子、生态环境因子、社会脆弱性因子和基础设施因子（见表4-6）。

表4-6　　　　上海分区县气候脆弱性因子分析结果

	公共因子（权重）				
	经济发展因子（34%）	气候敏感性因子（32%）	生态环境因子（13%）	社会脆弱性因子（12%）	基础设施因子（9%）
人口密度	**0.564**	-0.322	0.486	0.377	0.404
地均财政支出	**0.931**	-0.225	0.196	0.106	0.161
人均GDP	**0.981**	0.006	0.164	0.023	0.025
人均财政支出	**0.980**	-0.116	-0.118	0.049	-0.015
每千人中卫生技术人员数	0.224	**0.653**	0.318	0.588	-0.129
17岁以下及60岁以上人口数	-0.294	**0.927**	0.064	0.042	-0.090
110气象灾害事故出警率	-0.106	**0.937**	0.029	-0.146	-0.093
历年人员伤亡总数	-0.066	**0.928**	-0.150	-0.111	0.074

续表

	公共因子（权重）				
	经济发展 因子 （34%）	气候敏感 性因子 （32%）	生态环境 因子 （13%）	社会脆弱 性因子 （12%）	基础设施 因子 （9%）
人均城市绿地面积	− 0.261	− 0.047	**− 0.952**	0.002	− 0.035
外来人口比重	− 0.335	0.367	0.058	**− 0.814**	− 0.213
旧式里弄和简屋占 各城区总建筑面积的比重	0.458	− 0.257	0.077	0.152	**0.822**

1. 经济发展因子

经济发展因子主要反映了人口密度、人均 GDP、地均财政支出和人均财政支出指标的信息。这说明在城市化和经济发展的推动下，伴随着人均 GDP 的增长，各区县的公共财政支出也随之增加。人口密度与人均 GDP 相关程度较高（0.64），说明城市集聚效应导致人口与财富增长具有一致性。

2. 气候敏感性因子

这一因子主要反映了每千人中卫生技术人员数、老弱人口数（17岁以下及 60 岁以上人口数）、110 气象灾害事故出警率和历年人员伤亡总数 4 个指标的信息。这几个分别衡量医疗卫生投入水平、气候敏感人口、气候灾害敏感性的因子，之所以归入同一类因子，是因为这些因子背后有着共同的影响因素，也就是气候敏感性。医疗卫生投入、老弱人口与灾情指标的相关性，说明医疗卫生投入这一适应指标实际上是受到各区县气候敏感性驱动的，是一种自发性的适应过程，而老弱人口与灾情的关联，表明老弱人口的确是容易受到气候灾害影响的脆弱群体。

3. 生态环境因子

人均城市绿地面积能够较好地反映不同城区的生态环境特征，人均绿地面积高的城区，有助于减缓城市热岛效应、净化空气污染，同时也有助于滞纳城市降雨，减缓暴雨导致的城市灾害问题。此外，城市绿地等开放空间还能够为避灾提供有利场所，上海市许多城市公园都设置了防灾避难区域。

4. 社会脆弱性因子

外来人口比重这一指标之所以被界定为表征社会脆弱性的因子，主要是由于城市外来人口中有很大比重是缺乏户籍与社会保障的外来务工群体，即使是那些具有较高受教育水平的高收入就业者或短期商务旅游人员，在社会资本、信息获取和社会交往等方面，与常住人口相比，也具有更多的脆弱性。

5. 基础设施因子

旧式里弄和简屋占各城区总建筑面积的比重有较大差异，主要分布在人口和建筑物密集的中心城区，部分老旧城区（如虹口、闸北、卢湾、黄埔、杨浦区等）的城市基础设施（如住宅质量、排水管网、道路交通等）建设或改造较为滞后，导致这些地区容易遭受城市热岛和水患的影响。

根据不同因子的权重及得分，可计算上海各区县的气候脆弱性综合指数并进行分类，绘制上海分区县气候脆弱性综合评估区划图（见图 4 - 25）。

分析上海各区县在各因子上的脆弱性指数及其差异，可知：

第一，最脆弱的为浦东新区。浦东新区靠近沿海，经济资产和人口容易受到台风的影响。与之相比，崇明岛的适应性较强，主要是以历年人员伤亡总数和 110 气象灾害事故出警率反映的气候敏感性较小，如果考虑到农业受灾的影响，适应性指数会有所变化。较脆弱区域静安、黄浦、卢湾等老旧城区比重较高，人均绿地面积等指标得分比其他地区低，使得综合评分较低。这说明人口和建筑物密集、基础设施老化的老旧城区需要重点关注。

第二，除了上述区域，其他城市中心区及外围郊区都表现出较强的适应性特征。但是具体分析各区县不同因子的得分情况，又有一定的差异性。例如，中心城区财政支出和人均 GDP 较高，远离沿海台风侵袭地域，公共财政投入和社会发展水平较高，因此综合应对能力较强。但是城市中心区需要进行合理的人口布局规划、限制中心城区

图 4–25 上海分区县气候脆弱性综合评估区划

人口增长、适当增加城市绿地面积，否则将来也会容易受到城市高温、水患等气候风险的影响。

此外，外围城郊区县在适应性方面表现较好的是人口密度指标和人居环境。因为位于内陆区域，遭受气候灾害的影响相对较小，气候敏感性指标得分相对较低；脆弱性主要表现在外来人口指标，由于人口密度远比市中心地带低，居住成本也相对较低，因而外来人口分布多集中在这些区域。但是由于社会脆弱性因子的权重较小，因此相对于其他区县，这些外围郊县总体适应性较强。

四　结论与政策建议

根据上述分析，上海分区县的经济发展水平与其气候适应能力成正比。经济发展程度越高，则气候变化背景下的适应能力越强，这与地区应对气候变化的适应性投入有关系。从上述分析中我们可以看出，上海周边沿海地区的气候变化脆弱性程度较高，不仅因为其敏感性高（沿海地区），还因为其适应性较低（经济发展水平相对较低）。因此，针对内陆和沿海地区的气候变化脆弱性不同，所采取的适应对策也会有差异。对于内陆城区而言，建设良好的基础设施、便利的交通、适宜的居住环境等是适应投入的重点，而对外围沿海郊区而言，需要通过新技术创造更适合郊区产业发展和种植业发展的环境，以更有效地应对气候变化。

第五节　城市密集区的气候风险与适应性管理：以上海为例 *

气候变化影响的事实与脆弱性评估已经引起学术界的广泛关注，目前的气候风险研究多集中在脆弱性和适应性评估，即对风险的量度和评估。但理想的风险管理是尽可能地将最大损失及最可能发生的风险事件优先处理，即风险管理的绩效关键在于优化抉择的过程。利益相关方分析法为风险管理的优化过程提供了直接的主观评价。近年来，气候极端事件频发，人口和产业相对集聚的城市密集区正在遭遇日趋严重的气候风险挑战。本书选择上海为研究对象，试图在评估城市密集区气候风险驱动因素的特殊性基础上，分析其气候风险的优先行动领域。

＊ 原载宋蕾《都市密集区的气候风险与适应性建设：以上海为例》，《中国人口·资源与环境》2012 年第 11 期。有修改。

一 问题与背景：城市密集区气候风险凸显

中国的城市化已经进入快速发展的高潮期，城市发展的中心集聚化和区域集群化趋势日益明显，并形成了以特大、超大城市为核心，若干不同规模的城市（镇）相对集聚发展的城市密集区。城市密集区具有要素集聚能力强、人口密集、城市空间格局紧凑等特点。以长江三角洲、珠江三角洲和京津冀为例，三大城市密集区在 2% 的国土面积上，集聚了超过 12.5% 的常住人口，创造的国内生产总值占全国的37.7%。但快速的城市化与频繁的气候灾害相互叠加，不断加剧城市密集区的气候风险。一方面，膨胀的人口和集聚的工业生产，消耗大量能源，使得城市密集区与周边地区的局部气候相比，呈现出"热岛"效应、"雨岛"效应、"干岛"效应，增加了区域气候风险因子的危害性；另一方面，在全球气候变化的背景下，海平面上升、热浪、干旱、暴雨、台风等极端天气气候灾害等越来越频繁，规模庞大的城市密集区，更容易遭受灾害影响，其发生机理和表现形式也更加复杂，灾害风险预测和管理的难度较大。

如在气候变化背景下，海平面上升使海水的地下潜渗和地面浸渍进一步加剧。2011 年春夏之交，受长江中下游 50 年来最严重旱情影响，长江来水量严重不足，减少了约 50%。长江水量不足引来海水倒灌，使上海在四五月出现了原本在冬季才会出现的罕见严重咸潮。2011 年 4 月 19—29 日，上海经历了"历史同期之最"的咸潮，持续了 9 天 16 个小时。在长江边的陈行水库，取水口氯化物最高达 1058毫克/升，给原水供应造成较大风险。到 5 月 19 日凌晨 3 时，上海陈行水库遭遇了 2010—2011 年度的第七次咸潮入侵，2300 万人口的饮用水安全受到威胁。

高温热浪是气候变化和城市化共同作用的典型性气象灾害。暴雨洪涝也正成为城市密集区频发的气象灾害。2011 年长江中下游流域先后多次遭遇强降雨过程，局部洪涝灾害造成城市电力中断、交通瘫痪、污染扩散、食品供应链断裂、工农业生产受损等，极端气候事件"牵动"了脆弱的城市系统功能。此外，气温升高、台风增强等引发的大气污染扩散、恶性水事件等加剧城市环境灾害，以及洪水、山体滑坡、建筑物倒塌等次生灾害。

可见，尽管城市密集区的社会经济发展较快，基础设施也较为完善，但其作为巨大的承载体，更容易遭受重大灾害损失。因此，城市密集区的气候风险分析和适应能力建设是必要且亟须的。

二　城市密集区气候风险特征

（一）气候风险的影响因素

所谓气候风险是指气候变化危险可能对自然生态系统和社会经济系统造成的各种具体的负面影响（如作物减产、财产损失、人员伤亡）。直接的气候风险是指极端气候事件、未来不利气候事件发生的可能性和可能损失；间接的气候风险是指气候变化风险影响与承灾体脆弱性之间相互作用而导致的社会经济与资源环境的可能损失。

气候风险由许多因素决定，包括灾害频率、人口以及经济发展、教育、环境品质、卫生设施等因子的气候脆弱性。本书对气候风险的表述，其概念性公式如下：

$$气候风险(R) = f \{气候危害发生概率(H)；脆弱性(V)\} \quad (4-1)$$

其中，脆弱性是指系统容易受到（或无法应对）气候变化（包括气候变率和极端事件）不利影响的程度。脆弱性取决于两个方面：一是系统外部因素的影响，即系统暴露于气候风险的程度；二是系统内部因素的影响，即系统敏感性及适应性。因此公式可以表示为：

$$气候风险(R) = f \{气候危害发生概率(H)；暴露度(E)；适应性$$
$$(AP) \} \quad (4-2)$$

从式4-2看，气候风险来自三个层面：

一是气候灾害层面，即气候致灾因子及其致灾频率。其包括长期的气候变化，如温度、降水的变化，海平面上升等；以及短时间的气候灾害，如干旱、暴雨洪涝、热带气旋（台风）、沙尘暴、低温冷冻灾害和雪灾、雾、雷电、高温热浪、酸雨等因子。不同城市面临的气候灾害风险有差异。

二是区域系统在气候变异中的暴露度，即人口和社会经济环境受到气候异常的影响程度。暴露度越高，其遭遇气候异常影响的可能性越大。暴露度主要取决于区域所处的地理位置（如距离川河的距离）、区域的人口密度和人口结构（脆弱人口比重）、脆弱性产业比重（如水利、农业和粮食安全、林业、健康和旅游业比重）等。可见，决定系统暴露度的因素与城市化的水平、区域的集聚度和工业化水平相关。

三是区域系统的适应性。系统的适应性不仅体现在"硬能力"如气候防护基础设施（土地规划、农田保护、建筑加固、防护堤坝等）、气候容量（森林覆盖率、资源环境容量等生态支撑能力）、人口和经济恢复力（卫生医疗、可支配财政收入等）上，还体现在制度和治理的"软能力"上，如气候风险认知水平、气象防灾减灾教育、气象灾害监测预警、风险分担和转移机制以及灾害保险体系建设等。

（二）城市密集区气候风险的特征分析：以上海为例

长三角城市密集区的气候风险受城市化和经济社会发展程度等因素的影响（见表4－7），其暴露度、脆弱性以及成灾机理等气候风险特征具有一定的特殊性。以上海为例，从四个维度——气候致灾因子、生态环境因素、人口因素、社会经济因素——分析城市密集区气候风险的特征。

表4－7 气候风险的驱动因素评价表

		气候因素	资源环境	城市化	经济活动	人口增长
直接气候风险	海平面上升	√	—	—	—	—
	暴雨	√	—	—	—	—
	台风	√	—	—	—	—
	高温热浪	√	√	√	—	—
	城市内涝	√	√	√	—	—
间接气候风险	交通等基础设施供给紧张	√	√	√	√	√
	环境污染	√	√	√	√	√
	农、林、渔业等经济受损	√	√	—	√	√
	人体健康	√	√	√	—	√
	建筑物坍塌等次生灾害	√	√	√	√	√

1. 气候致灾因子

主要指不利气候事件发生的频率，以及可能导致的社会经济损失。上海地处长江三角洲东端，海岸线长约 172 千米，而上海境内地势平坦，且地处环太平洋沿岸的主要自然灾害带，每年自然灾害较多，尤其是洪涝灾害最为突出。基于上海市气象局的气象数据和灾情数据，上海市的主要气候致灾因子包括台风、暴雨洪涝和大风（见表 4 - 8）。其中，暴雨洪涝、台风和雷电的致灾频率较高，台风和暴雨洪涝对上海农业发展的影响最为突出，雷电导致年均死亡人数最多。

表 4 - 8　　　　　　　上海市各灾种年均致灾程度比较

灾害种类	发生频次（次）	年均经济损失（万元）	年均农业受灾面积（公顷）	年均死亡人口（人）
台风	143	8895.7	8529.0	2.4
暴雨洪涝	163	2315.0	6501.9	1.1
大风	90	618.6	530.7	1.8
龙卷	48	437.6	756.5	2.0
雷电	142	149.9	231.8	3.4
大雾	35	0	0	1.3

资料来源：上海气候中心。

2. 生态环境因素

生态环境的恶化或城市生态服务功能的下降，可能降低生态系统恢复力。尽管自 2003 年以来，上海中心城区的生态服务功能价值总量呈现出缓慢上升趋势，特别是绿地的生态系统服务功能增加幅度较大，增长率为 19.45%。但较 60 年前的生态服务价值总量，已经减少了 87.96%。上海作为中国最大的经济中心，城市规模不断扩大，其高强度的开发，对城市生态环境容量提出严峻挑战，其中，水环境、耕地和生态多样性的服务功能显著下降。以水为例，上海市在长期高强度开发的驱动下，大量河道被填埋，河道淤积情况严重，河网水系呈现锐减趋势，1990—2009 年期间，上海市河网密度由 6.5 千米/平方千米降至 3.4 千米/平方千米，河网密度下降了 67%，其中 200—

1000 米的中小河道消减最快，占总消亡河道的 60%。在土地利用方面，激增的土地需求，造成土地利用结构、布局和强度的不合理化，同时加剧城市环境容量的下降。如耕地、土壤、水面等逐渐减少，城市的不透水表面不断增加，加剧了城市热岛效应。上海城区人口规模每增长 100 万人，可导致热岛效应强度增加 0.91℃。而土地的立体化使用使城市建筑密集，大气扩散能力降低，上海城区气候环境的脆弱性增加。上海市的气候敏感地带主要分布在河口的沿岸、水源地和生态湿地等生态功能型区域。

3. 人口因素

气候风险的人口因素主要包括两个方面：人口密度和人口结构。2010 年，上海的人口密度已经膨胀至 3632 人/平方千米，比 2000 年的 2588 人/平方千米增长了 40.3%，成为全国人口密度最大的城市。而上海 50% 以上的人口居住在占全市总面积 1/10 的中心城区，最为密集的虹口区人口密度高达 36299 人/平方千米，黄浦区、静安区和卢湾区的人口密度也都突破 30000 人/平方千米。内密外疏的人口分布格局给中心城区的基础设施、各种资源供应和防灾减灾带来巨大压力，增加了城市暴露于异常气候的风险。此外，上海的人口结构也存在气候风险的不利因素。上海潜在的气候脆弱人口（17 岁以下少年和 60 岁以上老年）占总人口的 33.8%，且 80 岁以上高龄人口呈现出增长态势。这些因素都可能会导致上海灾害风险的增加。但是，自 2002 年以来，上海的贫困人口不断下降，贫困人口的气候适应能力相对得到改善。2007 年上海城市低保人口仅为 33.94 万，贫困发生率为 2.84%。

4. 社会经济因素

上海作为中国最大的经济中心之一，2011 年全年生产总值为 17165.98 亿元，工业总产值为 31038.57 亿元，工业贡献率为 66.6%，但上海的大型工业企业或园区如上海石油化工股份有限公司、临高新城机械装备业、外高桥电厂、石洞口电厂、上海化学工业园区等，主要集中在沿江沿海的气候脆弱带。泰国多数工业特别是汽车制造业也多"临江而建"，而 2011 年的洪水直接冲击了泰国的经济命脉，并造成 4750 亿泰铢工业损失和 1480 亿泰铢的出口损失。可见，上海的工业发展存在潜在受灾风险。一般而言，农业是主要的气候脆弱性产业，上海年平均农业受灾面积为 16549.9 公顷，但由于农业产值仅占上海生产总值的 1.67%，上海农业受灾损失对城市经济发展命脉影响不大。

三　基于参与式研究的上海市气候风险分析

（一）参与式利益相关方分析法

目前，国内外学者对气候风险的分析多基于气候危害和脆弱性评估，而适应性政策研究则多基于脆弱性评估模型和成本收益分析法。脆弱性评估和成本收益分析可以帮助中央和各级地方政府制定行之有效的气候适应行动方案，但成本收益分析只能评估预期政策的经济可行性或已经实施政策措施的经济效率，该种分析方法无法为非货币性适应收益评估提供科学依据。为此，笔者拟应用参与式利益相关方分析（Participatory Stakeholder Analysis）方法来探讨上海气候风险的适应措施和优先行动领域。

基于参与式利益相关方分析的气候风险评估和适应性政策探讨目前较为少见。所谓"参与式利益相关方分析"是指让利益相关方通过参与打分排序、画关系树图等研究活动，来评价他们在发展干预中的相应兴趣、需求、能力和影响（权力）等，从而确定如何才能使得各利益相关方在发展干预的设计和实施过程中相互协调，以及某一方做出负面反应的风险所在的一种方法和过程。

值得注意的是，参与活动的利益相关方不是被分析的对象，而是研究团队的成员，参与分析他们自己的生存状况、处境风险、需要解决的问题和行动方案。因此，参与式利益相关方分析过程也是利益相关方的认知过程和行为改善过程，而研究成果则充分体现他们的视角、观点、现状与需求。

利益相关方包括发展干预中的主要角色和其他利益相关方。本节以上海为例，界定利益相关方为三个群体：一是市政管理机构，他们是上海城市密集区气候适应行动的主要干预者和实施者，包括城市规划、水利、交通、医疗卫生、林业、减灾（三防办、应急办等）多个政府部门；二是气象领域专家，主要包括上海气象局工作者、气候应对的相关科研人员；三是社区居民，选择徐汇区部分居民为研究样本。受访的利益相关方通过参与式行动性研究，了解他们面临的主要气候风险、气候风险的影响认知和适应性建设需求。

参与式行为性研究的工具包括半结构性访谈、图解（问题树图、决策树图等）、打分排序、关键指标（目标、成果、绩效等）和案例研究等。本节中主要应用了前三种分析工具，即半结构性访谈、图解和打分排序方法。

（二）利益相关方对上海气候风险的认知

2011年课题组对上海市政管理机构（政府）、气象领域专家和社区居民分别开展调研和访谈，基于利益相关方的认知和切身经历，了解他们对气候风险的关注领域。访谈结果如表4-9所示。

表4-9   让利益相关方印象深刻的上海市极端气候事件

气象领域专家	市政管理机构	社区居民
1977年8月21日特大暴雨；2009年8月25日暴雨；2001年8月5日暴雨	2008年低温冰冻，骨折患者增多，食品、应急物品短缺，输电线路受损	特大暴雨，黄浦江决口，水漫南京路
1987年12月持续浓雾，轮渡全停	台风，基础设施遭破坏，折断树木影响交通	龙卷，掀掉房子一角
1997年太湖流域大水；1999年上海大水	暴雨，城市排水险情；市区垃圾无法运出，居民上访	四季不分明，春秋缩短；冬天变冷；高温低温差距大
2003年8月，持续高温10天以上；2010年8月高温	城市绿化带树木的花期异常，以前的梅前杨花变为梅中杨花	暴雨，容易积水，水至膝盖
2004年12月30日低温冰冻雨雪；2008年低温冰冻	高温，中暑人员增多	梧桐树的杨花特别多，7月还在飘
2005年8月麦莎台风	—	气温的变化，影响心情，暴躁
2010年4月东方明珠遭雷击		
2011年1—5月持续5个月的干旱		

气象领域专家更多关注气候变化的特征和致灾因子，特别是风暴潮、高温、洪涝、冰冻、干旱和雷电等让他们印象深刻。市政管理机构主要关注了气候风险的社会经济影响。如"台风、暴雨导致户外广告、树木倒伏，影响交通运营""风暴潮导致市区垃圾无法航运至南汇老港填埋场""城市积涝"，以及农作物受损、人员伤亡等。社区居民主要关注气候风险的影响结果，即气候风险的损失。比较三组利益相关方的访谈结果，他们均认识到台风、暴雨和高温是上海的主要气候风险，且居民从自身感受的角度提出，高温（如热浪）对老人和儿童的健康影响更为显著。气象领域专家表示基于气象监测技术水平，台风和高温的气象预报准确率较高，暴雨的预报准确率相对偏低，但高温的预报和预防的行动措施尚待加强。而防洪防涝是市政管理机构主要关注的适应性问题。

整体而言，政府和公众对气候风险的认知差距较大，特别是居民对气候风险的认知呈现"依赖"心理。访谈过程中，居民们表示在参与调查之前"感觉气候变化和我们没有关系""这是全球性的问题和政府的工作""我们没有什么可以做的"，可见居民对气候风险认知的不足，也是导致城市密集区气候脆弱性的因素之一。

（三）对上海气候风险的影响分析

2011年7月，课题组邀请上海市节能减排与应对气候变化领导小组的部分成员单位的决策管理者参与了"上海市气候风险评估"研讨会。这些部门包括规划、应急、水务、城市绿化和市容、卫生、农业、气象等。

针对这些应对气候风险影响的部门，研讨会通过打分排序等参与式评估方法来评价它们认知的气候变化影响因素和影响程度。

从参与式评估的结果来看，市政管理机构和气象领域专家都认为，上海气候致灾因子为台风、高温和暴雨，而它们对社会经济的影响集中在交通运输、能源、农业和城市积涝。但是气象领域专家和市政管理机构的认知存在差异。气象领域专家认为，上海农业生产受到气候变化的影响最大，其次是能源供应和交通运输。但市政管理机构对农业受气候风险的影响缺乏认知，它们也表示上海在农业气候风险防范方面的投入较少。市政管理机构认为，城市交通和能源供应受气候影响的潜在风险最大。上海作为能源输入型城市，所需能源资源基本上全靠外省输入或从国外进口。因此，气候变化对上海能源供应和安全的影响是上海经济社会发展必须面对的考验。

（四）上海气候风险的适应需求分析

气候适应是指生态、社会和经济系统对实际或预期的气候变化影响做出的一种调整反应。潘家华和郑艳（2010）将适应的方法分为工程性、技术性、制度性三种类型。工程性适应活动主要包括修建水利设施、环境基础设施、跨流域调水工程等；技术性适应包括研发农作物新品种、开发生态系统适应技术等；制度性适应指通过政策、立法等制度化建设，促进相关领域增强适应气候变化的能力，如碳税、流域生态补偿、科普宣传等措施。

调研结果发现，上海市政管理机构和社区居民对气候适应需求的认知存在差异。上海居民认为高温和暴雨对自身的影响最大。通过访谈发现，上海多数居民对市政府的城市积涝治理工作较为满意，但认为上海市应对高温的措施，如气象异常的早预报、医疗救助、用水用电压力缓解、热浪危害知识普及等还有待提高。

上海市政管理机构认为台风和暴雨对基础设施的影响最大，因此，其对暴雨洪涝的适应举措较为关注。从如图 4 - 26 看出，上海适应暴雨灾害的需求主要是增量型适应，即在对原有适应措施的基础上作增量投入。

以上海应对暴雨洪涝的工程性措施为例。上海在城市排水系统的基础设施建设方面已经进行了较大投入。截至 2010 年，全市共有公共排水管道 11488 千米，在全国处于领先地位。自 2008 年以来，上海积极开展道路积水点的改造工程。现在每年市区所有排水管道平均会疏通 2 次，排水管道的排水功能得到明显提升。但由于上海市区铁轨交通的规划，挤压了地下排水管道的铺设空间，甚至常常会导致排水管位被迫下穿、上穿、改道或者截断，从而影响排水能力。总体而言，上海的排水系统建设仍然滞后于城市发展。此外，上海由于城市化引起的透水面积不断增加，减少了集水区地表的入渗能力和滞蓄能

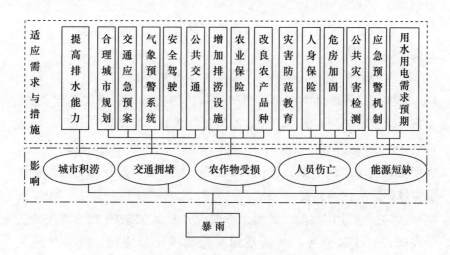

图 4-26　气候适应行动对策树

力。因此，上海需要改善城市集水区的规划，强化河道治理和河道沿岸生态修复工程。

四　上海市适应气候变化的政策建议

1. 上海市在增量型适应建设上具有较大空间

上海市应加强土地利用与城市交通的耦合发展，将城镇体系的规划与区域性公共交通体系结合，控制无序出行，降低交通的能耗；通过开展气候影响预报项目等制度建设，提高交通系统在极端天气下的适应能力，提出气候变化对重大工程、城市建设、人体健康等的影响及相应的应对措施；通过技术培育，加强气候变化背景下农业种植区划和作物种植气候适应性分析，培育抗逆性强、高产优质的作物新品种，采取防灾抗灾、稳产增产的技术措施，预防可能受气候影响而加重的农业病虫害；通过生态保护和改建等工程，提高城市河道、绿地等的生态环境容量。

2. 政府气候适应建设的投入要充分体现公众对气候适应的需求

如居民对高温热浪的关注。高温天气是一种特别的灾难，特别对穷人、老人、儿童等社会弱势群体容易造成影响。高温天气作为上海的重要气候影响因素之一，已经对城区居民的生活产生不可忽视的影响。上海政府应该重视日益频繁且持续时间更长的高温及其影响，需建立一套城市热灾管理体系，并逐步完善医疗卫生等配套设施和保障制度。

3. 加强防灾型社区建设，降低人口脆弱性

防灾型社区建设不仅可以提高公众的防灾意识，增强自救能力，而且有助于增进公共部门、气象专家和公众的信息交流与合作，提高适应性建设的公众参与程度，形成多元主体参与的气候治理结构。防灾型社区建设，首先要确定不同社区的气候风险，对社区的气候脆弱性领域和适应性进行排序，从而制定社区减灾计划。其次，在防灾型社区的适应性建设投入方面，即要弥补社区欠缺的常规型气候适应设施，如社区公共空间的规划改造和绿化带建设、减少贫困人口、增加社区公共卫生服务点等，也要充分利用社区的现有公共资源做好适应型增量建设，如危房改造、大型公共空间设置防灾设备等。

4. 在开展气候适应行动的同时，注重城市规划对气候减缓和适应的协同效用

一方面，上海的社会经济和生活方式呈现典型的能源强依赖，应通过推进低碳技术和产品的生产和使用，加大垃圾回收处理和生态综合治理力度，建立绿色工业体系，推动产业的低碳化发展和社会生活方式朝着低碳方向转型，从而将上海发展从对能源强依赖型转变为弱依赖型。另一方面，应通过合理的城市发展规划，解决地下空间不断被电力、热力和电信等管道占据的问题，推动地下排水管网的设计改造；通过合理规划，提高土地利用结构、布局和强度的合理化，缓解城市交通拥挤现象，降低机动车尾气排放，改善城市气候环境；通过合理规划，提高城市生态系统服务价值，遏制水面率降低的趋势和保障河道通畅，降低城市硬地化率，提高城市气候影响的生态恢复力。

五 结论与讨论

基于以上分析，中国城市化进程正处在快速发展的高潮期，城市人口的集聚不断挑战城市密集区的土地规划和城市管理制度的设计能力、财政资源的集聚能力、环境容量和都市气候容量的承载能力。城市密集区的气候风险主要在于以下几个方面：一是处于沿海气候高敏

感带的城市密集区，也是中国经济发展最快的地区，风暴潮、海平面上升、咸潮入侵等危害不断增大，不断威胁城市生命系统；二是人口老龄化和人口密度不断增加提高了人口的暴露度；三是气候变化和大规模城市化对生态系统的叠加影响，导致环境恶化和资源短缺加剧，生态恢复力不断下降；四是城市密集区多处于工业化进程，尽管对气候变化敏感的第一产业比重下降，但密集区工业发展对能源、水资源的需求等呈现出强依赖，第二、第三产业发展存在对气候变化的不适应性。

城市密集区的城市生命系统较为完善，但面对日益频繁的气候风险，需要开展增量型气候适应，需加强生态性适应、技术性适应和制度性适应措施。一方面，长三角区域是我国自然生态系统最脆弱的区域之一，因地制宜地实施生态性适应措施不仅可以减缓暴雨、热浪等气候变化的不利影响，而且可以涵养水源、保持水土、增加城市环境容量，降低城市化在气候风险中的负面影响。另一方面，城镇体系中土地利用、交通和产业发展的合理规划对城市气候的减缓和适应具有良好的协同效应。此外，对上海的适应需求分析表明，不同的利益群体对气候风险的感知和适应需求不同。因此，城市气候风险的综合防御性工程建设不仅需要资金支持，还需要通过制度建设鼓励多方利益相关方的参与。

第六节　上海市气候变化风险的社会调查研究[*]

在全球变暖和城市化双重背景下，上海的气候和环境发生了明显的变化。这些变化对于人口密集、经济财富总量不断提升、生态承载力不断减弱的上海而言，将会造成新的巨大威胁。为了解气候变化背

---

　　[*] 摘自吴蔚、田展、郑艳、刘校辰、王蔚等《上海适应气候变化的风险认知和治理现状调研报告》，2012 年度中国气象局优秀调研报告。有修改。

景下上海各领域的主要风险、应对气候变化风险所面临的主要问题、可能采取的对策以及未来上海在适应气候变化方面的政策期望和发展重点，上海市气候中心联合中国社会科学院城市发展与环境研究所，在 2010—2013 年先后组织了多次针对不同利益相关方的群体调研和座谈会，包括决策管理者、社区居民等，了解上海气候变化风险认知及适应机制的相关情况。

一 调研背景

作为最受关注的全球性环境问题，应对未来气候变化引发的灾害风险已经成为越来越多人的共识。据 IPCC 预估，到 21 世纪 50 年代，海岸带地区，特别是在南亚、东亚和东南亚人口众多的大三角洲地区将会面临最大的风险（IPCC，2007）。尤其是城市地区，由于集聚效应，人口、建筑物和物质财富密集，气候灾害风险暴露度高，气候风险日益凸显（World Bank，2011）。河口城市是人口、资本和资源高度集中的城市复合系统，丰富的水资源、优质的土地资源和便利的交通为城市快速发展提供了基础，对区域及全国的社会经济发展起着重要作用。但是，河口城市易受到海平面上升、台风、风暴潮等气候变化或极端气候事件的威胁，会导致生态破坏、生物多样性减少、海水倒灌、城市内涝等多种灾害，造成城市能源供应紧张、交通中断、水质污染等社会经济影响。

长三角地处东亚季风区，是我国东部经济最发达、城市最集中、人口最密集的地区。近 50 年来，尤其是改革开放以来，伴随着快速城市化和工业化，长三角的气候和生态环境发生了明显变化。上海市位于长江入海口，是典型的三角洲型河口城市，是集众多敏感因素于一体的气候脆弱性地区。研究表明，近 50 年内长三角年平均气温都呈现增长趋势，上海作为我国城市化发展水平最高的城市，20 世纪 80 年代以来，已经进入近百年来的第二次增温期，气候变暖趋势显著。此外，与其他三角洲内的城市相比，上海在年降水量、相对湿度、风速、日照等气象要素上均呈现出较为明显的变化特征。在城市化和工业化的推动下，城市热岛效应明显，城市暴雨洪涝灾害增加。气候事件并不一定转化为灾害，其中的关键因素是通过气候适应降低气候脆弱性。

二 调研方法和内容

调研采取利益相关方调查和参与式评估相结合的方法，包括焦点小组访谈、专家座谈、入户调查和问卷调研等。

调研对象主要包括三个层次：首先，对上海市气象局、浦东新区气象局进行访谈，了解从气象工作者角度所认知的上海市气候变化事实和面对的主要困难、障碍以及现有的适应对策；其次，对上海市和浦东新区市政管理、交通、能源、水利、卫生、教育等领域的专家进行访谈和问卷调研，了解上海市典型城区的发展现状及特点（减排、适应、城市规划、人口和生态环境、"十二五"发展重点）、上海应对气候变化风险所面临的主要问题和困难以及各部门采取的对策和对未来的期望等；最后，对徐汇区街道社区居民开展入户调查，了解城市不同区域、不同群体感受到的气候变化风险以及社区层面对气候变化适应性建设的诉求。

调研内容主要涉及三个方面：首先是上海市气候变化的主要特征，包括气温、降水等基本气候要素以及对生活有较大影响的气候事件的变化特征；其次是上海市气候变化的主要影响，包括主要的影响领域、影响人群等；最后是上海市适应气候变化的治理能力和对策建议，包括政策法规、资金投入、城市基础设施建设、脆弱群体和脆弱领域等方面。

（一）调研问题

调研活动旨在分析和把握以下主要问题：①上海市相关部门应对气候变化面临的主要问题、各部门采取的对策、主要困难和障碍、政策研究需求等。②长三角区域社会脆弱性评价指标的甄选与评估指标体系构建的可行性调研。③气候变化对不同区域、不同群体脆弱性的影响差异，以及相应的适应性策略。

调研问题包括两个方面：

1. 上海气候变化特征和政府认知程度

通过对上海气象局、浦东新区气象局进行访谈，了解地方政府和社会对气候事件影响的主观认识。气象工作者（决策管理者、科研人员等）主要被访谈的问题包括：

（1）根据您的工作经验，您认为上海市的主要气候变化特征是什么？

（2）在您的印象中，近十年内上海市遭遇的重大气候事件有什么？

（3）针对您工作的主要职责，请对上海市气候适应管理提出政策建议。

2. 政府和社区对气候变化的认知差异

选择徐汇区某社区进行调研，询问居民以下问题：

（1）让您印象深刻的自然事件，或者对您生活产生重大影响的自然事件有哪些？

（2）影响您生活的这些问题是否得到了解决？您还有什么期待和建议？

（3）您觉得气候变化和您的生活有什么密切的关联？

通过对比政府和社区对气候事件的认知差异，来分析政府应对措施和改善社区脆弱性之间的潜在差距。

通过对气象管理部门和其他协作管理部门的访谈，召开研讨会，了解目前上海气候变化适应性行动采取的举措、局限性及困难；通过参与式分析法，构建因果树（包括问题树、目标树和对策树）来分析不同管理部门参与气候适应行动的发展目标、能力建设规划以及管理实施的改进。

（二）调研内容

选择浦东新区气象局、上海市气象局和上海市政管理机构作为参与式评估的调研对象，评价上海市气候变化的影响因素和影响程度。相关部门包括发改委、应急办、水务、卫生、绿化市容、农业、气象等。其中，对上海市政管理机构的气候影响因素认知开展一维因果排序（或称主观排序），对上海气象局、浦东新区气象局的气候影响因素认知进行二维因果排序（或称客观排序）。调研结果如表4－10至表4－12所示。

表 4–10　　　　上海市浦东新区气象局对气候参与式评估的结果

后果 / 原因	交通拥堵 20	农业受损 12	财产损失 11	基础设施 10	健康影响 8	合计（原因）
暴雨 18	21 / 23	18 / 12	12 / 10	4 / 16	0 / 3	64
台风 15	7 / 10	18 / 12	21 / 17	9 / 15	0 / 3	57
高温 13	0 / 0	18 / 8	2 / 0	9 / 0	26 / 26	34
合计（后果）	28	54	35	22	26	

表 4–11　　　　上海市气象局对气候参与式评估的结果

后果 / 原因	能源供应 20	城市积涝 12	交通拥堵 11	人员伤亡 10	农作物受损 8	合计（原因）
台风 9	1 / 1	16 / 7	7 / 7	/ 14	8 / 11	40
高温 6	26 / 20	0 / 0	/ 2	6 / 3	3 / 3	28
暴雨 6	0 / 0	15 / 14	11 / 12	1 / 4	8 / 6	36
合计（后果）	27	31	18	10	19	

表 4–12　　　　上海市政管理机构对气候参与式评估的结果

影响	暴雨	台风	高温	综合得分
交通	5	0	1	16
能源	3	2	0	13
物质供应	0	2	3	7
水环境	—	1	1	2
建筑				1
洪堤	—	1	1	2
户外受限	24	12	6	

从参与式评估的调研结果来看，三组对象均认为暴雨、台风、高温是上海气候变化的主要因素，他们对社会脆弱性的影响集中在农业、城市积涝、交通拥堵、能源和人口（健康）领域。其中，暴雨被认为是气象变化的主要因素，受到气象部门和市政管理机构的重视，因此，在调研中选择暴雨作为研究对象，构建因果树（见图4－27），分析上海市气候变化适应性能力建设的可行性路径。

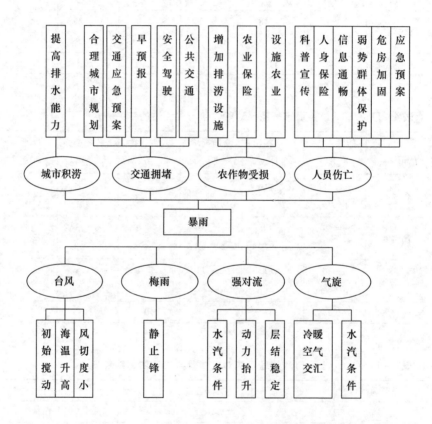

图4－27　上海市气候适应行动因果树（问题树及对策树）

比较三个参与式评估结果发现，农业损失和交通问题是气象管理部门主要关注的气象影响；市政管理机构则更关心交通、能源以及受到交通和能源影响的城市物资供应，而农业问题在市政管理机构的一维分析中并未出现。农业受气候变化影响较大，但在气候风险防范方面的投入较少。

上海对城市排水系统的基础设施建设进行了较大投入。截至 2010 年，全市共有公共排水管道 11488 千米，在全国处于领先地位。自 2008 年以来，上海积极开展道路积水点的改造工程。现在每年市区所有排水管道平均会疏通 2 次，排水管道的排水功能得到明显提升。排水系统的标准也从以前的半年一遇提高到一年一遇（即每小时 36 毫米）。机场、中央商务区等重点地区达到三至五年一遇排水标准（每小时 50—56 毫米）。但由于上海市区铁轨交通的规划，挤压了地下排水管道的铺设空间，甚至常常会导致排水管位被迫下穿、上穿、改道或者截断，从而影响排水能力。总体而言，上海的排水系统建设仍然滞后于城市发展。

在对暴雨的城市影响分析中，不同部门的管理者对城市的适应性能力建设提出了建议。上海气象领域专家表示，为增加城市应对气候变化的适应能力，除气象的常规预报外，影响预报正在成为另一个工作的重点，其中包括气候对呼吸系统疾病等的影响预报、用水用电预报（缓解高温时期用水用电紧张）、航空气象预报、农业影响预报等。但影响预报的应用依赖于多部门之间的协作。

建交委、水务局等专家也表示，需要建立一个高效的指挥平台和城市灾害预警系统。尽管气象部门会利用公交移动电视、电视广播等渠道及时发布台风等自然灾害的预报，但政府管理机构仍需要建立交通、极端天气、防汛等应急处理制度，加强城市在灾害预防方面的管理。

农业部专家提出，农业气候适应除了增加和改良农产品种类外，还应注重农业和商业相结合的金融衍生品发展，如农产品保险。

民政部门和教育部门的专家表示，上海的物资比较丰富，但是在应对灾害的物资储备和应急物资供应管理方面存在"软肋"。社区的防灾减灾设施建设和相关教育宣传较为滞后，上海"11·15"大火等次生灾害的案例中，已经反映出居民的灾害防范意识、逃生意识的薄弱。因此，需要加强城市应急基础设施建设，提高突发性公共灾害检测和预警的能力，并加强对民众的灾害防范教育。

三 上海市应对气候变化风险调研结果分析

1. 上海气候变化主要致灾因子

通过召开利益相关方讨论会，综合群体访谈、问卷的评估结果可以看出：①从短期来看，对上海市经济影响最大的致灾因子依次是暴雨、台风、高温，这与上海市气象局基于气象数据和灾情数据的研究结论（台风、暴雨洪涝和大风）基本相同（见图4-28）。②从长期来看，海平面上升、台风、高温热浪、暴雨洪涝是排名靠前的气候致灾因子。

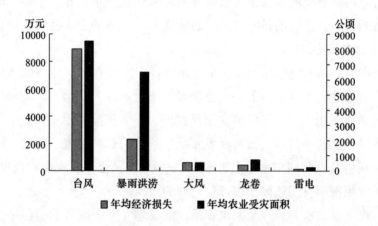

图4-28 上海市各灾种致灾程度比较

2. 上海气候变化主要脆弱领域

课题组分别选取上海市政管理机构、浦东新区气象局和上海市气象局作为参与式评估的调研对象，评价上海市气候变化影响的主要脆弱领域。综合来看，致灾因子对社会脆弱性的影响领域主要集中在农业、交通、能源和人体健康等，表现为农业损失、城市积涝、交通拥堵、能源短缺和人体健康不良。但是不同群体的认知存在差异。市政管理机构认为，气候变化对上海最主要的影响是在交通方面（见图4-29（a）），而其他两组调研对象都把农业作为第一影响领域，交通的影响分别排名第三和第四（见图4-29（b）和（c））。

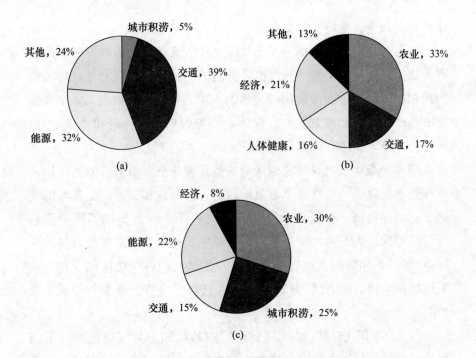

图 4 – 29 各部门认为的上海主要脆弱领域

注：（a）为上海市政管理机构，（b）为浦东新区气象局，（c）为上海市气象局。

3. 上海气候变化主要脆弱群体

脆弱群体应对气候变化的能力直接影响到上海市气候变化脆弱性现状，因此本次调研还试图了解不同受访群体对城市气候变化脆弱群体的理解和认识。绝大多数的受访群体认为，低收入人群（包括城市低收入者和农村贫困地区）的适应能力最弱，其次是疾病易感人群（如老龄人口），也有部分受访者认为外来人口也是气候变化的脆弱群体之一。

四 上海适应气候变化治理现状及主要问题

调研发现了上海市在气候变化城市治理能力方面存在的一些问题。主要表现在：

（1）适应气候变化的治理机制有待健全和完善。基于目前的城市应对气候变化的治理能力，43%的专家认为未来的风险无法应付。因此，健全和完善适应气候变化的治理机制迫在眉睫。

（2）适应气候变化的科研和技术支持方面还有待提高。50%的调研者认为，现有的应急体系或预警机制的实施效果比较有效。在城市治理和决策机制方面成效比较突出的工作多集中在政策决策效率和部门协调联动能力、政策立法、媒体宣传等领域，而科研和技术支持、政务公开等方面还有待提高。

（3）公众参与和科学决策等适应气候变化公共治理机制的作用还有待挖掘。对于"建立一个有效运转的、各利益相关方广泛参与的气候变化治理机制，最需要从哪些方面入手？"，有75%的调研对象选择了"增强地方政府的决策能力和政策实施效果""建立灵活高效的防范机制"，50%的人选择了"加强与学术机构科研院所的合作、增强气候风险评估能力"，只有25%的人选择"促进公众参与和民主决策"。

（4）不同职能部门对气候变化影响的认知差异有待统一。不同群体对气候变化影响的脆弱领域认知差异将影响城市发展中气候风险防范的投入重点。气象部门和区级职能管理部门认为，农业损失是气候变化对上海最主要的影响，而农业问题在市政部门的调研分析中并未出现。气候变化对农业影响较大，但在气候风险防范方面的投入较少。

（5）应对高温天气的保障措施还有待加强。通过对社区居民的调查发现，高温和暴雨对居民生活的影响最大。对比政府和社区对城市治理的满意度看出，上海在暴雨引发的城市积涝治理方面做出了积极的努力，居民的满意度很高。但在高温方面的工作，如气象预报、医疗保障以及社区普及等，需要进一步加强。

（6）社区减灾及公众科普有待加强。政府应重视社区在气候适应性建设中的重要作用，加大对社区适应性能力建设的投入，通过建设社区防灾减灾物资储备系统、避难设施等，提升社区应对极端气象灾害及次生灾害的能力，并通过这些项目产生示范效应，提升公众的逃生意识。通过电视、报纸、书刊、音像、课堂讲授等各种宣传手段和教育手段，普及全球气候变化和低碳经济的知识，让公众认识到应对气候变化和建设低碳城市的重要性和紧迫性，引导公众参与保护环境，提高低碳行动的意识，引导公众建立有助于减少温室气体排放的生活方式和消费模式，并通过社区活动和教育宣传，提升公众防灾减灾的忧患意识。

（7）需要注重城市人口增加、土地利用与城市交通等基础设施承载能力的耦合发展。交通是城市人口和物质流的生命线，需要在城市规划中考虑应对长期气候变化风险与公共服务体系的供给和承载能力，协同考虑减排和适应需求。例如，城市交通部门受到气候灾害风险影响大，也是减排的重要部门，加强交通体系的信息化建设，既有助于减少交通拥堵中的碳排放，而且通过及时监控和按需调度，能提高交通系统在极端天气下的适应能力。上海在城市交通信息化方面已经走在全国前列，今后，如何将交通信息化系统与气象信息、安防信息系统等进行有效的互联互通也是增强城市气候适应能力的重大课题之一。

（8）上海排水管网体系存在改进空间。调研中发现，老城区积水仍是一个需要改进的问题，新城区尤其是沿海新城的填海造田则存在人口增加、河流水系连通不足导致的海水倒灌的潜在风险。除增加对上海排水系统的财政投入外，通过合理的城市发展规划，解决地下空间不断被发展的电力、热力和电信等管道占据的问题，是升级供排水系统的关键所在。此外，在加大城市积涝整治和排水系统建设力度的同时，也要注重上海主要水系、湖泊水环境的治理，通过采纳雨水收集利用技术等，减缓上海水质性缺水的压力。

五　政策建议

探索适合本地区的适应气候变化治理机制，是一个长期的渐进过程，需要不断强化机构能力建设，更重要的是建立一种适合当地的、多种政策措施支持的、社会分工明确的、互补的、长效的治理模式。鉴于以上的调研分析，我们提出以下的政策建议：

（1）成立专门的机构承担适应气候变化治理机制的实施和协调工作。适应问题是因地制宜的，可以有更加灵活多样的组织模式。国家发改委在 2008 年机构改革中设立了应对气候变化司，并且于 2011 年底成立国家应对气候变化战略研究和国际合作中心负责气候变化的相关工作。上海应成立相应的机构承担上海气候变化战略（包括减排和适应）的实施和协调工作。

（2）加强应对极端天气的跨学科研究。联合高校和相关单位组织专业的气候变化研究团队，开展高温、台风、暴雨等极端天气气候变化趋势研究，重点开展极端事件对能源和交通领域的影响研究，为政府决策提供科技支撑。

（3）建议成立气候变化顾问工作组，推进公众参与机制。由市发改委协调各市政部门成立气候变化顾问工作组，构建联系政府与公众的桥梁。工作组提供社会各界参与政策讨论的平台，也便于政府机构及时与社会部门进行交流，提高公众参与意识。

（4）将气候应对战略与气候风险管理纳入城市规划，增强脆弱领域适应气候变化能力。将城市规划与应对气候变化、防灾减灾、城市可持续发展等目标结合起来，通过评估气候变化对城市发展的影响，提高城市脆弱领域应对气候变化影响的能力，通过产业结构调整使经济系统在气候变化情景下实现可持续发展。提高城市修复气候变化影响的能力，建立气候韧性城市。

（5）加强对脆弱群体的保障措施。通过逐步完善医疗卫生等配套设施和保障制度、建立专项基金、提高最低工资标准、增加收入水平等措施，对老弱人口、贫困、外来务工者等脆弱群体施以更多的帮助和扶持。

上述研究有助于了解城市不同治理主体的风险认知，对于适应决策具有一定的参考价值。然而，由于调查对象的专业背景、参与调研的意愿以及样本代表性存在差异，同时调研的内容和方法的设计等因素都会对整个调研的质量产生影响，调研结果可能存在一定的局限性，有待更进一步的研究。

第七节　上海居民气候灾害风险及 适应性认知研究①

风险既具有主观性，也具有客观性。适应气候变化风险的政策设计，不仅需要依靠科学的监测与评估信息，也需要充分考虑社会群体对于气候风险的认知能力。2013 年 3 月 23 日世界气象日，中国社会科学院城市发展与环境研究所联合上海市气候中心，共同开展了一次基于上海城市居民的气候变化风险认知调研，发放了数百份问卷，获取了大量的一手资料，从中得到了一些很有价值的决策信息。

一　气候风险认知研究现状

气候适应不仅是增加气候防护基础设施、改善生态环境、建立气候适应资金机制等物理及经济过程，更是一种社会过程。目前，人们更多地关注物理、制度、经济等客观适应性制约因素，而忽视气候适应主体的认知和行为研究，如果适应主体对自身的适应能力存在系统性认知偏差，将导致更大的气候适应性瓶颈（Grothmann，2005）。气候适应障碍主要来自人们的认知能力和价值观，即使发达国家也不例外（Wolf，2011）。行为经济学家指出，人类的行为常常是非理性的（Kahneman and Tversky，1979），尤其是在信息不完备或充满不确定性的情况下，人们的行为方式往往依赖于他们对风险的认识和判断水平（Heijmans，2001）。

认知的概念来源于心理学。环境心理学认为，认知是在感知基础上形成的对环境的识别和理解，是人与环境互动作用的结果。气候风险认知是从一个方面或多个方面（暴露度、可能性、脆弱性、危害程度、风险信息源的可靠性等）对气候事件的理解（Boer，2010）。风险认知可以分为客观认知、主观认知，个体认知、群体认知等。客观

---

① 原载谢欣露、郑艳《城市居民气候灾害风险及适应性认知分析——基于上海社会调查问卷》，《城市与环境研究》2014 年第 1 期。有修改。

认知一般来自历史灾害信息的统计、科学界的风险评估，主观认知一般来自个体或群体的经验和感受。对风险的个体认知因人而异，会受到人们的风险暴露水平、地理位置、经验感受、信息获取、知识和受教育水平、年龄、性别、社会文化等多种社会经济因素的影响（Figner and Weber，2011）。

近年来，随着国内外对气候变化问题的日益重视，对气候变化及其风险认知的研究正在成为一个新的研究热点。国际社会科学理事会（ISSC）为了推进全球社会科学领域对灾害风险的认知和行动，与国际科学理事会灾害风险综合研究计划（IRDR）共同发起了"风险解释与行动（RIA）"项目，旨在从不同时间和空间尺度以及不同层面利益相关方相互作用和影响角度对灾害风险进行系统思考，强调灾害风险的社会属性，从经验、文化、价值、信任、学习等社会特征方面对灾害风险进行解释，旨在探讨和促进更加积极而有效的减灾行动。风险解释（Risk Interpretation）、风险沟通（Risk Communication）等核心概念关注风险沟通的主体、内容和沟通方式，强调文化、价值、经验、信任等社会因素在风险解释和沟通中的作用，注重多学科交叉研究，跨文化、国家和地区的比较研究，以及如何从法律、规划、政策角度影响不同利益相关方，从而实现保护环境、减少灾害、提高适应能力等多重目标。

国内外气候风险认知研究的主体涉及政府部门、社区居民、非政府组织等不同的利益相关方，利益相关方认知分析是推动或制约政治、经济及社会行为的重要因素，是政策制定者进行决策的重要社会政治背景（Anthony，2006），有利于提高公众参与应对气候变化行动的积极性，改变公众的生产、生活模式。从适应主体来看，我国针对农民和大学生的气候变化感知、认知能力、支付意愿、适应性行为差异进行的研究相对较多。周景博和冯相昭（2011）通过对宁夏银川市政府部门工作人员和公众进行问卷调查，研究地方政府部门和公众对气候变化及其对湿地影响的认知、适应措施和适应需求情况。南京大学（Ge et al.，2011）以长三角地区为例，进行了多种灾害风险（地震、洪水、核电、铁路、X射线、吸烟等）认知的中美比较，研究发现，该地区居民对风险认知的放大效应受到四川地震事件的影响。
Wang 等（2012）以上海应对台风灾害风险为例，比较了常住居民与
外来流动人口之间在风险认知方面的差异性，指出流动人口对台风灾
害风险的认知水平及适应性显著低于常住居民，建议将外来群体作为
灾害风险管理的脆弱群体并提供政策支持。

适应是一种社会过程，政策措施的实施效果取决于微观层面的风
险认知、沟通和行动。国内气候适应性研究更多地关注国际、国家和
地区层面，主要涉及经济、社会、设施、生态等客观性适应角度，而
对微观群体的气候适应性认知重视不足，研究内容、方法等仍需继续
深入。本书拟结合案例城市的社会调查数据，研究居民的认知和行
为，为适应战略和措施提供决策支持。

二　调查问卷说明及数据处理

（一）问卷设计说明

气候风险是指气候变化致灾危险性因子可能对自然生态系统和社
会经济系统造成的各种负面影响（如作物减产、财产损失、人员伤亡
等）。气候风险是气候危险性、暴露度、敏感性和适应性的函数
（IPCC，2007），即：

气候风险$(R) = f\{$气候危险性(H)；暴露度(E)；敏感性(S)；适
应性$(A)\}$

在气候风险分析框架下，问卷包括全球气候变化和上海气候变化
事实认知、居民对上海市气候灾害风险的感知、居民对上海市政府适
应措施的评价以及居民自身采取适应行动的意愿及认知等方面，设计
了 19 个问题，量值为 0—5。

本次问卷调查是"长三角城市密集区气候变化适应性及管理对策
研究"课题组进行的系列调查研究的延续。2011 年 7 月 8—12 日，课
题组在上海浦东新区气象局、上海气象局对政府管理机构气候变化及
适应性管理进行访谈调研，在徐汇区康平小区对社区居民气候变化认
知和适应性管理进行访谈调研。问卷调查研究是在前期访谈基础上的
深化，旨在在更大的范围了解居民对上海市气候变化、适应能力、气
候治理的认知，为促进政府和居民风险共担的气候风险治理结构提供

决策参考。2012年3月22日，在上海市气象局举办的"世界气象日"活动宣传中，课题组在上海市的徐汇区、宝山区、青浦区、奉贤区发放调查问卷。调查问卷主要采取街头面访形式，辅以网站问卷，访员为课题组成员10名及某高校经过培训的学生10名，街头问卷回收346份，网站问卷回收97份，有部分问卷无效。

（二）调研样本分类及分析

对社会群体进行分类是进行群体认知分析的基础。年龄、性别、受教育程度、收入、职业等是社会群体的重要特征，也是导致社会脆弱性和适应性差异的重要因素（IPCC，2012；Cutter，2006）。一些国内外文献从性别、居住地、职业、教育、年龄等属性入手进行了气候灾害风险认知分析（Haque et al.，2012）。本书在问卷设计时充分考虑了上述基本的群体分类特征。经过对调查数据的初步检验，认为年龄、受教育程度、职业、居住地等特征与风险认知差异存在不同程度的相关性。由于年龄既能够体现人口的生理脆弱性，也能够一定程度上间接反映受教育水平、收入、能力等社会脆弱性特征，因此本书选择了年龄作为不同群体认知分析的切入点，将年龄划分为6个阶段，样本分布情况如表4-13所示。

表4-13　　　　　　　　样本年龄分布情况

年龄组	≤15岁	16—24岁	25—34岁	35—54岁	55—64岁	≥65岁	合计
人数（人）	58	66	87	80	62	52	405
频率（%）	14.3	16.3	21.5	19.8	15.3	12.8	100

三　上海市居民对气候变化及灾害风险的认知分析

（一）全球气候变化风险认知

1. 全球性问题的风险认知比较

当今世界面临多种多样的全球性问题，如能源短缺，有组织的犯罪、恐怖主义，海平面上升，粮食安全和水资源匮乏，生物多样性减少，全球变暖，艾滋病，核武器等，这些全球性问题威胁人类的可持续发展和安全。通过公众对全球气候变化与其他公共风险认知的比较可知，气候变化风险的严重性。上海不同社会群体对全球公共风险认知如图 4 - 30 所示，其中 0 为不严重，5 为非常严重。

　　总体来看，上海市居民认为全球气候变暖风险很高（3.690），略低于全球能源短缺的严重性（3.692）。在 1% 的显著性水平下，不同社会群体对气候变化影响严重程度的认知存在显著差异。从图 4 - 30 中可知，55 岁及以上人员的气候风险认知程度普遍低于其他年龄段，其中 65 岁及以上老年人气候风险认知程度最低。气候变暖将导致海平面上升、沿海低洼地带被淹没、海水倒灌、风暴潮加剧等一系列灾害风险，对城市人口发展、产业布局和城市安全的影响巨大。上海是受海平面上升威胁最大的地区之一，但由于属于未来风险，居民普遍缺乏实际感受和认知，从而给出的影响评价值相对较低。这符合人们对近期风险的评价要远高于远期风险的原则，但是从城市管理者角度来看，应从长远着眼将海平面上升的气候风险纳入城市规划。

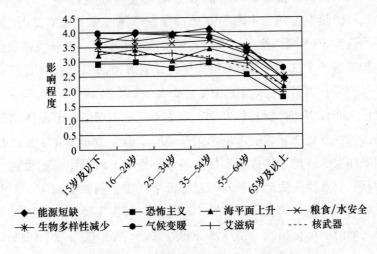

图 4 - 30　不同社会群体的全球公共风险认知

　　2. 对全球气候变化原因的认知分析

　　IPCC 科学评估报告对于全球气候变化的趋势及其原因给予了科学、权威的解释。为了了解上海居民对于气候变化问题的认识，我们在问卷中设计了几种具有代表性的观点，以反映社会公众对于气候变化问题的各种理解和认识，主要有下列几种观点：①气候变化完全是人类活动导致的；②气候变化完全是自然规律；③气候变化主要由人类活动导致；④气候变化主要是自然变化；⑤不知道；⑥气候变化不存在。

数据分析显示，认为人类活动是导致全球气候变化的主要原因或全部原因的观点占56.3%；认为气候变化主要或全部归因于自然因素的总计占33.6%；此外，8.9%的人表示不知道或未回答，1.2%的人则认为不存在气候变化。从群体差异来看，在5%的显著性水平下，皮尔逊检验拒绝了年龄与气候变化原因认知不相关的假定，即气候变化原因认知差异与年龄有关。由此，气候变化主要是人类活动引起的观点占主流，这对于气候适应措施的实施是个良好的基础。

（二）上海市气候灾害风险认知

上海作为沿海河口特大型城市，在全球气候变化背景下，高温热浪、台风、暴雨、雷电、风暴潮等极端天气气候事件多发且影响更大，以高温热浪为例，上海属亚热带湿润季风气候，通常7月最热，年平均气温30.9℃，然而，根据上海市徐家汇国家一般气象站观测资料，2013年6月1日至2013年9月5日上海市高温日数（日最高气温≥35.0℃）共计47天（其中6月2天，7月25天，8月20天，统计时段为昨日20时至当日20时），温度、湿度双高，市民体感又闷又热。气候变化所导致的海平面上升、降水时空分布变化、暴雨强度和频率加大、洪涝干旱极端事件增多等也将给上海城市基础设施建设及运行、农业渔业生产、户外作业等带来严重影响。认知调研有助于发现对于城市居民的生活工作影响较大的一些灾害类型，从而为气象和减灾部门做出更精准的预报预警和应急处置提供决策参考依据。

1. 居民对上海市气候灾害风险影响程度的认知

问卷将极端天气气候事件影响程度的量值设定为0—5，0为不严重，1为低，3为中等，5为高（见表4-14）。结果显示，居民普遍认为高温热浪对上海市的影响最大，量值为3.53，严重程度为中高；其次是梅雨和连阴雨、大雾，量值为3.34和3.02，为中等影响程度。台风灾害风险的严重程度次之，量值为2.91。全球气候变化背景下，城市高温热浪日益凸显，对城市居民的不利影响具有普遍性。

表4-14　　　　　对上海极端天气气候事件影响程度的认知

年龄	高温热浪	梅雨和连阴雨	大雾	台风	低温冷冻寒潮	暴雨洪涝	雷电	合计
15 岁及以下	3.27	3.04	3.04	3.18	2.93	2.66	2.89	3.05
16—24 岁	3.72	3.67	3.02	2.63	3.10	2.59	2.50	3.00
25—34 岁	3.79	3.67	3.19	3.20	2.95	3.11	2.85	3.21
35—54 岁	3.86	3.17	3.06	3.26	2.94	2.75	2.69	3.13
55—64 岁	3.22	3.19	3.00	2.40	2.45	2.33	2.27	2.68
65 岁及以上	2.81	2.94	2.48	2.21	2.50	2.29	2.24	2.42
合计	3.53	3.34	3.02	2.91	2.86	2.70	2.63	2.99

从年龄特征来看，各组对于上海极端天气气候事件影响程度评价差别不大，55 岁以下的中青年群体对上海极端天气气候事件影响程度的总体评价均高于 55 岁及以上中老年群体。

2. 居民对气候灾害的感知

为了比较居民对上海气候风险的客观认知与主观认知的差异，设计了相关问题，以了解居民的风险经历对认知水平的影响。针对不同天气气候事件（如台风、暴雨、雷电、高温、大风等）导致的影响和表现形式，问卷设计了 8 个方面的调查问题，分别为：①因极端天气取消旅游、出行计划；②极端天气造成城市交通拥堵，导致上学上班迟到、生活不便、财产损失；③酷暑、寒潮、雾霾、连阴雨等天气变化导致家人生病；④大风、台风造成高空坠物、行道树倒伏、广告牌脱落等，导致人员伤亡；⑤极端天气造成输变电线路损害，导致断电事故；⑥咸水入侵、地下水沉降等导致水质污染；⑦雷击导致人员伤亡、电器受损；⑧工作场所、居住小区的住宅、道路、车库、地下室被水淹。量表值从 0—5，0 为从未经历，3 为发生频率为中等，5 为总是经历。

从表 4-15 可知，居民在天气气候事件对个人及家庭的影响频率

上普遍评分较低。影响频率较高的风险类型为极端天气气候事件导致
的家人生病、交通拥堵、出行受阻等问题；其次是台风、暴雨导致的
汽车、住房被淹，极端天气导致的断电和水质污染问题，以及大风导
致的高空坠物等。各年龄群体对气候导致的交通拥堵、被水淹等灾害
影响频率的感知上存在显著差异，这种差异与群体年龄及工作性质、
居住条件、出行方式等可能存在着内在的关联。

表 4 - 15　　　　　　　极端天气气候事件对居民生活的影响

年龄	家人生病	交通拥堵	出行受阻	被水淹	断电	水质污染	高空坠物等	雷击
15 岁及以下	2.27	1.67	1.57	0.89	1.68	1.00	1.00	1.11
16—24 岁	2.68	2.58	1.97	1.75	1.60	1.60	1.38	1.28
25—34 岁	2.88	2.65	1.98	2.16	1.60	1.71	1.57	1.34
35—54 岁	2.75	2.10	1.99	1.41	1.38	1.58	1.40	0.84
55—64 岁	2.31	2.24	1.80	1.56	1.53	1.73	1.67	1.42
65 岁及以上	2.38	1.64	1.50	1.09	0.85	1.06	1.12	0.63
总体	2.59	2.23	1.85	1.56	1.51	1.50	1.39	1.15
显著性水平	0.14	0.00	0.38	0.00	0.08	0.05	0.22	0.04

3. 对未来气候变化风险的态度

人类能否应对未来的气候变化存在极大的不确定性。当问及"假
定未来气候变化风险增多，个人或家庭能否应对？"时，只有 37.5%
的受访者表示能够应对，表示不知道的人占 42.8%，表示不能应对的
人占 19.7%（见表 4 - 16）。从年龄特征来看，55 岁以下的中青年群
体中约有一半的人表示不知道或无法判断，55 岁及以上的中老年群体
则更多地给予了肯定（能）或否定（不能）的回答。这说明，一方
面，由于缺乏足够的知识、经验或信息，居民对城市未来气候风险的
判断存在很大的不确定性，因此总体上给出"不知道"的回答占大多
数。另一方面，老龄群体给出的"能"或"不能"的确定性回答较
高。这种差异或许是由于一些老年群体在生理和经济条件上均为弱

势，应对风险的能力更低，而另一些老年人群由于见多识广，经济和心理承受力较强所致。但是，气候变化可能会引发百年一遇的极端天气气候事件，如持续高温、强降雨、强台风等，如果高龄群体对气候风险的判断更多地依赖于过去的经验信息，可能导致对未来气候变化风险及其影响估计不足。

表 4-16 　　　　各年龄群体应对未来风险能力的认知 　　　　单位:%

年龄	能	不能	不知道
15 岁及以下	40.0	9.1	50.9
16—24 岁	32.3	15.4	52.3
25—34 岁	34.5	19.5	46.0
35—54 岁	36.8	18.5	44.7
55—64 岁	46.3	29.6	24.1
65 岁及以上	38.5	30.8	30.7
总体	37.5	19.7	42.8

（三）气候变化及适应性认知的途径

从整体来看，居民主要通过电视广播和网络方式获取气候变化相关知识，分别占 80.4% 和 58.4%，其次是报纸杂志（25.3%）、科普读物（14.2%）、同事朋友之间的交流（12.9%）和其他途径。可见，电视广播和网络是上海城市居民获取气候变化知识的主要途径。其中，55 岁以下群体的主要信息获取途径是网络，16—34 岁的比重高达 78%，15 岁及以下的学生群体比重为 62.5%，35—54 岁的中青年群体的比重为 57.3%。55 岁及以上中老年群体的信息获取的主要方式为电视广播、报纸杂志。由于网络具有信息量丰富、传播及时广泛等特点，55 岁以下群体在气候变化信息获取上存在优势。相应的政策含义为：政府可以从这些常用的信息传播途径入手，针对不同群体的城市居民进行科普宣传，影响其对风险和适应性的认知。

（四）居民对政府适应措施的认知

1. 居民的适应能力分析

个体的适应能力可以通过学习培训、科普宣传、信息沟通等方面来提高。由于很难判断个体的适应能力差异，我们选择了与灾害风险应对最为相关的知识、行为和活动。为了提升城市防灾减灾能力，政府部门采取了多种措施，包括老城区改造、增加排水管网、设置应急避难所、电子显示屏等硬件设施建设，也包括对居民进行应急培训、宣传教育等软措施。我们假设，居民对于风险防范设施、灾害风险知识的了解和参与程度越高，则其风险意识和适应能力越强。分析显示，上海各年龄群体对消防设施、安全出口、灾害应急演练的了解和参与程度普遍较高，但普遍对应急避难所、电子显示屏、救生培训和气象日活动的了解和参与程度偏低（见图 4-31）。除气象日活动和电子显示屏选项外，65 岁及以上年龄组对相关知识、活动的了解和参与程度均低于平均水平，特别是在灾害应急演练、救生培训及应急避难所等选项上与其他群体的差距较大。

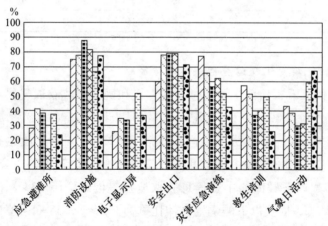

图 4-31　不同年龄群体的气候适应行为认知

2. 居民对政府适应措施的满意度和重要性认知

如表 4-17 所示，居民普遍对上海市政府部门的气象预报、110 出警等应急管理服务的满意程度较高；对气象灾害保险和公共参与的满意度最低；对社区防灾减灾、应急避难所、宣传与教育、防洪排涝改造的满意度居中。

表 4 - 17　　　　居民对政府适应性措施的满意度和重要性认知

满意度	气象预报	110 出警等	防洪排涝改造	宣传与教育	应急避难所	社区防灾减灾	公众参与	气象灾害保险
	3.46	3.08	2.93	2.90	2.84	2.67	2.46	2.34
重要性	提高绿化率	信息服务	修建防洪堤坝	公众参与	修建防灾设施	排水管网建设	降低人口密度	—
	4.21	3.95	3.92	3.66	0.61	0.44	0.42	—

关于政府气候适应措施的重要性方面，居民认为依次是提高绿化率、信息服务、修建防洪堤坝、公众参与等，这也表明城市居民对生态性、技术性、工程性、制度性等多层次适应性措施的重视和需求，但对修建防灾设施和排水管网建设的重要性认识不足。

针对居民认为重要性高但满意度很低的适应措施，政府相关部门应给予足够重视，加强公众参与等方面的能力建设。

四　研究结论及政策建议

（一）主要结论

1. 居民对不同尺度上的气候灾害风险认知存在较大差异，对上海气候灾害风险认知不足

总体来看，居民对全球、上海和自身的气候变化风险评价依次递减，对自身气候风险认知不足，不利于居民从微观层面加强适应能力建设，不利于居民、市场和政府之间风险共担的适应机制建设。相关科学研究表明上海是气候变化高风险地区之一（王祥荣、王原，2010；周冯琦，2012；Nicholls et al. ，2008；Balica et al. ，2012），这些研究结论具有一定的科学性和客观性。从调查结果来看，居民认为上海及个人气候变化风险程度为中等水平左右，居民的认知具有一定的主观性和经验性。这也表明不同利益相关方存在着客观认知与主观认知之间的差异，同时，作为客观认知的相关科学研究结果尚未转化为居民的风险知识和意识。居民的风险认知偏差可能降低对预期风

险的估计和防范，从而加重灾害影响（Kloeckner，2011）。

2. 城市居民与决策管理者对气候灾害影响的认知差异较大

城市居民与政府决策管理部门给出的风险排序存在认知差异，居民按照严重程度排序的危害因子依次为高温热浪、梅雨和连阴雨、大雾、台风等，决策者的排序从高到低依次为台风、暴雨和高温。由于决策管理部门是从灾害风险管理角度上的总体判断，而居民多基于个人和家庭在日常生活、工作等方面的经验和感受判断，不同的关注点导致认知的差异。对于城市管理者而言，这种认知差异性具有相应的政策含义，城市灾害风险管理不仅要从城市运营的综合角度来着手，还要关注不同特征居民群体的切身体验，加强气候变化背景下的社会适应能力建设。

3. 不同年龄群体间风险认知差异明显

不同年龄群体在全球气候变化、对上海市各种灾害的敏感程度以及气候风险信息获取途径上差异明显。55 岁以下群体在信息沟通和获取途径上更具有优势，获取相关知识的渠道更为广泛，对气候变化风险不确定性认知较高，对救生培训、灾害应急演练等适应措施的参与程度更高，适应能力更强。55 岁及以上的年龄群体信息获取途径更加单一，在适应措施认知和参与度方面（如接受灾害应急演练、救生培训及对应急避难所的了解等）体现出显著的弱势，应加强 55 岁及以上群体在风险沟通与信息获取方面的适应能力建设。

4. 制度性气候适应措施有待加强

居民对公众参与、气象灾害保险等制度性适应措施的满意度低，其中居民认为公众参与重要但满意度低，这表明与居民心目中的未来灾害风险水平相比，政府部门还做得很不够，尤其是在制度性适应能力建设上更为薄弱。然而，提升公众的防灾意识和能力也很重要。气候变化将加剧城市灾害风险管理复杂性，仅仅依靠政府提供的公共资源已经远远不足以应对，公众参与、气象灾害保险制度是建立风险共担机制的重要内容，公众参与不足导致风险治理结构存在一定缺陷（齐晔，2007）。

（二）政策建议

适应治理的成效与公众参与和行动密切相关，公众在城市规划建设、管理、应急等诸多环节存在着气候安全和适应诉求，公共参与是风险治理的重要环节。建议提高公众参与意识，加强公众参与的制度保障，推进个人、政府、企业风险共担的适应治理机制建设。上海居民对极端天气气候事件导致的公共交通和健康风险认知度普遍较高，应成为气候适应研究和治理的重点领域。上海市人口老龄化趋势将加大城市未来气候变化风险治理的难度，因此，有必要针对老年群体的特点进行政策设计，以社区为中心，进行气候变化和相关灾害风险知识的科普宣传，改进社区公共医疗服务条件和健康知识培训等。

认知研究需要考虑社会、文化、制度、心理等更为深刻的背景，从这个意义上讲，我国气候适应认知和行为研究处于起步阶段，诸多问题有待深入研究。

第八节　一般公共风险与气候风险的认知关联：基于风险文化理论的实证研究 *

上海处于灾害多发区域，而当地居民对灾害风险仍缺乏足够的认知，未积极参与到当地灾害风险管理中。灾害风险认知和行动不仅受居民自身特征的影响，也受到社会文化背景的影响。这一点在国内仍缺乏足够的认识和实证研究，从而不能为相关灾害风险管理提供理论依据。本节依据对上海居民进行的结构化问卷调查结果，旨在分析有哪些因素会影响城市居民对于风险的认知及其风险防范的决策偏好。结果表明，出现以下情况时人们会认为风险管理及减灾政策极为重要：①自身频繁经历极端天气；②认为上海的极端天气事件极其严

　　* 原载于 Xie Xinlu, Alex Lo, Zheng Yan, Pan Jiahua, Luo Jing, "Generic Security Concern Influencing Individual Response to Natural Hazards: Evidence from Shanghai, China", *AREA*, Vol 46. No. 2, 2014, pp. 194 – 202。有修改。

重；③对于全球环境问题及公共风险的关注，如能源安全问题及恐怖袭击等。值得一提的是，第三点比前两点对于人们的风险认知和决策行为的影响更大。本节为风险认知提供了一个文化角度的解释。公共风险意识起源于对人类世界常规安全问题的普遍关注，体现为一种社会—文化层面的背景，即风险文化，这种文化背景决定了个体对于自然灾害的态度和应对方式。研究所揭示的风险意识这一文化因素的重要性，表明了在中国对于风险认知研究的分析视野有待扩大，也说明了在城市地区加强风险的科普教育与风险传播策略研究的现实意义。

一 对气候变化的风险认知

洪水、飓风、山体滑坡、暴风雪、高温热浪以及野火等自然灾害对人居环境造成极大的破坏。据历史统计，这类自然灾害在1970—2010年造成了330万人口死亡（World Bank，2010）。在大城市中，人口、资产和产业密集，城市聚焦了国家的绝大部分财富，这些特征导致城市的脆弱性增加，全球气候变化使人居环境面临更大的风险。极端天气事件的频度、强度、空间范围、持续时间及发生时间的变化，使得人们更加难以预测和防范，对社会经济发展和人身安全造成更大的不利影响（IPCC，2012）。

大城市极易受到极端天气的破坏性冲击，这是由于大城市人口密度大，且脆弱群体人口多，并往往处于易遭受自然灾害侵袭的地区，如拥有高密度人口的亚洲沿海城市往往也是台风、洪涝风险的高发地区（World Bank，2010）。1900—2011年，中国遭受了600多次自然灾害事件，损失巨大，1200万民众在这些灾害事件中丧生（Chen et al.，2013）。上海是中国人口超1000万的大城市之一，自然灾害暴露度高，风险高。根据国家气候中心的相关研究，上海等长三角沿海城市是气候变化导致的高温地区之一，处于海平面加速上升，飓风、风暴潮以及洪水风险逐步升级的高风险区域（秦大河等，2015）。

一些研究指出，普通公众没有充分、积极地参与灾害风险管理过程，是上海以及中国许多地区普遍面临的紧迫问题之一（Li，2013；Lo，2010）。主要原因在于公众参与政策制定的途径极为有限，此外，地方居民的风险意识和行动意愿普遍较低，也是一个重要原因。

尽管上海频繁遭受自然灾害影响且脆弱性突出，但当地居民尚未准备好应对强度更大、频率更高的极端天气事件。原因之一是上海居民中有相当大数量是由内陆地区迁移来的，他们对沿海灾害并不熟悉，其中许多人的灾害相关风险知识也相当匮乏（Wang et al., 2012），知识和经验的缺乏严重限制了他们应对自然灾害的能力。

一些研究人员提出，个体特征，包括知识、经验和态度在促使人们采取灾害风险应对行动上具有重要影响（Bubeck et al., 2012; Lo et al., 2012）。他们发现，风险认知和行动之间并非线性关系，其复杂性远远超出人们的预期。复杂性的原因之一是个体间的文化差异，它影响着人们对气候风险的认知（Hulme, 2009; Renn, 2008; Rayner, 2004）。中国从文化角度进行的经验研究还很少。

仅有少量的中国学者研究影响人们采取风险应对措施倾向的认知因素。由于只关注风险认知和个人的极端天气经历，没有考虑更为广阔的社会文化因素，所以分析的广度有限。正如下文所言，社会文化背景包括更广泛的因素，如社会风险、生态风险和技术风险在影响人们的行动倾向上发挥着举足轻重的作用。实际上，不只是对极端天气的特定关注，对公共风险安全问题的普遍关注也主导着个体的灾害风险管理实践。中国的风险认知研究非常缺乏这样的视角。现有研究和认识不足限制了在家庭层面提升灾害风险应对能力的政策空间。

本研究调查了上海居民对灾害风险应对措施重要性的认识，主要目的在于分析气候风险认知在多大程度上与极端天气灾害及其他公共风险意识相关。尽管一般公共风险并不直接与极端天气灾害事件相关，但仍然能够为居民自愿参与灾害风险应对行动提供新思路和新方法。本研究基于对上海城市居民的结构化问卷调查，为分析居民个体和家庭应对极端天气事件影响的韧性提供了新视角。这些发现有助于当地决策者、应急管理人员、社区及救援组织提出创新性的思路和方法来加强上海居民家庭和社区的气候适应能力建设，这对其他中等收入大城市也具有广泛的借鉴意义。

二　研究问题的提出: 公共风险与气候风险

在天气气候灾害风险认知研究中，大多强调了个体认知特定灾害事件的方式和途径。这一点在中国的灾害风险认知研究中尤为普遍。例如，国内一些学者分别在南京等长三角城市地区调查了民众对于不同风险事件的承受力的认知差异（Huang et al.，2010；Ge et al.，2011）。他们的实证调查几乎只关注个体风险属性，例如风险可控性认知及新的风险事件等。上海的一项案例研究分析了个体的自然灾害行动和风险认知之间的关系，其中风险认知包括知识、预期影响以及风险应对措施的重要性（Wang et al.，2012）。在北京居民对气候变化认知的一项实证研究中，也有类似的研究关注点，分析集中在特定的风险特性、影响及个体响应；分析将气候变化认知设定为气候变化行动的态度的函数，包括对气候变化原因、影响以及气候变化相关知识等方面的认知（Yu et al.，2013）。在这些研究中，很少包括非灾害因素，例如社会经济特征及对政府的信任和信心等社会文化因素。

在中国的现有研究中，风险认知是放在一个不包含文化因素的分析框架下进行研究的。关于风险的产生、风险的理解及应对的更广泛的社会文化背景仍未进入人们的研究视野。然而，国际上相关研究已经将更广泛的影响因素纳入风险认知的研究框架。近年来，对于文化属性的描述及对灾害及风险事件的创新性再现成为风险认知研究的一个持续热点（King，2004；Hulme，2009；Douglas，1992；Couch，2000）。Hulme（2009）认为，个体和社会对气候变化的认知具有文化和意识形态的内涵。这一分析部分地基于风险文化理论，认为风险认知具有深厚的文化和道德基础（Thompson and Rayner，1998）。个体根据自身固有的文化及价值观有选择地关注风险信息的某些方面并采取相应的措施。"能够支持个体生活方式的行为具有文化上的合理性。"（Wildavsky，1987）这表明，灾害风险认知非常依赖于社会文化背景及政治环境，例如重复出现的风险类型、责任归属及问责方式等（Douglas，1992）。

实证研究已经证明，人们是否相信气候变化与其基本的价值观和政治观点相关联（Corner et al.，2012）。这些不同的价值观和意识形态使人们以自身的认知方式来解释气候/气象灾害风险信息。例如，一些人将平流层臭氧层空洞与气候变化混为一谈，原因是他们关注人类活动导致的大气层的破坏，而非大气问题本身。Thompson 和 Rayner（1998）认为，"气候变化议题是人类活动对自然环境破坏这一广泛难题的一部分。在这个意义上，气候变化和臭氧空洞是同一问题"。这意味着个体对具有某种意义的抽象的广泛问题（即人类对环境的破坏）做出回应，气候变化仅是这一广泛问题下的一个主题。

那么，到底什么是个人应对自然灾害背后的"广泛问题"呢？人类世界的安全问题是人们最主要的共同关切的议题，它影响人们采取保护性措施以应对极端天气气候事件的倾向性。当然对人类安全的关注，不只局限于极端天气气候灾害风险，还广泛包含着一系列关于社会、生态及科技等领域的风险，例如有组织的犯罪、恐怖主义，生物多样性减少，核武器等，诸如此类的各种风险会对人类福祉甚至是生存造成潜在的不利影响。在概念上，这些气象灾害以外的公共风险属于"广泛问题"的一部分，即人类世界的安全问题，气候灾害风险认知或许是"广泛问题"下的另一个"文化影子"。这意味着个人应对气候风险的策略与看似并不相关的一些公共风险之间具有某种内在关联，因为它们在某种意义上属于同一个问题并且具有相同的文化背景。为了分析这个问题，我们提出了以下两条研究假设：

假设 1：对灾害应对措施重要性的认知与个体经历的极端天气气候风险认知和公共风险认知有关。

假设 2：公共风险认知是比灾害经历或气候风险认知更加重要的因素。

利用上海调查问卷收集来的原始数据对这两个假设进行实证检验。检验方法将在下文进行论述。

三　研究设计与数据

（一）研究区域及样本

2012 年 3 月在上海进行了此次问卷调查。上海是世界上人口众多的超大城市之一。2011 年上海人口达到 2350 万，人口密度是每平方千米 3706 人。上海也是世界最大的港口之一，是中国最重要的商业和金融中心，2011 年人均 GDP 已达到 13400 美元。自 20 世纪 90 年代以来，上海大都市区已经向东快速扩张到浦东新区，大量的农村居民迁移进城市，导致城市人口压力日益增大。人口以及经济活动高度集中加剧了这个沿海灾害区的脆弱性。

上海经历了一个大范围的潮汐和河流条件的变化（从低流量过渡到特大洪水），位于长江流域的入海口，而且临近中国五个最大淡水湖中的两个——太湖和洪泽湖。因此，上海是一个地形低洼、河流水系和湖泊密布及有运河的典型的沉积平原。根据《上海市气象灾害年鉴》统计，2011 年由于暴雨和洪水造成的直接经济损失约计 1 亿元人民币（约 1600 万美元）。另外，上海属于亚热带季风气候并处在热带气旋影响区，1947—2007 年有 200 多个台风影响到上海，平均每年3.5 个。2011 年，热带气旋造成了约 2.5 亿元人民币的损失（约 4100万美元）。

此次问卷主要是针对上海的普通公众进行的调查。样本涉及上海市的四个行政区，即徐汇区、宝山区、青浦区以及奉贤区。调研方式为在所调查城区的公共场所（如广场、公园、街道及学校周边），随机抽取居民（本节不包括 15 岁及以下人口）进行调查。由进行过调研访谈训练的上海某高校学生作为研究助手协助部分调查对象（如老年人）完成面对面的问卷访谈调查。所有调查都使用普通话完成。

（二）因变量：灾害风险认知度

公众对应对气候变化措施的重要性的认知由一个包含 5 个选项的问题进行测量，每一个选项描述了一个应对极端天气事件或者减少暴露度及其不利后果的举措。这些措施包括：增加个人或家庭的保险支出（如车损、医疗等方面），选择在环境较好、人口密度低、交通便利的城郊或小区居住，为自己和家人定制更有针对性的气象服务信息，参与社区、政府组织的各种防灾救灾培训活动及家庭生活设施改造（如提高住宅的保暖防风能力，采用防雷电电器等）等。这些措施的重要性用六级量表来测量，其中 0 代表"完全不重要"，而 5 代表"非常重要"。

（三）自变量：影响灾害风险认知的主要因素

1. 个人及家庭的极端天气事件经历

采用了 8 个不同的问题进行测量。这些问题分别描述了人们在日常活动中遭受的极端天气事件的频率及其影响。极端天气事件的影响包含：取消旅游、出行计划；导致输变电线路损害，发生断电事故；工作场所、居住小区的住宅、道路、车库、地下室被水淹；等等。这些气象灾害的影响频率用六级量表来测量，其中 0 代表"从未经历"，5 代表"总是经历"。

2. 对气象灾害的感知（气候风险灾害意识）

该问题用于评估居民在上海居住生活期间曾经遭遇过的 6 类主要的气候灾害的严重程度。这 6 类主要气候灾害参考了上海市气候中心的相关研究及多部门决策管理者的参与式评估，包括暴雨洪涝，台风、龙卷、大风，高温热浪，梅雨天、连阴雨，大雾及海平面上升（以下统称为气候风险）。这一问题同样采用六级量表进行测量。

3. 对其他形式的公共风险的认知（公共风险意识）

关于公众的公共风险认知，问卷设计了 8 个方面的公共风险，考察公众对国际社会面临的公共风险的认知，其中 6 个方面的公共风险是与气象灾害不相关的，包括能源短缺，有组织的犯罪、恐怖主义，粮食安全和水资源匮乏，生物多样性减少，HIV（艾滋病）及核武器。用公众对这 6 个非气象灾害的公共风险的严重程度评价来测量公众对一般公共风险的认知程度。用六级量表评估这些公共风险的严重程度，0 代表"不严重"，5 代表"非常严重"。

四　研究结果

（一）问卷样本的统计描述

调研总计回收了 349 份问卷，其中 28% 的调查对象完成的是网络版问卷。40% 的调查问卷具有较完整的回答率。有 40 份未完成问卷，即部分答案缺失，因此被排除在分析之外。最后的有效样本量是 309份。调查对象的情况如下：平均年龄是 40.3 岁，男性（46.9%）少于女性（52.4%），一半以上（55.3%）的人接受过大学水平的教育，月收入水平在 1000—3500 元及 3500—7000 元的人数各占样本量的 37.2% 和 27.8%。

四个自变量的描述性统计分析如表 4 - 18 所示。除了"增加个人或家庭的保险支出（如车损、医疗等方面）"这一选项未获得高分，其他的灾害应对措施均获得中高水平的得分（非常重要）。原因是气象灾害保险在中国并不普遍，公众普遍没有意识到它的重要性。"家庭生活设施改造（如提高住宅的保暖防风能力，采用防雷电电器等）"的得分最高，可能是因为住房在人们的生活质量和心理中具有重要地位，改进住房设施的防灾能力能够为个人和家庭提供更多的安全保障。"灾害应对措施"这一组合变量呈现了个体对灾害响应策略重要性的认知度，采用克朗巴哈系数（Cronbach's α）这一统计量反映组合变量的信度，该系数根据各选项之间的相关系数计算得到，"灾害应对措施"组合变量的统计值为 0.84，表明数据可靠。

表 4 - 18 　　　　　灾害应对措施重要性认知度的描述性
统计分析（样本量：309）

灾害应对措施	平均得分	选择"非常重要"的频率	标准差（SD）
家庭生活设施改造（如提高住宅的保暖防风能力，采用防雷电电器等）	3.23	26.5	1.55
选择在环境较好、人口密度低、交通便利的城郊或小区居住	3.20	25.8	1.51
参与社区、政府组织的各种防灾救灾培训活动	3.02	21.8	1.51
为自己和家人定制更有针对性的气象服务信息	2.85	16.6	1.50
增加个人或家庭的保险支出（如车损、医疗等方面）	2.45	13.5	1.56
组合变量的克朗巴哈系数	0.84		

注：得分在 0—5，0 表示完全不重要，5 表示非常重要。

个人的极端天气经历包括天气变化导致家人生病，断电事故，交通堵塞，取消旅游、出行计划等八个方面的影响。表 4 - 19 显示了调查对象个人及家庭经历极端天气情况的描述性统计分析，包括平均得分、选择"总是经历"的比重及标准差。最后三项涉及财产或设施等

的经济损失，其中两项的得分及标准差（SD）均小于 1.5，表明这两
种事件（极端天气造成输变电线路损害，导致断电事故；雷击导致人
员伤亡、电器受损）只偶尔出现。这些选项的结果是合理的，因为相
比交通堵塞、家人生病等情况，一定区域的断电和人员伤亡、家用电
器受损出现的次数更少且影响更轻微。基于 8 个子项的混合变量"灾
害经历"得到的克朗巴哈系数为 0.85，说明数据具有高信度。

表 4 - 19 　　　　　个人及家庭经历极端天气情况的描述性
统计分析（样本量：309）

灾害经历	平均得分	选择"总是经历"的比重	标准差（SD）
酷暑、寒潮、雾霾、连阴雨等天气变化导致家人生病	2.62	14.7	1.55
极端天气造成城市交通拥堵，导致上学上班迟到、生活不便、财产损失等	2.31	9.6	1.58
因极端天气取消旅游、出行计划	1.88	8.2	1.55
工作场所、居住小区的住宅、道路、车库、地下室被水淹	1.69	5.6	1.52
咸水入侵、地下水沉降等导致水质污染	1.60	6.1	1.57
极端天气造成输变电线路损害，导致断电事故	1.47	3.7	1.39
大风、台风造成高空坠物、行道树倒塌、广告牌脱落等，导致人员伤亡	1.44	6.3	1.57
雷击导致人员伤亡、电器受损	1.17	3.0	1.39
组合变量的克朗巴哈系数	0.85		

注：得分在 0—5，0 表示从未经历，5 表示总是经历。

许多调查对象认为高温热浪及梅雨、连阴雨对上海造成较严重影
响（见表 4 - 20）。海平面上升及洪涝，因不频繁发生而被人们视为
不严重。可见，人们评估严重程度主要依据灾害发生的频率，从而那
些与日常天气关联的灾害事件受到更多关注。组合变量"气候风险认
知"的克朗巴哈系数为 0.80，信度较好。

表 4 – 20   气候风险认知度的描述性统计分析（样本量：309）

气候风险类型	平均得分	选择"非常严重"的频率	标准差（SD）
高温热浪	3.59	31.0	1.34
梅雨、连阴雨	3.40	22.2	1.30
台风、龙卷、大风	2.84	20.5	1.55
大雾	2.84	11.8	1.38
海平面上升	2.80	16.7	1.50
暴雨洪涝	2.71	17.6	1.61
组合变量的克朗巴哈系数	0.80		

注：得分在 0—5，0 表示完全不严重，5 表示非常严重。

公众对能源短缺、粮食安全和水资源匮乏、生物多样性减少等一般公共风险的认知数据如表 4 – 21 所示。其中，公众认为能源短缺、生物多样性减少以及粮食安全和水资源匮乏"非常严重"的比重较高，而对社会风险和科技风险，例如核武器和有组织的犯罪、恐怖主义等，选择"非常严重"的比重较低。前者是长期遭遇的环境问题，在中国普遍存在，而且对于一些具有农耕经验的人而言十分熟悉。不管后者如何尖锐、罕见，大多数上海居民没有切身经历，因此使得个体对亲身经历的前一类风险感到更加真实而迫切。混合变量"公共风险认知"的克朗巴哈系数为 0.84。

表 4 – 21   公共风险认知度的描述性统计分析（样本量：309）

公共风险类型	平均得分	选择"非常严重"的比重	标准差（SD）
能源短缺	3.79	43.5	1.44
生物多样性减少	3.63	36.8	1.44
粮食安全和水资源匮乏	3.49	32.7	1.45
艾滋病	3.04	21.1	1.50
核武器	3.04	21.4	1.54
有组织的犯罪、恐怖主义	2.70	17.8	1.60
组合变量的克朗巴哈系数	0.84		

注：得分在 0—5，0 表示完全不严重，5 表示非常严重。

（二）回归分析

对收集到的调查数据使用了基本的统计分析方法进行分析。线性回归分析用于确认因变量与自变量之间的关系，即对灾害应对措施重要性的认知程度与个人的极端天气事件经历、气候灾害风险意识及其他公共风险之间存在的关联。基于回归系数的统计显著性及回归模型的调整后 R^2 值，我们可以评估这些变量在多大程度上可以解释灾害响应策略重要性认知度的方差变化。

从表 4-22 可见，三个自变量——灾害经历、气候风险认知及公共风险认知的系数均显著（$P < 0.01$）。系数值为正，表明灾害管理措施对于经历过极端天气事件并受到影响的居民而言是重要的。他们相信极端天气事件对上海的影响很严重，同时关注着国际社会面临的其他类型的公共风险。这些自变量共同解释了因变量（灾害应对措施重要性认知程度）方差的34%。

表 4-22 　　　　灾害应对措施重要性认知度的线性回归分析

	标准化系数	标准误	显著性水平
常数项	—	1.091	0.015
灾害经历	0.150	0.036	0.005 **
气候风险认知	0.242	0.047	0.000 **
公共风险认知	0.349	0.053	0.000 **
调整后的 R^2		0.340	
F 统计量		46.659	
标准误		4.710	

注：** 表示在0.01显著性水平下显著。因变量为灾害应对措施。

进一步的分析检验了这些变量的解释力。逐步的回归过程用于比较不同模型的 R^2 值，以验证公共风险认知的解释力是否超过其他因素。公共风险认知是主要的影响因素，解释了因变量方差的26%（见表 4-23）。在此模型中引入气候风险认知提高了6个百分点的解释力，再引入灾害经历则进一步增加了2个百分点的解释力。这表明，在影响灾害应对措施重要性认知的因素中公共风险认知比其他因素的影响更大。

表 4 - 23　　　　　　　　基于逐步回归法的线性回归分析

包含变量	标准化系数	标准误	F 统计量	调整后 R^2
公共风险认知	0.514	4.969	96.732	0.26
公共风险认知	0.358	4.772	64.305	0.32
气候风险认知	0.290			
公共风险认知	0.349	4.710	46.659	0.34
气候风险认知	0.242			
灾害经历	0.150			

五　讨论与结论

　　基于上海调查数据的实证分析并没有拒绝提出的研究假设——对灾害应对措施重要性的认知与个体经历的极端天气风险认知和公共风险认知有关。而且，值得一提的是，公共风险认知较其他两个因素的影响更强。这表明，调查对象对于国际社会面临的气候灾害以外的一般公共风险的意识，更会影响到个体采取保护行动应对极端天气的倾向性（Douglas，1992）。对于风险问题所产生的更大层面的社会文化背景，值得给予进一步的关注。

　　上述研究结果解释了风险文化理论的核心理念。按照此理论，风险相关决策是对导致风险产生和重现的更大尺度的文化和政治过程的一种响应（Wildavsky，1987）。公众对气象与气候变化并不相关的公共风险问题的关注，例如能源安全问题、艾滋病，以及有组织的犯罪、恐怖主义等，来源于对更广泛的社会安全的普遍关注。对更广泛的社会安全的普遍关注促使公众重视灾害影响及风险产生和重现的文化背景。那些更加关注人类安全问题的上海居民比起一般关注的居民，有可能在应对极端天气事件时更得心应手。对社会安全的普遍关注作为社会文化背景，决定了个体对极端天气事件认知以及他们的行动方式。对各种极端天气事件的感知是一般风险认知框架中的一个

"文化影子"。个体对风险应对措施的态度不仅依赖极端天气认知程度及个体经历，更依赖于其对一般公共风险的认知（Thompson and Rayner，1998）。因此，个人对极端天气事件的认知和行动显示出个体对人类世界安全问题的广泛关注。

从文化视角研究灾害风险认知引起国际社会的关注（King，2004；Couch，2000），但在中国研究公众自然灾害认知的文献中仍缺少这一视角。在中国，研究的分析视角、问题属性或研究结果都局限于特定的风险问题，因此对个体风险认知的研究存在诸多不足。针对这一研究方法的不足，我们的解释性研究表明，最重要的风险认知因素是对更广泛的人类安全的关注，而非气候条件的破坏性本身。

然而，我们需要更多的证据支撑这一结论。未来研究的一个可能方向就是获得更加系统的研究技术，例如由文化理论发展而来的"网格—群体分析"（Gird – Group Analysis）方法（Wildavsky，1987）。该方法可用于检验文化差异的影响，例如个人主义和平等主义、行动和灾害预防的倾向性等。风险文化在中国的概念化也可能会考虑区分"主观"和"客观"的因素，或兼顾社会合理化的风险概念和独立专家评估等不同方式。

这些研究结果对更有效的灾害风险管理具有现实含义。个人在关心国际社会的一般公共风险问题时，更易于认可风险应对措施。这对于加强风险教育和传播信息提供了理论上的支持。就应对全球气候变化等人类安全问题而言，不应局限于某一特定时期和地点的自然灾害事件，而应在更广泛的意义和政策框架下开展灾害风险管理。公众所关注的风险信息可以从地方性信息扩展至更大的社会范围，无须对风险信息的地理空间进行限定。这些拓展的措施，有助于基于个体理解和应对极端天气的方式在更广泛的文化认知空间下进行灾害风险治理。此外，也有助于当地决策者、应急管理人员及社区与救援组织设计更为有效的措施，以提高家庭层面的风险认知水平和有效应对风险的能力，最终提高居民对极端天气影响的韧性。

第九节　城市适应气候变化规划研究：
以上海市奉贤区为例 *

　　IPCC 科学评估报告指出，气候变化已经成为灾害风险管理与可持续发展的主要挑战。一方面，不合理的发展规划将加剧气候变化风险的暴露度和脆弱性，导致风险放大效应；另一方面，不同发展水平的国家面对已经发生的气候变化普遍缺乏防范意识（IPCC，2012，2014）。IPCC 第五次评估报告第二工作组报告专门有一章讨论城市地区的适应问题，指出城市是全球人口城市化和经济发展最快的地区，气候变化风险日益凸显（IPCC，2014）。近年来，许多发达国家城市为了应对气候变化风险、提升适应能力，积极推动适应气候变化领域的政策和行动。根据美国麻省理工学院 2011 年的估计，全球约有 1/5 的城市制定了不同形式的适应战略，但是只有很少一部分制定了具体翔实的行动计划（Gallucci，2013）。从国际经验来看，一些制定了专项或综合性适应规划的国际城市，都是旨在提升城市应对和适应长期气候变化风险的能力，以韧性城市作为城市发展目标。例如，纽约的城市适应计划以桑迪飓风的灾后重建为契机，投资 195 亿美元，全面加强对城市基础设施、人居环境和社区规划的风险防护（郑艳，2013）。

　　近些年，气候灾害对我国沿海城市地区的影响不断加剧，尤其是长三角、珠三角、环渤海等人口和产业密集的城市群地区受到海平面上升、风暴潮、台风、洪涝、咸潮入侵、雾霾及极端天气等多种气候变化风险的威胁（曹丽格等，2011）。例如，2012 年 7 月 21 日，北京遭遇了一次特大暴雨灾害的袭击，暴露出城市化过程中重建设、轻规划、应急联动体系不健全、风险防范意识薄弱等问题。中国一些经

---

　　* 原载郑艳《城市决策管理者对适应气候变化规划的认知研究——以上海市为例》，《气候变化研究进展》2016 年第 2 期。有修改。

济发达城市在适应气候变化领域开展了不少探索性的实践，例如上海市在应对灾害风险管理的制度体系、能力建设和科普宣传等方面积累了一些机制创新的经验（陈振林等，2015）。2015 年 12 月，上海市发布了《上海市城市总体规划（2015—2040 年）》，提出要建设一个能够应对各种风险的、韧性的、有恢复力的城市。

2013 年底发布的《国家适应气候变化战略》将城市地区作为重点适应区之一，要求各省市区政府尽快推进适应气候变化规划（以下简称适应规划）工作。2016 年 2 月，国家发改委联合住建部出台了《城市适应气候变化行动方案》，提出根据气候地理条件和经济社会发展状况建立气候适应型城市，到 2020 年，普遍实现将适应气候变化相关指标纳入城乡规划体系、建设标准和产业发展规划，建设 30 个适应气候变化试点城市。作为具有前瞻性、系统性和战略性的宏观决策过程，适应规划涉及跨部门、多目标和多主体的城市治理过程，设计、制定和实施适应规划需要充分了解决策者和社会公众的决策意愿和需求。本节以上海市为例，通过社会调研和参与式评估等方法，分析了城市决策管理者对于适应气候变化规划的认识、决策需求和目标，旨在为中国城市深入开展适应规划和行动提供信息和参考。

一　城市适应规划认知研究的关注问题

与城市适应规划密切相关的问题主要集中于以下三个方面：

（1）气候变化对城市的影响与挑战：包括了解来自不同部门的城市管理者对气候与环境风险的认知，在工作中如何看待和应对气候变化问题等。

（2）城市适应气候变化的决策治理机制：主要了解城市管理者对于适应治理的内外部环境及其优劣势，如何看待现有的气候变化决策协调机制，以及如何结合适应气候变化需求改进现有的机制设计等。

（3）城市开展适应规划的具体建议：以上海市奉贤区作为典型，调研开展适应规划的政策需求、适应领域和重点工作。

本节内容主要来自 2011 年和 2013 年中国社会科学院城市发展与环境研究所及上海市气候中心在上海市联合召开的两次决策管理者研讨会的问卷和群体评估结果，参加部门大多来自上海市应对气候变化及节能减排工作领导小组的成员单位，两次研讨会共收回开放式问卷 20 份①。

二 气候变化对城市的影响与挑战

1. 针对全球环境与气候变化问题的认知

城市决策管理者对于环境问题的关注度及气候变化风险的认知水平，很可能会影响其对适应规划工作的支持意愿。针对上海市居民的风险认知的调研表明，上海居民对于全球环境问题的关注与其对地区气候灾害风险的认知水平有一定的关联（Xie et al.，2014）。针对 20 位上海市决策管理者（以下简称受访者）的问卷调研结果表明，受访者对于国内外环境问题都较为关注，认为全球最突出的环境问题是干旱和荒漠化、水资源匮乏、全球变暖、能源短缺、生物多样性减少等；国内最突出的环境问题主要是水（河湖海地下水）污染、能源短缺、干旱和荒漠化、极端天气气候灾害等。

针对全球变暖的原因，超过 80% 的受访者选择了"自然变化和人类活动都有，但主要是人类活动"，其他人认为主要是自然变化引发，或者认为不能判断、不存在。与上海市居民的认知调研结果相比，有 56% 的受访居民认为气候变化主要由人类活动导致，远远低于决策管理者的比重（谢欣露、郑艳，2014）。此外，在气候变化科普信息获取方面，超过 2/3 的受访者主要借助电视广播和网络等新媒体，1/3 的人借助报纸杂志等传统媒介，这一比重与居民调研结果比较接近。可见，上海市奉贤区的城市管理者对于气候变化问题的认知水平显著高于居民群体，这可能是因为决策管理者的受教育水平更高②、获取信息的质量更高或目的性更强。

---

① 2011 年 7 月的市级部门研讨会有 8 位参会者，分别来自上海市发改委、市应急管理委员会、市水务局、市卫生和计划生育委员会、市绿化和市容管理局、市农业技术推广服务中心、市气象局和气候中心。2013 年 8 月的区县级部门研讨会有 12 位参与者，分别来自上海市信息中心、上海市奉贤区气象局、区环保局、区民政局、区旅游局、区建设和管理委员会、交通委员会、区供电公司、区水务（海洋）局、区政府办公室、区城市综合管理和应急联动中心、区防汛指挥部办公室等机构。

② 以奉贤区的 12 位受访者为例，普遍具有较高的受教育水平，其中 75% 的受访者具有大学（本科或专科）学历，16.7% 具有硕士学位。

2. 气候变化风险及其影响

对受访者的调研表明：①从短期来看，暴雨洪涝，台风、龙卷、大风，高温热浪是对上海市社会经济影响最大的前 3 种气候灾害，影响主要表现在农业生产、城市内涝、交通堵塞、基础设施毁损、财产损失和健康影响等；②从长期来看，海平面上升，台风、龙卷、大风，高温热浪，暴雨洪涝是排名前几位的气候灾害风险。奉贤区受访者对本区目前和未来影响较大的天气气候灾害依次排序为：暴雨洪涝，高温热浪，大雾、雾霾，台风、龙卷、大风，低温、冰冻、寒潮（见表 4-24）。针对"您如何看待本地区适应气候变化问题？"，奉贤区受访者都非常赞同"气候变化风险具有复杂性，单一部门无法独立应对和解决"，50% 的人非常同意"未来本地区很可能会遭遇到百年不遇的强台风影响"。这些判断与上海市受访者的看法比较接近，与上海市气候中心的研究预测结论也是较为一致的。

表 4-24　　　　奉贤区决策管理者对于城市天气
气候灾害影响与风险的认知

灾害类型	过去 5 年间	未来 20—50 年
暴雨洪涝	2.3	2.4
台风、龙卷、大风	2.2	2.2
梅雨、连阴雨	1.5	1.9
高温热浪	2.3	2.3
大雾、雾霾	2.3	2.2
雷电	1.9	1.8
低温、冰冻、寒潮	2.1	2.1
海平面上升	1.2	1.6

注：①调研年为 2013 年。②共设有 5 个选项，0 完全没有影响，1 表示基本没有影响，2 表示有些影响，3 表示严重影响，x 为不清楚；上述数字为得分加权的结果。

3. 城市决策管理者如何应对气候变化的挑战

在调研和评估过程中，对于城市未来（2050 年以后）可能面临的气候变化风险，上海市的各部门受访者大多比较乐观，认为现有的城市行政管理能力和决策效率较高，应该可以应对，但是发改委、气象局和农业部门的代表则认为，现有的灾害应急体系或预警机制尽管运转有效但是仍不够完善，很可能无法应对一些极端天气气候事件。对于如何加强城市适应治理能力，受访者们认为应该加强政务公开、公众参与、科研和技术支持、企业责任等方面。

奉贤区受访者提到了在其工作过程中曾经遇到的一些具体的决策困难和障碍（见表4-25），其中90%的人认为，最突出的问题是部门业务职能有交叉，职能权责不够明确。有一半的人认为，与相关部门的决策协调不足，信息沟通渠道不畅；工作预案不够具体，对突发的新问题难以及时反应落实；以及工作经费不足，投入有限，有历史欠账问题；等等。

表4-25　　　　气候变化对城市决策管理部门的主要挑战

主要问题	票数
部门业务有交叉，职能权责不够明确	11
与相关部门的决策协调不足，信息沟通渠道不畅	7
工作预案不够具体，对突发的新问题难以及时反应落实	7
工作经费不足，投入有限，有历史欠账问题	6
缺少研究和技术力量支持	6
超出本部门现有的职责权限，难以独立解决	5
人手有限，或没有专人负责，工作不能常态化	5
地区缺乏应对新风险的长远规划	4
个人知识和经验积累不足以判断和应对新问题	4
上级主管部门重视不够，没有作为优先事项进行考虑	3

对此，一半以上的受访者表示在遇到上述困难时，一般采取以下措施加以解决：①在现有协调机制下，与其他部门及时磋商解决；②及时向上级领导汇报；③事后总结经验，提出建议，提交相关部门考虑；④根据经验进行决策和应对等。此外，一些受访者还提到其他举措，例如申请专项资金，加强能力建设；组织专家研讨，寻求解决方案；修改完善现有的政策、法规和工作预案等。

4. 奉贤区开展适应规划的优劣势分析

在奉贤区研讨会上，采用群体评估和 SWOT 分析方法，了解奉贤区在气候风险治理和适应规划中面临的主要问题、治理目标及途径等。评估表明，尽管存在一些挑战和障碍，奉贤区的适应气候变化工作不仅有着很好的外部发展机遇，也有着发展气候适应相关产业的空间（见表 4 - 26）。

表 4 - 26　　　　　上海市奉贤区开展适应规划的优劣势分析

	优势 S	劣势 W
内部因素	1. 后发优势，环境保护较好，生态资源较好，有较多海岸线可待开发； 2. 极端自然灾害较少，台风影响频率低，排涝能力较强； 3. 国家和市级政府重视程度较高，治理机制较完善； 4. 较完备的应急系统及应急预案，部门联动有效及时； 5. 人们思想认识提高	1. 经济薄弱，人力物力财力不足； 2. 基础设施滞后，资金短缺； 3. 外来人口比重高； 4. 区域内各类风险较多，抗风险难度大； 5. 台风对滨海地区影响较大，大型化工企业集聚，受气候变化风险影响存在隐患； 6. 缺乏全市统一专门的适应协调机构，信息沟通不畅，体制机制不成熟； 7. 政策支持力度不够
	机遇 O	挑战 T
外部因素	1. 对后发优势的利用，以创建全国环境模范城区为契机，可在规划建设中预防，如提高新城建设标准，全面推进环境建设与隐患清除工作； 2. 中央越来越重视防灾减灾工作； 3. 上海杭州湾开发机遇； 4. 气候变化引起管理部门和公众关注	1. 改革现有机制，如理念与规划、规划与实施、建设与资金等的矛盾； 2. 区内未来人口激增压力； 3. 气候变化风险具有复杂性，可能影响奉贤区发展前景； 4. 执行具有超前理念的管理规划方案； 5. 受气候变化的影响，各类自然灾害频发，对各部门的应急管理协作能力和处置水平提出更高要求

评估结果如下：

SWOT 现状分析：上海市奉贤区属于 WT 现状态势，即劣势和挑战大于优势和机遇。主要问题是发展水平低，潜在灾害风险隐患多，部门协调机制不成熟，未来气候变化及灾害风险增大，将影响经济发展，加剧各部门协调处置压力等。

SWOT 未来策略：未来提升适应治理能力将是劣势与机遇并存，可采取 WO 策略，充分利用外部发展机遇，借助应对气候变化和周边长三角区域的发展实力和开发机遇，打好发展的基础，同时利用国家和市级政府对适应气候变化的重视，进一步提升防灾减灾能力。

可见，上海奉贤区决策管理者认为，上海奉贤区内部劣势对于适应规划和风险治理的影响远大于外部挑战的影响。这说明适应治理的主要挑战来自内部体制、机制等因素（尤其是加强部门在应急管理、中长期规划中的部门协调和决策协同等方面）。

三　城市适应气候变化的决策协调机制

适应规划是政府开展的、有计划的适应行动，是提升适应能力的重要决策工具。实践中，许多国家和地方的适应战略或规划都存在着与其他政策领域协调或整合不足的问题（Biesbroek et al.，2010）。目前国内的城市气候变化决策协调机制由国家发改委牵头的应对气候变化及节能减排工作领导小组组织和实施，各部门主要以落实国家和地方减排任务、建设低碳城市为主要目标。尽管《国家适应气候变化战略》已经出台，但是自上而下的适应决策机制尚未真正形成。一方面，适应气候变化与城市规划、防灾减灾、环境保护、生态建设等相关领域密切关联，但相关部门职责与权限缺乏明确界定，适应目标、任务和工作重点尚不明确；另一方面，各部门之间的信息沟通与决策协调还远远不够，部门规划缺乏衔接与呼应，难以形成合力。针对这些问题，上海市的决策管理者们对于如何建立适应气候变化的决策协调机制提出了一些思考和建议。

（一）适应气候变化的主体

适应气候变化需要从政府、企业到社会公众等不同主体的参与。适应规划一般由政府部门发起和实施，同时充分调动各种社会力量和资源的参与。各国由于政治文化体制差异，推进适应气候变化的政策路径有所不同，有的是自上而下经由国家适应战略推动，有的是城市政府和社会各界自下而上的自觉行动（郑艳，2013）。上海的受访者普遍认可政府部门在适应气候变化行动中的角色和作用（见表4－27）。例如，大部分受访者认为，现有的社会认识、市场环境还不成熟，仍然需要政府主导，自上而下推动适应工作（尤其是国家和地方主导的适应投资），也有人认为政府应当逐渐从主导变为引导，发挥宣传、教育和政策激励的作用。一些受访者建议政府应该编制《气候变化法案》等适应气候变化的法律法规，相关部门编制适应气候变化的预案，同时可以充分调动市场和社会力量，鼓励私人投资，发展保险市场。

表4－27　　　　政府部门在适应气候变化行动中的角色和作用

主要观点	票数
现有的社会认识、市场环境还不成熟，仍然需要政府主导，自上而下推动适应工作（尤其是国家和地方主导的适应投资）	9
政府应该编制《气候变化法案》等适应气候变化的法律法规，相关部门编制适应气候变化的预案	7
政府应当逐渐从主导变为引导，发挥宣传、教育和政策激励的作用	4
现有机制应该足以应对气候变化风险，可以充分调动市场和社会力量，鼓励私人投资，发展保险市场	3

（二）决策组织机制及其作用

在2011年的上海市调研中，气候适应相关机构尚未成立，因此受访者提出可以由市发改委或市政府等部门牵头组织实施城市适应战略或规划工作。在2013年的奉贤区调研中，受访者都是各部门负责气候变化工作的相关人员，因此给出的建议更加具体，可操作性强。例如，2/3的受访者建议可以在应对气候变化领导小组设立专门的适应联络员及适应部门协调会议。其他可行举措包括：应对气候变化领导小组下设适应领导小组，由成员部门参与；发改委气候处有专人负责适应工作；或者在市政府应急办增加适应工作的相关部门或联络员。针对哪些部门应当纳入适应气候变化的决策协调机制，一半部门代表建议组成专家委员会研究、推荐候选部门，或者参照国内外其他地区的实践经验。此外，也有专家认为可以由应对气候变化领导小组决定成员部门，甚至由部门提出意向并申请加入。对于如果成立专门的适应协调机构，2/3 的部门代表认为最好是由应对气候变化领导小组设专门的"适应联络员"及"适应部门协调会议"。

针对以下问题：上海市如果成立一个适应决策协调机构，与现有机制设计相比，您认为其在改进职能或发挥潜在作用方面，是否具有必要性或重要性？受访者认为很有必要，有助于发挥以下作用（见表4-28）：①吸引社会公众参与，推动适应宣传、科普和教育；②作为各部门适应工作的交流平台，提高信息沟通效率（上下级、部门内部、部门之间）；③确定适应工作的优先事项，合理分配人财物资源；④发现适应工作中的新情况、新问题，及时通报各部门，引起相关部门重视；⑤组织专家和研究机构开展咨询和研究，提升决策的技术含量；⑥组织编制地方适应战略、五年规划、中长期规划；⑦针对部门需求和不足，支持部门适应能力建设。此外，一些部门代表认为，建立这一机构还有助于从地方发展的全局和长远利益考虑问题，避免部门倾向，通过各部门协同推动示范工作，确保政策的可持续性。在此基础上，还可以推动建立与周边地区（如长三角经济区）的决策协调机制。

表4-28　　　　　　　　成立适应决策协调机构的作用

选项	0	1	2	3	x	得分
作为各部门适应工作的交流平台，提高信息沟通效率（上下级、部门内部、部门之间）	—	1	3	8	—	2.6
发现适应工作中的新情况、新问题，及时通报各部门，引起相关部门重视	—	—	5	7	—	2.6
协同各部门寻找解决方案，推动示范工作	—	—	7	5	—	2.4
针对部门需求和不足，支持部门适应能力建设	—	—	6	6	—	2.5

续表

选项	0	1	2	3	x	得分
确定适应工作的优先事项，合理分配人财物资源	—	1	3	8	—	2.6
组织编制地方适应战略、五年规划、中长期规划	—		6	6	—	2.5
组织专家和研究机构开展咨询和研究，提升决策的技术含量	—		6	6	—	2.5
推动建立与周边地区（如长三角经济区）的决策协调机制	—	2	5	5	—	2.3
从地方发展的全局和长远利益考虑问题，避免部门倾向，有助于决策的可持续性	—	1	6	5	—	2.3
吸引社会公众参与，推动适应宣传、科普和教育	—	—	4	8	—	2.7

注：0 表示完全不重要，1 表示不太重要，2 表示比较重要，3 表示非常重要，x 表示不清楚。

其中最获得认可的选项是"吸引社会公众参与，推动适应宣传、科普和教育"。在另外一道题目"请对以下政府提高城市抗气候变化风险能力措施的重要性打分"上，所有的代表都认为"开展防灾演练和科普宣传，增强公众的防灾自救能力"非常重要，其次是"提升地下排水管网的排水能力"，"提高城市绿化率，增加开放的社区绿地"，"加强极端天气气候事件及灾害的预报预警和监测体系"，"估算合理的城市规模，控制城市总人口"，"面向公众需求开发气候灾害信息服务平台"，"为沿海工业园区、新城区制定长期的灾害风险预警和应急工作预案"等。这些问题都是与防灾减灾能力密切相关的。可见，上海市职能管理部门能够认识到"政府主导的治理机制"有自己的不足和问题，但是尚缺乏足够具体、明确、可操作的建议。

四 城市适应气候变化规划

城市适应规划能够为各部门管理者提供决策指南，明确适应的目标、原则、优先领域、重点任务等。从发达国家和发展中国家的案例来看，信息、资源和激励机制都是城市推进适应规划的重要决策因素。此外，政府治理结构、公众参与机制、政策立法体系等制度文化因素，也会影响适应规划的成效（Lehmann et al., 2015）。从各国实践经验来看，可以发掘出一些适应规划的基本要素，例如：①明确受到潜在风险影响的关键领域和部门，界定政府需要采取的优先工作；

②充分了解现有的适应基础，包括制度环境、激励因素、研究支持，及人财物等适应资源和要素等；③针对长期的成功适应行动制定决策原则，并考虑不确定性问题；④适应规划与其他政策规划领域的协同或整合；⑤适应规划的实施、监督和效果评估等（Preston et al.，2011；Biesbroek et al.，2010）。

（一）编制适应规划的意义及内容

在调研过程中，《国家适应气候变化战略》尚未出台，上海市受访者均表示国家宏观战略对于推动地方工作具有积极的意义，此外，社会公众意识、科技支撑能力、企业参与的积极性等对于适应工作也是积极的推动因素。在奉贤区调研中，有 2/3 的受访者认为奉贤区编制专项的适应规划"很有必要，可以凸显适应问题的重要性"，也有部分代表认为"不太必要，可以列入现有的部门专项规划之中"。对于"如果在'十二五'期间拟启动奉贤区适应规划的编制工作，您认为下列前提条件是否足够成熟?"这一问题，绝大多数受访者认为基本是成熟的，主要是由于"有主管部门牵头负责""上级领导重视""本区适应的重点领域及优先工作比较明确"以及"地方学术界有能力提供所需的各种决策信息"这几个因素。奉贤区的部门代表们建议，适应工作需要摸着石头过河，最好先做示范试点，再做长远规划。

适应规划从编制文本到发布实施，需要一个较长的程序。对此，受访者普遍认同，适应规划需要有清晰的编制方案和工作计划，明确本部门角色，规划内容应当包括一些重要的基础性工作。例如：①有完善的适应气候变化法律法规体系做指导；②明确的、具体的、能落实到本部门的适应目标；③明确适应规划的关键领域，及其与本部门的关系；④整个过程有专家和研究机构的技术支持；⑤规划实施过程的监督、反馈、汇报及评估要求等。此外，规划编制还需要充分考虑以下问题：①本部门的具体职责、任务、优先工作和时间表；②主要的气候变化风险及其影响评估（尤其是对本部门的影响）；③决策的不确定性及可能的失误；④公众对本部门适应工作的看法和建议；⑤下级适应规划编制的前提条件；⑥与其他相关部门的工作衔接或矛盾问题等。

（二）适应规划应该纳入的重点工作

奉贤区临港沿海，地处上海市台风洪涝高发地区，与上海市其他城区相比，还处于城市建设和发展初期。调研了解到，一方面奉贤区发展任务艰巨，例如流动人口占全区总人口的60%，加剧了城市社会管理和公共服务的难度和压力；另一方面风险隐患较多，沿海地区集中了不少高校园区、化工企业，对城市风险管理提出了较高的要求。针对奉贤区发展现状及未来可能存在的主要气候风险，受访者普遍认同奉贤区的适应问题与城市规划（人口、土地和产业布局）密切相关，适应政策需要考虑不同群体和部门的需求，然而如何在政策设计中进行权衡是一个难题。

制定适应规划首先必须了解所在地区的气候变化风险趋势。各部门代表对本地区面临的主要气候风险及其影响进行打分评估。结果表明，当前和未来对各部门管理工作可能带来较大影响的主要气候灾害依次是高温热浪，暴雨洪涝，大雾、雾霾，台风、龙卷、大风，低温、冷冻、寒潮等；对现状和未来灾害风险评估不太一致的是雷电，梅雨、连阴雨，海平面上升。在未来风险中，基于气象局专家提供的信息，受访者们对于雷电的赋值降低，对海平面上升，梅雨天、连阴雨的评估显著增高。

对于开展适应规划的优先事项，不同部门具有不同的看法和视角（见表4-29）。第一，80%的专家赞同街道和社区层面的防灾工作、信息传递是非常重要的问题。第二，改善城市生态环境的同时注重适应问题（减缓热岛效应、防洪），这说明决策管理者对于政策协同以及民生水利建设非常关注。第三，外来务工群体普遍收入低、居住条件差，且缺乏社会保障，是潜在的脆弱人群。第四，受访者认为适应气候变化也会带来一些发展机遇。例如，增强沿海基础设施的气候防护能力，可以给本地区带来新的投资和就业机会；通过适应行动，也能够提升对社会低收入阶层和外来务工群体的关注等。第五，受访者都认可本部门的适应政策能够与减排协同考虑。然而，目前的城市应对气候变化规划中常常单独设置减缓和适应目标，很少考虑二者如何协同的问题，这需要在具体规划过程中予以解决。

表 4 - 29 开展适应规划的优先工作

序号	选项	票数
1	上海市的防灾基础设施建设已经相对完善，主要是应对新增的风险，需要一些额外投入	4
2	上海市奉贤区流动人口很多，一些低收入者是潜在的脆弱群体	6
3	老龄化群体及其健康和医疗保障问题	3
4	加强风险的社会保障，扩大灾后救济覆盖面及救助力度	4
5	改善城市生态环境与减少热岛效应、洪涝风险等问题相结合	8
6	沿海新城建设中的气候变化风险	5
7	城市街道与社区的灾害防御及信息传递机制	10
8	其他	0

（三）国际经验的借鉴

针对中国社会科学院专家介绍的美国纽约等国际城市适应规划的经验案例，参会的部门代表认为，不少国际经验可以为上海所借鉴，也有一些经验做法由于存在国情和制度文化差异，不具可比性或不好判断。具体评价见表 4 - 30。

表 4 - 30 国外城市适应规划的经验借鉴

序号	选项	不好判断	不具可比性	可以借鉴
1	市长负责制 + 部门协同决策	3	—	9
2	巨额适应资金投入	5	5	2
3	科学决策机制化、常态化（纽约适应专家委员会）	2	—	10
4	坚实的科学研究基础（运用 IPCC 气候模型、新的洪灾风险图、社会经济影响、脆弱性评估等）	4	—	8
5	企业界的参与，充分利用市场投融资机制	5	1	6
6	大适应的思路，不但重视防灾基础设施，而且重视整个城市的总体适应能力提升	1	1	10

续表

序号	选项	不好判断	不具可比性	可以借鉴
7	信息公开和分享，吸引公众关注和参与	3	—	9
8	长期规划的思路，对新的信息和进展进行年度总结和评估	1	2	9
9	在国家有限支持下，自力更生，依靠自身力量进行适应能力建设	5	1	6
10	通过纽约适应计划提升城市形象和可持续性，为城市竞争力加分	5	1	6
11	城市规划和重大工程的气候风险论证和环境评估	2	1	9

五 结论及政策建议

适应规划需要城市决策机制的创新，通过各部门的协同治理提升政府的公共管理能力，促进社会稳定和可持续发展。从上海市的适应规划认知调研结果来看，我国沿海城市作为气候变化高风险地区，开展适应规划具有现实迫切性和可行性，其形式可以根据不同城市的情况采取分类指导的原则自主实施。例如，如果该地区气候变化风险突出、适应需求较为迫切、地方政府财政力量较强，可以考虑成立专门的适应决策机制推动专项规划，优势在于可以集中关键部门的资源和力量予以落实。此外，也可以考虑在气候变化综合规划中设计专门的适应章节，优点是可以兼顾减排与适应目标，落实国家气候变化规划中实施绿色低碳发展的要求。

不论是哪种方式，都应当注重以下几个方面的工作：①建立政府主导、自上而下的适应决策机制，作为推进各部门适应规划工作的交流平台，能够提高信息沟通效率，落实适应行动；②将适应气候变化目标纳入城市长远规划，重视对极端天气气候灾害及长期气候变化风险的防范，协同城市生态环境建设和低碳城市建设等可持续发展目标；③通过适应规划加强部门协同决策，提升城市各部门的决策协调能力及综合防灾减灾能力；④注重适应决策的科学研究基础，开展城市规划和重大工程的气候风险论证和环境评估；⑤利用市场机制和信息手段，加强适应气候变化的科普宣传，吸引社区居民和企业积极关注和参与适应行动等。

第十节　城市综合灾害风险治理的机制创新：
以上海市奉贤区大联动中心为例

一　加强城市综合风险治理的必要性

全球化和气候变化加剧了风险社会的复杂性、不确定性和不可预见性，使得适应性成为风险治理必须考虑的重要内容。更具适应性和系统性的风险治理需要多部门、多主体、全社会的参与。共同管理或协作治理是现代社会决策管理部门实现综合灾害风险治理和适应性管理的重要途径（Nelson et al.，2007）。"协调、媒介、搭桥机构"有助于降低合作成本，促进冲突的解决。治理可以分为政府主导的治理、政府参与的治理、没有政府参与的治理。不同的治理模式具有各自的优势和劣势，治理模式的改进也需要考虑制度和环境背景。中国在风险治理领域一直是政府主导的模式，其优势在于社会动员和资源整合能力强，但是长期发展累积的社会风险对传统的灾害管理体系提出了挑战。"救灾重于防灾"的应急式风险管理机制难以应对现代风险社会中具有突发性、复杂性、不确定性的多种风险。因此，如何在现有的制度、机制下，改进我国政府主导的风险治理模式，扬长避短，是一个现实而迫切的研究课题（Zheng and Xie，2014）。

由于灾害风险增加，城市综合灾害风险治理成为政府部门的重要任务。为实现科学决策和提高灾害应急能力，上海市以奉贤区为试点开展了"大联动"机制的建设[①]。上海市奉贤区城市综合管理和应急联动中心（以下简称大联动中心）是对已有的城市网格化综合管理与应急管理模式的整合，将日常风险管理与应急管理相结合，在进一步细化风险和部门职责基础上实现政府职能部门整合，促进人员、信

---

① 上海市奉贤区城市综合管理和应急联动中心：《及时发现　联勤联动　快速处置——上海市奉贤区依托网格化平台建立"大联动"机制》，《中国应急管理》2013年第9期。

息、资源共享，积极探索政府和社会资源整合的工作机制，从而实现由被动的风险管理向主动的风险治理机制的转变。"大联动"初步具备了城市综合风险治理的框架和机制，在一定程度上解决了风险治理上的信息沟通、组织协调、监督管理等问题，在联动机制上进行了探索和创新，但在风险评估机制上尚存在不足和可扩展的空间。

世界资源研究所（WRI，2009）提出，适应气候变化应当实现五大基本功能：①科学评估功能；②政策和行动的优先化；③决策协调功能；④信息管理功能；⑤减小气候风险。国际风险治理委员会（IRGC，2007）提出，综合风险治理应该包括风险评估、风险管理、风险沟通等基本内容。本节以上海市奉贤区大联动中心示范项目为例，分析了城市综合管理与灾害应急管理的创新整合机制，借助风险治理、适应治理相关概念和理论，从信息沟通功能、整合与协调功能、监督与管理功能、风险评估功能四个风险治理要素层面对该项目进行分析。

二　上海市奉贤区调研情况

上海市奉贤区毗邻世界上最大的河口冲积岛——崇明岛，是易于遭受台风侵袭的区域。课题组实地考察了奉贤区的海塘建设、填海造田及新城建设情况，对上海沿海区域灾害风险及适应能力建设的相关情况进行了研讨。从奉贤区气象、水利和应急等部门了解到政府已经开展了一些相关工作。

第一，根据气候变化趋势和特点，"十二五"期间，上海市将进一步提高沿海产业带和港口航道等城市基础设施的适应能力，主要包括加强沿海区域的建设和开发，合理规划利用土地，加强海岸和河网的防护，保护沿岸港口码头、化工厂等重大工程，发展海水养殖和海洋捕捞、观光旅游业等领域，全面提高防范海洋灾害的能力，开展重点地区警戒潮位核定，制定海浪防护、海岸工程防护、防洪、压咸等方面的海洋灾害防治预案，通过护坡与护滩相结合、工程措施与生物措施相结合的方法，加高加固河堤和海堤，大力营造沿海防护林，建设多林种、多层次、多功能的防护林工程体系。

第二，根据上海地温、降水、冰雪等要素的变化，调整城市供电、供水、排水、供气、供热和通信等城市生命线系统的耐热、耐寒、耐冰冻或耐涝标准，不断提升城市防洪、区域除涝和城市排水的标准，针对市区重点防涝区域实施排水管网升级改造，提高防洪、除涝、排水能力。

第三，气象部门加强精细化气象的预报预测服务，加快构建高效的城市灾害应急指挥体系，大幅提升城市应对气候变化的应急能力，包括：开展区域气候变化情景下极端天气气候事件时间分布频率、空间分布特征的预估和预判，强化台风、局地强对流等灾害性、关键性、突发性天气和重大气候事件精细化气象预报预警技术，不断加强灾害性、关键性和突发性天气的长中短临预报一体化的预报业务系统建设，完善连续、滚动、无缝隙的气象预报预警业务机制，不断提高定时、定点、定量气象预报的及时性和准确率，切实增强气象灾害及衍生灾害的防御及服务能力，努力达到气象防灾减灾的国际先进水平。

第四，根据上海气候变化情景下城市气象灾害发生的新特点，编制和修订各项减灾预案，建立高效的城市多灾种预警中心，建立分工明确、决策迅速、反应快捷的多灾种早期预警系统及其常态化工作机制。

在此基础上，针对奉贤区大联动中心的具体职能进行了调研和案例分析，总结出其中的一些治理经验。

三　上海市奉贤区大联动中心的风险治理架构

奉贤区位于上海市的东南部，地势低平，台风、暴雨等气象灾害容易导致洪涝灾害的发生。随着气候变暖、海平面上升和极端天气气候事件的增加，奉贤区面临的气候风险不断增长。

2012年4月1日，上海市奉贤区大联动中心正式成立。针对紧急事件处置中各职能单位在人力、物资等方面存在的不足，上海市奉贤区建立面向城市管理、民生服务、应急处置及治安等领域，综合使用和联合各类信息和资源，提供统一的联动管理、调度和辅助决策的服务平台，从各单位处置紧急事件时的被动联动转变为主动联动，取得了良好的实际效果。

2013年8月，课题组在上海市奉贤区大联动中心进行了调研和座谈。针对极端天气气候事件应急处置的信息系统、组织结构和应急决策信息平台建设情况进行了调研，发现"大联动"有效改进了灾害风险治理的相关功能，主要体现在如下方面：

（一）信息沟通功能

大联动中心是在信息和知识整合基础上建立的综合风险管理平台。大联动中心是城市综合管理和应急管理职能的整合，以网格化管理为信息管理基础。网格化管理是以 GIS（地理信息技术）为技术载体，通过对每类管理对象设置专项数据图层，做到分类分级管理，明确管理对象、内容和范围，划分相关部门和人员职责，从而实现城市管理的精细化。城市综合管理系统包括人口、医疗、避难所、超市、水电气设施、行道树、窨井盖等基础信息，也包括危险源、风险源、脆弱地区等应急管理信息，并建立相应的评估—预防—处置—完善评估的闭环工作机制。例如，气象和水文数据的整合，通过降水过程对水文特征的影响，可预测洪涝发生的态势，加强监测、预警和转移；桥梁栏杆缺损是城市市容管理的小事件，但如果不及时修理，可能导致行人跌落溺水身亡，危桥就变成了风险源，通过城市管理网格及时发现问题、处置问题可以减少风险的发生，从而实现由风险的被动管理向主动管理的过渡。当灾害发生后，通过信息系统可及时定位灾害发生地点，了解和调动附近资源和设施，对相关职能部门发出应急指令，为实现统一的联动管理、指挥、调度提供辅助决策的服务平台。

"大联动"非常重视信息在部门间的共享和交流，对信息保密级别和管理权限进行甄别，但诸多信息是在上报市级相关部门后才可以获取，存在信息的时效性问题。由于在区级大联动中心具有较高的行政级别，区级各职能部门信息获取的障碍消除，但在市级行政层级上大联动中心获取数据的权限有限。大联动中心是信息整合和分发的中枢，为科学、有效、及时决策提供支撑。大联动中心建立了考核机制，对村镇社区的应急演练等情况进行登记和监督，对值守人员进行不定期检查，对政府部门灾害应对情况进行评估，从而实现综合风险治理的信息化。

（二）整合与协调功能

奉贤区大联动中心具有较高的行政层级和权限，在组织结构上对区政府负责，有权要求相关职能部门提供信息，并对相关部门发出应急指令，进行考核。在区级成立了"大联动"领导小组，由相关委办局、各镇、开发区和社区主要负责人组成，在镇、开发区和社区成立大联动分中心，进一步细化和完善各区级职能部门对灾害及次生灾害的管理职责，避免了风险管理职责上的缺失，努力实现风险管理联动责任网络的全覆盖。

大联动中心建立了公安、城管等多部门执法力量常态化联合巡查的"大联勤"机制，与区镇建立了"属地主导，条线配合"的联动格局，与部门建立了"牵头单位主导，联动单位配合"的联动格局，从而使奉贤区大联动中心逐渐成为协调"条与条、条与块、块与块"职能、处置具体问题的核心层。大联动中心具有较强的组织协调和整合能力，使风险综合治理能力得以提升。

"大联动"强调对社会力量的整合，通过完善应急物资和应急设备储备等制度将社会力量纳入"大联动"机制。城建服务热线、12345服务热线等是公众参与"大联动"的重要方式。由于起步较晚，大联动中心也存在诸多尚需完善之处，对居民和社区力量等灾害最前线的利益相关方的整合和协调还比较弱。因此，"大联动"应加强综合风险治理的组织架构，对各利益相关方知识和信息进行整合，加强政府部门之间的整合，以及自上而下和自下而上的组织功能和职责的整合。

（三）监督与管理功能

大联动中心可对全区各应急处置责任单位进行综合考评，并将此考评作为区级单位绩效考核的一项内容。考核内容包括日常应急工作考评（如应急值守、周报、应急保障、预案管理、预案演练、宣传培训等）、年终实地考评（如制度完善、隐患排查等内容）和奖励考核，并制定相应的考评标准。但也存在不足：违规建设和侵占河道等行为发生后，只有显示在信息平台上管理者才能发现并采取行动；灾害预防缺乏群众参与和监督；考核机制只是政府部门内部考核机制，缺乏外部公众的参与。群众参与和监督能够促进"大联动"工作机制的完善和效率的提高。

（四）风险评估功能

风险评估建立在大量信息基础之上，由于大联动中心起步较晚，所收集的地理、气象、风险源、脆弱群体等数据仍不全面、数据时间不够长，某种程度上影响到风险评估的质量。风险评估往往不是仅靠政府部门可以完成的，需要各行业的专家意见和公众参与，风险评估是风险管理的重要环节，进一步加强风险评估能够促进"大联动"机制的完善。

在气候变化背景下，城市气候灾害更具复杂性、连锁性，需要政府和社会力量的共同参与，需要各部门进一步协同整合，促进信息、资源和人员的共享和协调。上海市奉贤区在应急联动上的前沿性实践，为促进城市综合灾害风险治理提供了有益的借鉴。但是，也存在一些待改善之处，如促进灾害管理部门与科研机构、相关企业和社区的信息共享，完善风险评估机制，加强公众参与。

四 结论

从对上海市奉贤区的案例分析可见，大联动中心的成立有助于改进我国政府主导型风险治理模式的不足，主要表现为：夯实基层建设，提升信息传递效率，增强跨部门协作，避免组织性失责及风险社会引发的风险放大效应问题。不足在于：科学评估的研究基础薄弱，公众意识提升及全社会参与较为滞后和被动。因此，未来风险治理需要与适应治理相结合，将"应急思维"转为"适应性管理"理念，在城市规划和应急管理工作中关注中长期风险的防范和规划，建立更加具有全局性、参与性和精细化的制度安排，提升城市系统的韧性。

第十一节 上海市应对气候变化
风险的创新实践[*]

面对气候变化、全球经济危机、环境和发展压力等现实挑战，提

---

[*] 部分内容摘自陈振林、吴蔚、田展等《城市适应气候变化：上海市的实践与探索》，载王伟光、郑国光主编《应对气候变化报告（2015）：巴黎的新起点和新希望》，社会科学文献出版社 2015 年版。

升城市应对灾害风险的韧性，将成为衡量一个城市可持续发展能力和综合竞争力的重要指标。灾害风险治理是适应气候变化不可或缺的重要组成部分，是适应气候变化的首要内容。被动的应急风险管理更多地基于已产生的不利后果，而主动的灾害风险治理更注重预防和减小未来的潜在风险。为实现科学决策和提高灾害风险应急管理能力，上海市整合了城市网格化综合管理与应急管理模式，将风险管理与应急管理相结合，在进一步细化风险和部门职责基础上实现政府职能部门整合，促进人员、信息、资源共享，积极探索政府和社会资源整合的工作机制，从而实现由被动应急管理向主动风险治理机制的转变。

上海市在城市发展的理念与实践层面，一直努力当好"改革开放排头兵"和"创新发展先行者"，近年来以韧性城市为目标，积极探索，走在了全国城市的前列。上海市气象局是上海市应对气候变化和节能减排工作领导小组的成员单位之一，牵头编制了《上海市节能和应对气候变化"十三五"规划》，在城市应对气候变化的科技支撑、科普宣传、应急管理和政策规划等方面发挥了非常积极的作用。本节介绍的上海市应对气候变化灾害风险、构建韧性城市的政策和实践，对于其他城市具有借鉴意义。

一 加强应急联动，推动城市极端气象灾害防御的体制机制创新

（一）建立跨部门的预警信息发布中心，强化部门间的风险管理决策联动

灾害风险管理和适应气候变化是典型的跨部门公共管理问题，跨部门合作已经成为国家和地方层面治理创新的一种现实模式。2013年2月6日，上海市突发事件预警信息发布中心正式成立，该中心实行24小时值守，整合了广播、电视、报刊、互联网、微博、手机短信、电子显示屏等信息发布渠道，可发布5部门20种预警信息，为全市各类突发事件预警信息发布提供了权威、有效的综合平台。

（二）建立红色预警应急处理联动机制，提升应急预警时效

2014年1月8日，上海市出台了《关于本市应对极端天气停课安排和误工处理的实施意见》，针对可能发生的、对社会和公众影响较大的台风、暴雨、暴雪、道路结冰等气象灾害分别制定了应急预案，

并按照气象灾害发生的紧急程度、发展势态和可能造成的危害程度，明确了在一级（红色）、二级（橙色）、三级（黄色）、四级（蓝色）预警级别下的应急响应措施，提出如遇台风、暴雨、暴雪、道路结冰四类红色预警，各中小学及幼托园所、中等职业学校等自动停课。

（三）建立多灾种早期预警系统，探索全市参与的防灾减灾体制

上海多灾种早期预警主要致力于灾害的早发现、早通气、早预警、早发布和早联动，强化"政府主导、部门联动、社会参与"的防灾减灾体制机制，研究气象因子与城市积涝、城市交通、人体健康、流行性疾病、能源供应等关键领域的关系，探索开展灾害性天气影响预报和风险预警。2014 年，项目制定了气象灾害应对总体预案和 5 个专项预案，25 个部门建立了 36 类标准化部门联动机制，14 个部门建立资料共享机制，6 个部门联合开展技术合作。

二　加强基础能力建设，推动城市气候变化风险管理的政策措施和工程技术创新

（一）成立气候变化研究机构支持适应决策

2012 年上海市政府和中国气象局联合成立了上海市气候变化研究中心，负责开展上海气候变化对城市灾害、防洪除涝、海平面上升、风暴潮、农业生产等的影响和对策措施研究，为上海加强适应气候变化工作提供基础研究和决策服务，更好地支撑和保障上海城市安全和经济社会发展。近年来该中心牵头编制上海市适应气候变化战略规划，连续发布了《上海市气候变化监测公报》，推进重大建设项目（上海迪士尼乐园）气象灾害风险评估工作。

（二）将提升适应气候变化基础能力建设纳入城市发展规划

2012 年发布的《上海市节能和应对气候变化"十二五"规划》将提升城市应对极端天气气候事件应急能力、城市基础设施适应气候变化能力和气候变化基础科学研究能力作为重点任务写入城市发展规划。2017 年 3 月发布的《上海市节能和应对气候变化"十三五"规划》提出"城市气候变化基础科学研究达到或接近国际先进水平，重点行业和薄弱区域适应气候变化能力显著增强"的适应目标，要求重点提升城市防汛能力，强化能源和水资源供给保障，进一步提升城市

适应气候变化的基础能力建设，包括：加强气象、卫生、交通、电力、海事、农业等部门预警信息联动，建设针对重点区域、脆弱人群的预警信息发布系统和联合应急指挥体系，加强防洪排涝、能源资源供应、交通等重点领域应对气候变化风险评估和对策研究等。气象部门积极发挥气象服务的经济效益，2014 年上海率先在国内推出了"夏淡季"青菜气象指数保险产品和城市水灾风险地图，初步探索建立了依托于金融产品的风险分担和转移机制。

（三）结合智慧城市建设，加强社区风险管理

社区作为社会的基本单元，不但是各类突发事件的承载体，更是防灾、减灾、备灾、应灾和灾后重建的行动主体。上海市开展了基于社会防灾基本单元的基层社区气象灾害综合减灾风险普查。以新江湾街道为对象，通过与城建、民政、街道等部门的合作，重点针对城市交通和易积涝区域，联合开展精细到具体灾害隐患点的暴雨洪涝气象灾害风险普查，建立了社区气象灾害监测预警服务系统。该系统的信息发布对接社区智慧屏、微信等网络终端，实现了气象产品智能推送和有效发布。2014 年汛期针对试点社区发布预警信号 28 次，有效提高了预警信号的针对性。

三　加强气候变化科普教育，提升公众防灾减灾意识

（一）借助世博会等重大社会活动宣传气候变化知识

2010 年上海世界博览会中，建设了在世博会 159 年历史上首个独立气象展馆，也是上海世博园区唯一的国际组织自建馆。馆内展区中设立了一条诠释气候变化与人类文明进程的气候变化长廊，展示了由 20 个人类文明的历史瞬间筑起的时间隧道，用科学的视角撷取气候变化的精彩难忘瞬间，让每一个参观世界气象馆的观众切身感受到气候变化的后果和启示。

（二）开展"市民低碳行动"科普宣传活动，增加公众低碳意识

上海一直努力推进和倡导绿色低碳的生活方式和消费理念，动员全社会共同参与践行低碳行动。每年定期举办"全国低碳日"和"节能宣传周"主题宣传活动。此外，上海全市 17 个区县中学连续三年开展了"走路去上学，低碳生活我行动"主题科普实践活动。活动

一方面通过 GPS 技术记录学生上学、放学路上的行走里程，通过与原来的出行方式对比，计算减碳量，让学生真正体会"小行动改变大气候"；另一方面通过举办"气候变化与我们的生活"主题讲座，通过形象生动的视频、图片和讲解，给同学们展示了气候变化的科学知识以及对社会生活产生的影响。

（三）依托"百万家庭低碳行，垃圾分类要先行"市政府实事项目，探索建立符合上海实际的环保低碳教育行动

上海市 2011 年启动了"百万家庭低碳行，垃圾分类要先行"市政府实事项目，在全市 100 个示范小区先行试点生活垃圾干湿分离，每月第二个星期六开展"绿色星期六——社区资源回收日"活动。2014 年在 15 所公园开展垃圾分类宣传和资源回收活动，开展"绿色星期六"活动 4104 次。此外，还开展了"低碳改变生活——上海市中小学生环保大行动"，征集"家庭节能，变废为宝"金点子；在全市 100 个幼儿园开展"低碳有你"亲子环保实践系列活动，举办图说低碳绘画征集活动等。

四　开展海绵城市试点，打造生态韧性城市

2015 年 4 月，上海市入选国家住房和城乡建设部组织的国家级"海绵城市"试点，海绵城市主要是指通过加强城市规划建设管理，充分发挥建筑、道路和绿地、水系等生态系统对雨水的吸纳、蓄渗和缓释作用，有效控制雨水径流，实现自然积存、自然渗透、自然净化的城市发展方法。海绵城市主要是围绕雨水的"渗、滞、蓄、净、用、排"等方面，采取综合措施提高整个城市的防汛能力，同时进一步改善城市生态环境。上海市针对自身特点，选择沿海和郊区的新建城区开展试点，对于上海市改进城市水环境和水资源管理、提升防洪排涝基础设施水平，具有积极的推动作用。2016 年 12 月，《上海市海绵城市专项规划》方案提出以下建设目标：2020 年全市建成 200 平方千米海绵城市区域，2040 年建设能够适应全球气候变化趋势、具备抵抗雨洪灾害的韧性城市。针对上海市平原感潮河网地区的特点，以及城镇排水与水利区域除涝分片联系紧密的实际，规划了 15 个"海绵城市"管控分区，防洪标准拟达到百年一遇，管网排水标准预

计达到 3—5 年一遇。

上海市 2016 年 8 月发布的《上海市城市总体规划（2016—2040)》，首次提出了建设"韧性生态城市"的理念。该规划提出"上海 2040"超大城市规划目标，要求积极探索超大城市"底线约束、内涵发展、弹性适应"的创新发展模式，其中的"弹性适应"鲜明地体现了韧性城市的发展理念，具体目标包括：建设更可持续的韧性生态之城，加大海洋、大气、水、土壤环境的保护力度，显著改善环境质量，提高城市水资源、能源供给安全水平，提升城市抵御自然灾害的能力，完善城市防灾减灾体系，保障城市安全运行。实施手段包括：在坚守"建设用地、人口规模、生态环境、城市安全"四条发展底线要求下，引导高密度超大城市由外延增长型向内生发展型转变；以城市有机更新促进城市空间立体、复合、可持续利用；建立空间留白和动态维护机制，探索具有弹性和韧性的城市结构等。

第五章　构建韧性城市：国际案例和经验

第一节　气候变化背景下的韧性城市研究

城市是气候系统与社会经济系统相叠加的典型的社会—生态复合系统，城市内部集聚了各种复杂要素而且各要素之间相互影响，相互关联，彼此依赖。一方面，城市化进程中不合理的发展政策和土地利用规划会引发和加剧灾害风险；另一方面，极端天气和气候事件往往容易引发连锁反应，威胁城市安全运行。因此，国际社会针对城市地区适应气候变化的迫切需求，提出了"韧性城市"的理念和目标。韧性城市是基于韧性理论，以可持续性为目标，具有前瞻性和系统性思维的城市发展理念。欧洲国家在韧性城市建设中强调应对气候变化风险，美国则注重城市应对各种意外冲击的综合能力，其中许多经验值得我国城市借鉴。

一　韧性城市的概念和内涵

现代城市气候风险加剧，并非主要源于气候变化，更多的是城市过度发展导致城市脆弱性加剧，实际上也是"城市病"的一种表现。对此，需要将城市气候风险管理的概念深入到城市规划的理念和实践之中，构建韧性城市。

（一）概念

韧性城市是指以提升城市系统的韧性为目标的城市发展战略。韧性城市是一个由物质系统和人类社区组成的可持续网络，其中，物质系统包括道路、建筑、基础设施、通信和能源设施以及水系、土壤、地形、地质和其他自然系统，人类社区是城市的社会和制度构成元素，缺乏韧性的城市在面对灾害时将极度脆弱（戈德沙尔克，2015）。韧性城市要求通过政策、机制设计和人财物等资源配置，能够更加灵活地应对气候变化、管理气候风险、促进长期可持续性。这种灵活应对的能力，不仅包括气候风险的防护能力，也包括快速恢复、可持续发展以及挖掘新的发展机遇的能力。可见，韧性城市是一个比风险管理、防灾减灾更加综合，更具系统性、战略性和前瞻性的概念，这一理念必须体现在城市规划和发展决策过程中（郑艳，2012）。

与传统的以防灾减灾为主要目标、针对不同主体和不同资源进行管理的风险应对策略不同，以韧性为目标的适应途径强调培育系统对冲击和不利影响的预防，以及恢复和适应能力。城市适应能力应该包括生态系统多样性、经济和生计选择的多样性、法律制度的包容性（尤其是治理结构、社会资本等方面）。对于国家和国际社会而言，适应能力更多表现在建立整体响应的协作机构，以及有助于促进社会学习能力的公民社会网络。Nelson 等（2007）认为，韧性/恢复力是针对系统提出的概念，具有动态视角，适应各种变化、趋利避害是社会—生态系统的本质特征。韧性包括自我组织能力、学习能力、吸收冲击和变化的能力。基于这些特征，系统可以通过渐进的调整过程或实现转型，以达到适应目标。

（二）内涵

实现韧性城市的手段是适应性管理或适应性规划，其特点是针对未来风险的复杂性、不确定性和不可预见性，从对风险的管理转向提升整个系统的适应能力和可持续性，治理手段上强调多部门、多主体、多目标的协同管理，分散化和多样化的决策路径，学习和创新能力，评估和反馈机制等（Nelson et al. , 2007）。

Jabareen （2012）提出了一个韧性城市的规划路径，其中包括了四大部分的内容：①脆弱性评估，包括风险及影响的不确定性，边缘区域（非正式居住区）及群体（如城市贫民等）的脆弱性特征等；②城市治理结构，包括适应政策的公平性考量，措施、资源和机制的整合，经济效率等问题；③预防和防范，包括实施减排行动、城市更新改造、使用替代性能源等，以便在长期减小未来灾害风险；④面向不确定性的规划设计，包括适应行动、空间规划、可持续的城市设计、可持续运输体系、紧凑型城市、混合利用土地、绿化等。

美国加州伯克利大学的城市研究所设计了一套衡量韧性城市的评估指标体系（Resilience Capacity Index，RCI），并以此对美国 361 个城市地区进行了综合评估①。这套韧性城市指标包括三个维度 20 多项具体指标，内容如下：

（1）地区经济能力：收入公平性、经济多样化、区域经济负担、商业环境等。

（2）社会人口能力：居民受教育程度、有工作能力者比重、脱贫程度、健康保险普及率等。

（3）社区参与能力：公民社会发育程度、城市稳定性、住房拥有率、居民投票率等。

可见，RCI 对韧性的理解侧重于三个方面：一是经济发展水平反映出的地区经济活力和发展潜力，二是基于人口收入、健康、受教育水平等特征的个体发展能力，三是社会和谐、稳定和自我管理与服务的能力。

评估结果如图 5 - 1 所示。结果表明，美国不同城市地区在韧性方面具有明显的区域差异。其中，北部地区由于经济发展和收入水平较高、居民政治参与意识和能力较强，从而比南部城市地区具有更高的韧性。

综合国内外文献研究，韧性城市的内涵包括经济发展、社会文化和自然环境三方面的韧性。①经济发展韧性：是指应对外部经济动荡的能力，以多元经济结构为新的发展目标。包括新知识驱动的发展（Smart Development）、可持续性（Sustainable）、包容性（Inclusive）。②社会文化韧性：是指应对社会变化的能力，包括社区归属感，以及通过社会整合实现自我振兴的能力。③自然环境韧性：是指应对外部自然灾害的能力，城市空间及城市基础设施规划应留有余地，灾害来

---

① 资料来源：http：//brr. berkeley. edu/rci。

临后能够自我承受、消化、调整、适应、实现再造和复苏。构建韧性城市的途径有：实现经济发展的多元化、鼓励城市功能化设计、培育社会资本和风险意识、鼓励创新和试验、实现多目标协同的城市管理、完善信息沟通和反馈机制、加强生态系统管理、采用不同的政策情景进行城市规划等。①

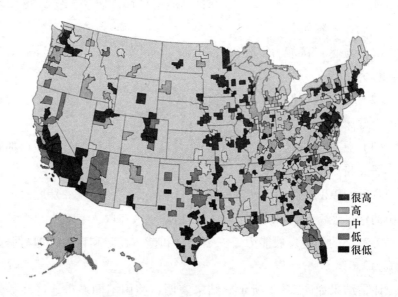

图 5－1　美国韧性城市评估结果

二　建设韧性城市的主要途径

韧性城市的设计包括三大要素：①具体领域（WHAT）；②目标群体（WHO），如个人、家庭、政府部门、企业等不同主体；③实施手段（HOW）。从国内外研究来看，韧性城市的建设途径主要有以下切入点：①提升城市基础设施韧性；②提升城市生态系统韧性及资源承载力；③提升社会主体的风险意识及支持性的城市服务系统；④提升城市综合风险治理能力及制度韧性等（郑艳、林陈贞，2017）。目前国内外的韧性城市建设还处于研究探索和经验积累阶段，主要有以

① http：//citiesheart. com/2013/06/a－new－perspective－of－planning－theory/.

下三个途径：

（一）建设韧性城市的工程技术措施

提升城市基础设施的灾害韧性是城市规划领域始终关注的重要内容。现代社会中城市的各种要素紧密关联，自然灾害往往容易引发系统性风险，使得发生在局部范围的单一灾害事件演变为蔓延整个城市及更大范围的危机事件，造成风险放大效应。因此，国内外城市规划日益重视韧性城市的规划和建设，意识到除了加强交通、能源、建筑、供排水等各种基础设施的灾害韧性，还需要综合考虑地区人口、产业发展和土地利用对地区气候、生态环境要素及灾害风险的长远影响。例如，海绵城市在实践中借鉴国内外经验，提出了"水适应性城市""水适应性景观"等理念（俞孔坚等，2015）。英国伦敦的环城绿带建设、美国纽约将废弃铁路改造为城市休闲绿色廊道、波士顿的城市干道绿色改造都是非常成功的协同生态建设、城市更新与防灾减灾的特色案例。气候地图也是城市应对气候变化规划设计的重要工具，20 世纪 70 年代以来，已有十几个国家制定了城市气候设计导则，包括减少人为活动的热排放、改进步道通风、增加绿化和植被覆盖率、创造城市风道、塑造建筑景观、开展城市热辐射的空间分布及户外舒适性研究等。北京等城市也开始考虑建设城市绿色廊道和风道，以减少空气污染物的沉积，应对雾霾等气候灾害（郑艳、史巍娜，2016）。

（二）提升城市韧性的政策机制设计

在全球韧性城市理念的推动下，一些城市以提升城市韧性为目标，制定城市适应计划，例如，2013 年纽约发布名为《建设一个更强大、更有韧性的纽约》的城市适应计划，被称为投资力度最大、最有深度的城市适应规划，纽约因此被冠以"未来的韧性城市"之名。一些城市应用了新的"韧性"决策方法，取得了积极的进展，有些城市发现了传统决策过程和治理结构中制约创新和转型的一些问题（Bruijn et al.，2017）。全球可持续城市理事会与麻省理工学院联合开展了一项国际城市气候变化治理社会调查，对全球五大洲 350 多个地方城市进行调研。结果表明：大多数城市都将适应目标纳入了地方和部门的长期规划，但是许多关键部门如水务、废水处理、健康、建筑标准等仍然处于城市适应行动的边缘地带；其他制度障碍包括缺少资金和人员、各种优先事项彼此冲突、政府缺乏长期目标、难以区分基础设施预算中的适应部分、决策管理者意识不足等（Aylett, 2015）。

（三）提升城市居民的风险认知和防范意识

行为经济学家卡恩曼提出，相比收入效应而言，人们具有更大的风险厌恶、不公平厌恶及损失厌恶，在风险决策中需要兼顾专家的科学评估和公众的心理认知。然而，对风险的认知会受到人们的风险暴露水平、经验感受、信息获取、知识和受教育水平、社会文化等多种社会经济因素的影响。2015 年中国扶贫基金会发布的《中国公众防灾意识与减灾知识基础调研报告》指出，中国居民的防灾减灾意识相对发达国家非常薄弱，城市居民中，做好基本防灾准备的不到4%。高风险厌恶与低防范意识的巨大差距，说明人们对气候变化风险还缺乏足够认识。对此，迫切需要加强科普宣传和公众教育，提高公众参与水平，推动韧性城市中的社会文化韧性建设。

三 国际社会推进韧性城市的战略与规划

适应气候变化与灾害风险管理，从根本上而言，其目的都是实现可持续发展。达到这一目标，不仅需要关注城市安全，还需要关注公平议题，例如扶持城市脆弱群体，减少城市贫困，通过公共交通、住房、环境、社会保障政策促进城市资源的公平分配等。近年来，国际社会发布了一系列研究报告，对于城市地区的气候变化适应进行了深入分析（见表5-1）。

城市适应规划正在成为推动韧性城市建设的政策和行动指南。英国、美国、澳大利亚等一些发达国家城市的规划学者，呼吁将适应气候变化和气候风险管理纳入城市规划之中，许多城市已经走在前列。根据美国麻省理工学院的估计，全球约有1/5 的城市制定了不同形式的适应战略，但是只有很少一部分制定了具体翔实的行动计划。表5-2列举了一些最有代表性的城市适应规划，例如美国纽约的适应计划、英国伦敦的适应计划、美国芝加哥的气候行动计划、荷兰鹿特丹的气候防护计划、厄瓜多尔基多市的气候变化战略、南非德班的城市气候

表 5-1　国外主要机构开展的城市适应气候变化科学报告主要观点

机构	报告名称	主要观点
政府间气候变化专门委员会（IPCC）	《气候变化 2014：影响、适应性与脆弱性》（*Climate Change 2014：Impacts, Adaptation and Vulnerability*, IPCC, 2014）	1. 气候变化的许多全球性风险都集中在城市地区（中等信度）。提高恢复能力并促进可持续发展的措施可加速全球成功地适应气候变化 2. 改善住房、建设具有恢复能力的基础设施系统，可以显著减少城市地区的脆弱性和暴露度 3. 有效的多层次城市风险管理、将政策和激励措施相结合、加强地方政府和社区适应能力、与私营部门的协同作用以及适当的融资和体制发展，有利于城市适应措施的实施（中等信度） 4. 提高低收入人群和脆弱群体的能力、权利和影响及其与地方政府的合作关系，也有利于城市适应气候变化能力的提高
联合国人居规划署（UN-HABITAT）	《全球人类住区报告 2011：城市与气候变化：政策方向》（*Global Report on Human Settlements*, UN-HABITAT, 2011）	1. 气候变化影响可能在对城市生活的诸多方面造成涟漪效应 2. 气候变化对城市内不同居民造成的影响也不同，性别、年龄、种族与财富均会影响不同个体与群体应对气候变化的能力 3. 城市规划方面并未着眼于未来而对区域划分、建筑规格与标准加以调整，这可能会限制基础设施适应气候变化的前景并危及生命与财产 4. 气候变化影响可能长期持续并波及全球
经济合作与发展组织	《城市和气候变化》（*Cities and Climate Change*, OECD, 2010）	1. 城市有能力来应对气候变化，而且作为研究应对气候变化创新方法的政策实验室 2. 要将气候优先整合到城市政策制定过程的每个阶段中，金融工具的运用和资助新支出的需求在报告中也被考虑为城市应对气候变化管理的重要方面 3. 提出多层次管理框架的概念，建立制度以增加地方认知和加强行动是应对气候变化城市管理中的另一项重要内容

续表

机构	报告名称	主要观点
世界银行	《城市与气候变化：一个紧迫的议程》（Cities and Climate Change：Responding to an Urgent Agenda，World Bank，2010）	1. 完善的管理、密集的城市也被证明是减缓温室气体排放、实现总体可持续发展最重要的先决条件 2. 目前所进行的发展中国家城市建筑与基础设施的大量投资方式将决定未来几十年的城市形态与生活方式 3. 世界上的许多重要城市已经在采取行动应对气候变化。这些城市都通过采用一些技术手段与区域规划来减缓、适应气候变化，并达到提供城市基本服务与减贫的目的
城市气候变化研究网络（UCCRN）	《城市气候风险评估框架》（Framework for City Climate Risk Assessment，Urban Climate Change Research Network，2009）	1. 城市在制定气候变化适应性方案的时候需要考虑其所面临的主要气候风险为：城市热岛、环境污染和气候极端事件等 2. 报告预估，到2050年，雅典、伦敦、纽约、上海和东京等十二个城市的温度将升高1—4℃。与以往相比，大多数城市将遭受更多、更长和更强的热浪影响 3. 气候变化对城市的四个主要领域产生影响：区域能源系统、水供需和污水处理、交通和公共健康

资料来源：陈振林、吴蔚、田展、郑艳：《城市适应气候变化：上海市的实践与探索》，载王伟光、郑国光主编《应对气候变化报告（2015）：巴黎的新起点和新希望》，社会科学文献出版社2015年版。

保护计划等。[①] 这些城市适应规划各有特色，大多为专门的城市适应

---

① Gallucci Maria, 6 of the World's Most Extensive Climate Adaptation Plans, http：//inside-climatenews. org/news/20130620/6 - worlds - most - extensive - climate - adaptation - plans, 2013 - 06 - 20.

表 5 - 2 全球 6 个最具代表性的城市适应规划

城市	适应规划名称	发布时间	主要气候风险	目标及重点领域	投资（美元）	总人口（人）
美国纽约	《一个更强大、更有韧性的纽约》（*A Stronger, More Resilient New York*）	2013 年 6 月	洪水、风暴潮	修复桑迪飓风影响，改造社区住宅、医院、电力、道路、供排水等基础设施，加强沿海防洪设施等	195 亿	820 万
英国伦敦	《管理风险和增强韧性》（*Managing Risks and Increasing Resilience*）	2011 年 10 月	持续洪水、干旱和极端高温	管理洪水风险、增加公园和绿化，到 2015 年完成 100 万户居民家庭的水和能源设施更新改造	23 亿（伦敦洪水风险管理计划）	810 万
美国芝加哥	《芝加哥气候行动计划》（*Chicago Climate Action Plan*）	2008 年 9 月	酷热夏天、浓雾、洪水和暴雨	目标：人居环境良好的大城市典范 特色：用以滞纳雨水的绿色建筑、洪水管理、植树和绿色屋顶项目	—	270 万
荷兰鹿特丹	《鹿特丹气候防护计划》（*Rotterdam Climate Proof*）	2008 年 12 月	洪水、海平面上升	目标：到 2025 年对气候变化影响具有充分的恢复力，建成世界最安全的港口城市 重点领域：洪水管理，船舶和乘客的可达性，适应性建筑，城市水系统，城市生活质量 特色：应对海平面上升的浮动式防洪闸、浮动房屋等	4000 万	130 万
厄瓜多尔基多	《基多气候变化战略》（*Quito Climate Change Strategy*）	2009 年 10 月	泥石流、洪水、干旱、冰川退缩	重点领域：生态系统和生物多样性、饮用水供给、公共健康、基础设施和电力生产、气候风险管理	3.5 亿	210 万

续表

城市	适应规划名称	发布时间	主要气候风险	目标及重点领域	投资（美元）	总人口（人）
南非德班	《适应气候变化规划：面向韧性城市》（*Climate Change Adaptation Planning: For a Resilient City*）	2010 年 11 月	洪水、海平面上升、海岸带侵蚀等	目标：2020 年建成为非洲最富关怀、最宜居城市重点领域：水资源、健康和灾害管理	3000 万	370 万

资料来源：郑艳：《推动城市适应规划，构建韧性城市——发达国家的案例与启示》，《世界环境》2013 年第 11 期。

计划，覆盖的范围和领域广泛，尤其是针对不同的气候风险，设计了不同的适应目标和重点领域。可以发现，一个显著的共性就是强调城市对未来气候风险的综合防护能力，以打造安全、韧性、宜居的城市为目标。

各国由于政治文化体制差异，推进适应气候变化的政策路径有所不同，有的是自上而下经由国家适应战略来推动，有的是城市政府和社会各界自下而上的自觉行动。欧盟在国际气候谈判进程中一直比较积极，许多成员国都已制定了国家层面的适应战略。美国、加拿大及澳大利亚等发达国家作为"伞形国家"集团的代表，在国家层面的行动相对消极、迟缓。但是随着公众气候变化意识的提升，在企业界和非政府机构的积极倡导下，地方政府成为应对气候变化的主要力量。

英国在全球气候变化政策立法领域一直积极扮演着先行者和领导者的角色。由于成立了专门的气候变化和能源部，地方适应行动与国家适应战略得以密切衔接、积极互动。早在 2001 年，伦敦市就建立了由政府、企业、媒体广泛参与的"伦敦气候变化伙伴关系"，任命专职官员负责制定伦敦适应计划。2002 年英国成立了"英国气候影响计划"（UKCIP）以推动适应气候变化研究，拥有哈德利气候预测和研究中心、廷德尔研究中心等研究机构，以及全球领先的气候变化模型、影响评估和政策研究团队，注重研究支持和经验积累，以推动扎实长效的行动设计。

　　由于澳大利亚政府在气候变化问题上的态度并不积极，澳大利亚的适应行动多属于地方政府的行为。由于人口较少和长期的发展压力，侧重于以提升城市可持续性为切入点，将适应气候变化融入城市和部门的政策规划之中。2008 年，在澳大利亚政府的支持下成立了"国家气候变化适应研究机构"（National Climate Change Adaptation Research Facility，NCCARF），旨在培养澳大利亚学术研究力量、推动研究协作和知识共享、提供决策支持。目前 NCCARF 已出资 4200 万澳元支持 136 个适应研究项目。但是由于澳大利亚政府的换届，这一项目无法获得稳定、持续的资金支持。

　　近年来，美国地方政府以其一贯的务实态度，不但成为适应行动的主导力量，并且已经成功地自下而上影响和推动了美国联邦层面的适应行动的实质进展。根据对美国 298 个地方政府的调查，有 59% 已经制定了各种形式的适应规划（Bierbaum et al.，2013），纽约、华盛顿、芝加哥等城市是适应战略设计的先锋，其中纽约适应计划是集大成者。世界资源研究所适应政策专家希瑟·格里斯博士点评说：从未看到比纽约适应计划更具深度的城市适应规划。纽约适应计划之所以为全球所瞩目，有其独到之处。本章对该计划进行了分析，梳理了一些值得国内外城市管理者学习和借鉴的经验。

第二节　发达国家城市适应气候变化的案例

　　2010—2015 年，在"中国适应气候变化项目"（ACCC）、中国社会科学院—欧盟 COREACH 交叉学科合作项目"中欧综合流域治理"、中国社会科学院—澳大利亚社科理事会"沿海城市气候变化风险治理"、福特基金会访学研究计划等项目的支持下，课题组成员先后在英国、德国、荷兰、澳大利亚、美国等国家的沿海城市地区开展了一系列研究考察活动。了解了发达国家城市地区环境管理与适应气候变化风险的相关政策、机制和实践。

一 英国的环境管理与适应案例

（一）英格兰地区的流域水资源及防洪管理

英国英格兰东部的沼泽地带 FENS 地区在流域水资源及防洪管理方面具有数百年的历史。这一地区历史上就是沼泽地带，从 16 世纪以来当地居民就开始了排涝填土造地工程，形成了一整套完善的排灌水网，其主干就是两条平行延伸的历经数百年人工开挖的主排灌渠。主渠之外还有几条河流及无数条辅渠组成的排水网络，能够确保从高处山地降下的雨水被人工渠引到主排灌渠，同时保证旱季和旱地的用水需求，从而将东盎格鲁地区从荒芜的沼泽地变成了英国最重要的粮食主产地之一。由于数百年的排涝活动，这一地区已经低于海平面 3—5 米，因此沿海地区的防洪管理能力对于腹地的良田和住区尤为重要。在防洪排涝的同时，生态保护也受到了关注，如为了保护生物多样性和栖息地，英国生态保护部门专门建立了 Wicken 湿地保护区，并且通过政府购买周边农田获得更多的野生物种栖息地以扩大保护范围。

此外，英国的决策过程非常注重地方决策权及利益相关方的平等参与，这对于建立一个能够灵活应对气候风险的适应治理机制非常重要。例如，水务局是环境署的部门之一，负责丹佛水利枢纽的水务官员有权力根据现场情况做出应急决策，丹佛水利枢纽同时承担着航运（每天定时开闸通航）、洪水管理（水位监测）、水质监测、农业灌溉和河流生态保护（水闸旁专门设有鱼道）等多种职能。当发生暴雨洪水时，各司其职的部门代表需要坐在一起商讨需要解决的优先问题，例如当泄洪与航运安全、渔业利益、农户耕地、生态保护等发生矛盾时，需要集体协商，难以决策时需要上报主管部门。

（二）英国环境部门的决策与治理机制

以英国东盎格鲁地区环境署的"海岸带管理计划"（Shoreline Management Plan）及"入海河流战略"（Tidal River Strategy）两个决策过程为例，在修订原有的政策规划时，环境管理部门均依照法律采取了一系列的科学决策流程，以确保政策的科学性和可行性。例如，在决定修订原有的"海岸带管理计划"之后，分别成立了相关机构：

①决策者指导委员会（Client Steering Group），包括工程技术、地区规划和生态保护等主要决策部门的代表，由环境署牵头组织管理，负责授权、监督和批准；②地方代表团（Elected Member Forum），类似内阁的角色，由主要的地方执行机构及地区防洪委员会代表组成，目的是避免出台的新计划难以在地方层面落实，职责是审核指导委员会做出的活动和决议；③关键利益相关方小组（Key Stakeholder Group），扮演着咨询和沟通的信息交换所（Focal Point）角色，组织召集研讨会，向指导委员会和地方代表团反馈信息，提供咨询和建议。

该项目的工作流程包括六个阶段：①前期界定范围研究；②决策支持的评估工作，包括尽可能提供该地区更加科学和有说服力的数据和信息，如未来气候变化的新增影响；③政策建议，包括政策措施的评估，撰写政策报告及计划初稿；④公众咨询，即面向社会公开征询意见；⑤报告完善阶段，将意见反馈到计划修订稿中，准备终稿及批准程序；⑥计划实施阶段，于2010年10月实施。整个过程严格遵循相关立法文件的要求，注重决策的科学性和公开透明，在机制上保证了各个利益相关方的表达和参与。

英国东盎格鲁地区政府办公室应急管理办负责协调地方灾害应急工作，上级机构设在总理内阁环境部办公室，其下是地区应急部和地方应急部。英国有10个这样的地区应急办，下设战略协调组，负责每两年更新一次地区风险热点报告及评估地区应对能力。应急部分为两个组，分别由直接部门和间接部门组成。例如，直接应急组包括公安、消防等部门，间接应急组包括交通、电力、水务等部门，其中包括负责气候变化事务的官员。

二 德国城市地区的适应案例：乌珀流域河洪水管理

通过调研德国北莱茵—威斯特法伦州环境部、杜塞尔多夫市环境局水资源处、科隆地区环境署水资源及防洪管理处等多个部门，了解到德国的环境治理架构为联邦、州、地区、市、县、镇六级管理体制，地方机构的权限较大，部门之间的协作关系比较灵活多样。德国联邦环境、自然保护与核安全部的职责新增了气候变化的内容，由于该地区工业比重较高，减排和适应都将是其主要职责。此外，洪水风险也是德国莱茵河流域需要考虑的一个气候影响因素。杜塞尔多夫市环境局水务管理部门设计了未来 20 年的洪水风险分布城市规划图（基于影响的居住人口），其中已经考虑了气候变化的情景及其可能影响。

德国乌珀流域委员会的 Grobe Dhunn 水库位于德国西部北莱茵—威斯特法伦州科隆附近。由于该地区人口稠密，水库兼具水源地和防洪两大功能。1988 年以来，该水库一直作为附近两大自来水厂的饮用水源地，覆盖了流域内外 100 多万人口，在紧急情况下还可向拥有化工厂的杜塞尔多夫地区供水。同时，也是乌珀流域委员会用于下游 Dhunn 河洪水管理的一个蓄洪区。Grobe Dhunn 水库库容 8100 万立方米，占地面积 440 公顷，平均深度 18.5 米，流域面积近 90 平方千米，由一个主水库和 17 个前置水库（见图 5 - 2）构成。该水库在饮用水质量管理方面实施了一系列政策措施。20 世纪 90 年代以来，该流域陆续实施了一系列"输入管理"（Input Management）措施，显著改善了水库的水质和生态环境。

主要措施包括：①改变库区森林结构。逐步替换原有的速生针叶林，代之以涵养水土能力更强、林地生物多样性更为丰富的某种阔叶

图 5 - 2　德国第二大饮用水源地 Grobe Dhunn 水库中
为保护库区水质而设的前置水库

林，以便减少降水对地表土层的冲刷和侵蚀。②农业废弃物管理措施。主要针对库区附近牧场的牛羊粪便及化肥污染问题，由自来水厂向水库管理部门支付一定的费用，补贴给农户协会，由其鼓励说服农户及时清除牧场的废弃物，并补偿其改变耕作习惯付出的成本。③草地畜牧业管理措施。为了避免牲畜在饮水时踩踏溪流造成局地的草地毁损和水土流失，从而影响到入库径流的水质，流域管理部门专门购买安装了牲畜饮水设施，并且将小溪流用围栏保护起来。④农田管理措施。库区周围有大片的牲畜饲料用地（玉米）和甜菜地，委员会特意鼓励和引导农户留存耕地中的杂草，以尽可能减少雨水冲刷农田导致的水土流失及污染。⑤工程性措施（前置库区设计）。通过围绕整个库区建造了 10 几个前置库，能够有效截留库区的小径流，并利于清除前置库中的沉积物。⑥食物链管理。利用生态链原理，在水库中蓄养一些较大的鱼类和浮游生物，以便降低水库内的食物链污染，同时这些微生物还能够在水处理厂的生态净化过程中发挥积极的作用。⑦湖岸带管理。去除水库湖岸周边的树木和杂草，在森林和水面之间留下空白地带，以便在丰水期不会因为树木腐烂影响水质。上述这些措施使得水库保持了非常好的水质状况。

三　荷兰城市的适应案例：代夫特市拦海大坝

　　荷兰具有悠久的围海造田历史和防洪经验。荷兰在莱茵河入海口附近构筑了世界上最先进的防洪工程——阻浪闸。拥有数百年悠久历史的水委会管理权限很大，其防洪管理的经验和水资源管理机制非常具有特色。荷兰代夫特市位于荷兰沿海低洼地区，是几条河流的入海口，曾经在 1953 年遭受过惨痛的洪水侵袭经历，伤亡逾千人，此后修筑了能够防御万年一遇大潮的拦海堤坝（见图 5 - 3），疏浚扩大了人工运河引导莱茵河顺利入海，此外还有遍布各处的排灌渠网。20 世纪 90 年代初，该市遭受了一次暴雨导致的严重内涝，使得近些年又增加了对工程性和制度性防洪措施的投入，包括增加开放绿地空间的比重，收购沿海私人农场土地转化为蓄洪区，提高排灌设施的排水能力等。

图 5 – 3 受到拦海大坝保护的荷兰低洼耕地和居民区

四 澳大利亚城市的适应案例：昆士兰州城市地区

2010 年末至 2011 年初，澳大利亚昆士兰州遭遇了百年一遇的洪灾，导致 1/3 的区域受灾，近千万人口紧急疏散，20 万人口受到洪灾的直接影响。受灾最严重的是位于沿海河口附近的布里斯班市，城市工商业和居民住宅损失惨重（见图 5 – 4）。据估算，洪灾造成的直接经济损失近 24 亿澳元，间接影响当年 GDP 损失高达 300 亿澳元。[①]洪灾发生前，布里斯班市政府已经颁布了一系列适应气候变化的政策文件，例如《布里斯班应对气候变化和能源危机的行动计划》《灾害管理计划 2011—2012》《布里斯班中心商务区应急预案》等。然而，洪灾的规模和影响远远超出了经验预计。

洪灾过后，政府立即着手完善相关政策法规，提高了原有的城市规划和灾害防范标准，例如将新建民用住宅的洪水防御标准提升为 2011 年洪水的最高水位。此外，相继出台了《洪灾行动计划》（*Flood Action Plan*）和《灵活应对洪灾的未来战略 2012—2031》

---

① 澳大利亚国家统计局（ABC），*Flood Costs Tipped to Top* $ 30*b*，http：//www. abc. net. au/news/2011 – 01 – 18/flood – costs – tipped – to – top – 30b/1909700，2011。

（*Flood Smart Future Strategy* 2012—2031），以应对未来不可预期的极端洪水风险。

图 5 - 4　布里斯班洪灾前后的城市街道

资料来源：http：//www. news. com. au 2011。

五　美国城市的适应案例

（一）纽约：适应气候变化与灾害风险管理的协同

2012 年 11 月，一场特大风暴桑迪横扫美国西海岸 1000 英里范围内的地区，造成 43 人死亡、190 亿美元的经济财产损失，位于哈德逊河口、拥有 820 万人口的纽约是重灾区。这一事件直接推动了纽约适应计划的出台，并且也间接推动了美国各地的适应行动。之所以造成如此巨大的灾害，并且引起了从地方到整个国家的重视，是因为桑迪飓风不仅打破了历史纪录，其影响的程度和波及范围（见图 5 - 5）也远远超出了美国灾害管理部门的认识。这使得美国开始从机制设计入手，在长期气候变化风险下考虑灾害管理和长期应对问题。

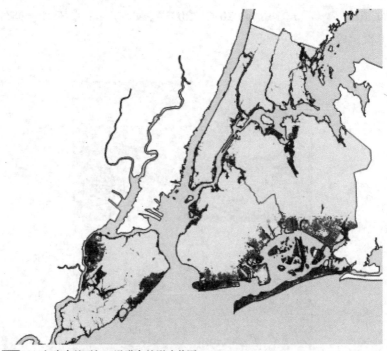

■ 1983年发布的百年一遇洪水的影响范围
■ 桑迪飓风淹没区域

图 5 – 5　美国联邦应急署 1983 年发布的百年一遇洪水的影响范围与

桑迪飓风淹没区域的比较

资料来源: The City of New York, *A Stronger, More Resilient New York*, https: //www. nycedc. com/resource/stronger – more – resilient – new – york, June 11, 2013。

　　2013 年 6 月 11 日，桑迪飓风侵袭半年之后，纽约市长彭博发布了《一个更强大、更有韧性的纽约》①。在这份长达 438 页的报告中，扉页上有这样一段醒目的文字:"谨献给在桑迪飓风中失去生命的 43 个纽约人及他们的亲人。纽约将与受灾的家庭、企业和社区一起努力，确保未来的气候灾难不再重演。"报告还解释了"韧性"的含义:一是能够从变化和不利影响中反弹的能力，二是对于困难情境的

————————

①　The City of New York, *A Stronger, More Resilient New York*, https: //www. nycedc. com/resource/stronger – more – resilient – new – york, June 11, 2013.

预防、准备、响应及快速恢复的能力。可见，纽约适应计划旨在全面提升纽约应对未来气候风险的能力。

纽约适应计划包括了六大部分，分别是：

（1）桑迪飓风及其影响。

（2）气候分析。

（3）城市基础设施及人居环境。①海岸带防护；②建筑；③经济恢复（保险、公用设施、健康等）；④社区防灾及预警（通信、交通、公园）；⑤环境保护及修复（供水及废水处理等）。

（4）社区重建及韧性规划。

（5）资金。

（6）实施。

可见，纽约适应计划是以建设韧性城市为理念，以提高城市抗击未来气候灾害风险的应对能力为目标，以提升城市未来竞争力为核心，以基础设施和城市重建为切入点，以大规模资金投入为保障，全面构建城市气候防护体系。总体来看，作为城市适应气候变化的总体长远规划，纽约适应计划有以下几个独到之处（郑艳，2013）。

第一，高瞻远瞩的战略视野。气候变化对传统的灾害风险管理体系提出了新的挑战。与美国联邦紧急事务管理署（FEMA）基于历史灾害信息的传统风险评估不同，纽约适应计划采用了 IPCC 第五次科学评估报告的最新的、精度更高的气候模式，对于纽约市 2050 年之前的气候风险及其潜在损失进行了评估，指出：如果未来发生与桑迪同等规模的飓风，经济损失将高达 900 亿美元，为 2012 年经济损失的约 5 倍，海平面上升及飓风导致的洪水淹没人口数则是传统评估结果的 2 倍。

第二，详尽全面的行动指南。针对未来可能影响纽约安全的主要风险，包括海平面上升、飓风、洪水、高温热浪，详细列举了 250 条适应气候变化战略的行动计划，明确了各个重点领域、优先工作等，体现出纽约适应计划的可操作性。

第三，强大的资金支持。强大的纽约不是一天可以建造起来的，为此，纽约适应计划设计了总额高达 129 亿美元的投资项目，将在未来10多年逐步落实。其中，80%的资金用于受灾社区重建，包括修复住宅和道路，提升医疗、电力、地铁、航运、饮水系统等城市公共基础设施；20%资金将用于研究改进和新建防洪堤，恢复沼泽和沙丘及其他沿海防洪设施。

第四，关注民生的城市更新改造。纽约适应计划90%以上的投资将流向城市基础设施和灾害重建项目，预计未来数十年可避免上千亿美元的损失。巨大投资将推动旧城更新改造，尤其是边缘群体居住的老旧社区，通过基础设施建设，既可以消除灾害隐患，还可以创造就业计划，防止城市社会阶层的分化，增强城市凝聚力。

虽然桑迪飓风是推动纽约各界达成共识、出台适应计划的直接原因，但为了这一计划，纽约早已在科学和决策层面做好了充足的准备。早在10多年前，纽约就投入大量资金支持对气候变化及其影响的一系列研究。2004年，主管气候变化事务的纽约环保署启动了一项为期4年的适应计划，2008年又发布了《气候变化项目评估与行动计划》。这些工作为纽约深入推进适应行动奠定了基础。

对于近年来开展的适应行动，纽约总结了三条成功经验（Rosenzweig and Solecki，2010）。一是强有力的领导和决策机制。纽约市长彭博上任后非常重视气候变化问题，于2006年4月组建了"长期规划与可持续性办公室"，重点关注减排和适应议题；2007年9月推出了旨在提升纽约城市可持续性的"规划纽约（2030）"计划；2010年推动成立了"纽约市气候变化委员会"（New York City Panel on Climate Change），并组建了适应、海平面上升等跨部门的专门工作组（见图5-6），有助于将适应行动意愿转化为政策和实践。二是从灾害中学习，尤其重视对低概率、高强度潜在灾害风险的防范，关注相关的经济、社会脆弱性问题，并将这种风险意识纳入决策过程。三是科学决策和信息支持。纽约积极市调动研究力量，开发了《气候风险信息》《适应评估指南》《气候防护标准》等决策工具书，针对不同气候变化情景下海平面上升、风暴潮、高温热浪、城市洪水等灾害风险的发生概率，提出新的气候防护标准以及多种适应政策选项，供城市管理者选择。

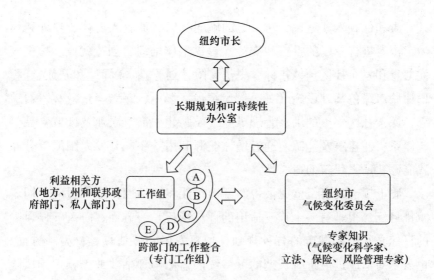

图 5-6　纽约市适应气候变化的决策架构

资料来源：郑艳：《推动城市适应规划，构建韧性城市——发达国家的案例与启示》，《世界环境》2013 年第 11 期。

（二）波士顿：适应与长远发展战略的协同

波士顿市位于美国东北沿海地区，主要的气候变化灾害风险是暴雪寒流、高温、海平面上升等。2011 年的地球日，波士顿发布了《波士顿气候行动计划》，之后每 3 年修订一次。对于波士顿而言，应对极端天气灾害突发事件已经有一套比较成熟高效的管理体系，未来继续改进和提高的途径主要是：在公共健康、经济发展、应急规划、能源、绿地和开放空间等领域的项目实施中加强风险防范，将一些气候变化的原则、指标纳入现有的项目、指南等政策文件中，确保居民、企业、旅游者的安全，促进可持续发展。此外，报告也强调了要完善与其他周边城市的政策衔接与信息沟通机制。

《波士顿气候行动计划》设有专门的"气候防护"（Climate Preparedness）章节，主要讨论适应的目标及行动。其中包括四个方面内容：①规划及基础设施。强调气候风险防护目标的长期性，及其在城市各类规划、部门协调及区域开发活动中的优先地位；②社区参与。强调项目示范主导的适应行动，尤其是界定脆弱地区和群体，关注公共健康和低收入家庭，针对特定的脆弱社区、低收入群体、户外和体力工作者进行专门的投资和支持（提供工作培训、创造就业、提供气候信息和发布社区预警指标、提供保险计划等）；③绿地和开放空间。增加城市绿色基础设施（如公园、绿地、湿地、海滩等）及林木覆盖率，探索社区邻里的洪水管理措施，鼓励建立都市农业及区域食品供应体系；④建筑及能源。通过增加能源利用效率、开发太阳能等分布式能源，增强建筑的适应性。

波士顿市政府很重视报告的可操作性和应用性，强调适应不同于减排目标，很难有一个普遍适用的评估指标。一方面，防范气候风险的目标必须纳入城市的各种规划、项目发展和评估过程；另一方面，也需要对适应进展进行长期的可持续的监测与评估。波士顿用于风险监测的指标包括：海平面上升、年平均温度、超过华氏90度的高温天数、降水模式等。此外，针对某些特殊地区，还选择了一些有针对性的指标，如林木覆盖率、透水地面的比重、公众参与相关项目的人数等。此外，报告还指出将加强与研究人员、其他城市的共同合作，更好地理解城市与社区增强气候防护的指标体系监测工作。

（三）芝加哥：减排与适应目标的协同

《芝加哥气候行动计划》中设有专门的适应章节，其中提到的适应战略包括八大类数十条具体措施，分别是管理热岛效应、创新性的降温项目、保护空气质量、管理洪水、实施城市绿色设计、公众参与、企业参与、利用城市绿色委员会推动未来规划等。《芝加哥气候行动计划》将"保护空气质量"作为适应战略的主要内容，通过城市绿化、低碳出行、电厂减排等降低臭氧的产生及危害，体现了芝加哥政府对发挥减排与适应协同效应的重视（郑艳，2015）。

第三节　对我国构建韧性城市的启示

发达国家构建韧性城市的经验对于我国城市管理者应对气候变化、提升城市竞争力、实现可持续发展，能够带来一些思考和启发：

　　第一，良好的学习反思能力。在充满变数的未来，气候变化、全球经济危机、环境和发展的压力等，将成为一个城市能够立于不败之地的法宝。同时也提醒全球其他城市的决策者，在气候变化风险下，未雨绸缪的前瞻性规划是最为理性的选择。

　　第二，将危机转化为机遇，提升城市形象和城市竞争力。雄心勃勃的纽约适应计划试图通过投资驱动，不仅打造更安全的城市，还要发掘投资机会，提升城市在未来全球竞争中的地位，以强大韧性的城市形象，吸引潜在的投资者。

　　第三，动员和培育社会力量，达成共识，风险共担。未来社会将是风险社会，气候变化引发的灾害将成为风险的放大器，对于传统的防灾减灾从理念到实践都提出了诸多挑战。从灾害风险管理到治理，需要政府转变角色，改变传统的以单一部门、单一灾种为主导的模式。2006年卡特琳娜飓风之后，美国等西方国家基于个体理性和市场原则的风险分担机制受到了诟病，开始重视政府在风险治理模式中的主导作用。中国在四川汶川、青海玉树等地震灾害中发挥了巨大的国家动员力量，体现了具有中国制度和文化特色的救灾模式的优势。发达国家和发展中国家可以互相学习、取长补短，动员从政府、企业到社会的一切力量共同应对未来风险。

　　在世界各地的城市和国家的努力下，气候适应政策正在逐渐走向成熟。不同城市面对的气候风险可能有所差异，未来30年，中国将处于城市化提升的关键时期，许多城市面临着日益增加的人口和环境压力，在气候变化背景下，如何推进我国城市地区的适应政策与行动，发达国家提供了很好的参照系。具体而言，可以从以下角度入手，进行气候适应型城市或韧性城市的设计：①建立灵活应对、广泛参与的城市气候风险治理机制；②将气候风险评估作为制定城市发展规划的科学依据；③用法律、资金、技术等手段保障城市的气候防护能力；④在城市规划设计中协同考虑防灾减灾与生态保护；⑤将城市规划、应对气候变化与城市可持续发展目标相结合。

第六章　总结和政策建议

第一节　主要结论

通过对长三角城市地区及典型城市的适应现状、脆弱性、适应治理等问题及政策需求进行深入分析，得出以下关键结论：

（1）长三角地处长江下游河口地区，气候地理条件优越，生态资源富集，属于气候容量扩展性地区，气候资源和水资源的承载力较高，除了自身空间内的自然容量，还有自身空间外的自然流入和过境容量，使得长三角城市的发展潜力较高、适应基础较好，气候容量有限主要体现为人口和土地约束导致的衍生容量不足，以及城市化快速发展而积累的适应赤字问题。

（2）长三角经济较为发达，城市综合管理水平较强，基础设施较为完备，适应性总体水平高于全国许多地区，现阶段的适应需求总体上表现为增量型适应的特点。但同时，在区域内部还存在结构性差异，表现为一些城市区域和群体的脆弱性较高，兼具适应赤字和发展赤字。一方面，受到气候地理因素和社会经济发展的影响，一些发达的长三角城市体现为高敏感性—低适应性特征。另一方面，快速的城市扩张，使得许多适应性强的城市出现潜在的发展型适应问题。例如上海市崇明岛及沿海区域新城镇，开发较晚但是人口和产业增长很快，外来人口及敏感行业比较集中，体现为典型的发展型适应特点。

（3）未来长三角城市需要从城市群、城市及社区等不同层面加强适应治理和规划，增量型适应和发展型适应对策并重。适应对策包括工程适应（加固、增高海防堤坝防范洪水，改进城市高架交通及公交联运系统以舒缓交通压力、节约用地）、技术性适应（研发新品种新技术，如节水、节能、省地技术，耐热抗旱作物和树种，节能建筑和绿色住宅等）、制度性适应（改进和完善制度、体制机制）、生态性适应（如增加城市森林、湿地公园以减缓热岛效应、改善人居环境和空气质量，修复断头河流以恢复城市流域防洪排涝功能等）。

第二节　长三角城市密集区适应气候变化的主要问题

通过上述章节的研究分析，可以归纳出一些关键的信息和要点，为决策支持提供基础。一方面，气候适应是系统问题，应综合考虑环境和社会两方面的气候适应性，通过生态性适应、工程性适应、制度性适应、技术性适应措施促进城市的气候适应性。另一方面，影响各个城区气候变化适应性的主要驱动因素不同，需要考虑不同城区的特点，区别对待、重点治理，推进适应政策和行动的试点示范。

一　不合理的城市规划会加剧气候风险

合理的城市空间规划是抵御气候风险的首要防线，是长久基业。城市规划和建设中，首先应当重视城市人口、居住和产业布局，合理疏散中心城区过于密集的人口和建筑，这有助于在出现城市暴雨和水灾时缓解中心城区的交通压力，降低风险暴露水平。此外，应重视生态性适应措施，如增加城市中心地区的绿化（道路、屋顶）、恢复城市郊县的防洪河道、增加排水面积和排洪能力等，这些措施有助于增加城市景观，同时降低城市热岛和城市雨岛效应，缓解城市发展与资源环境的矛盾。

二　城市风险保障体系不完善，城市弱势群体的气候适应能力非常薄弱

城乡二元结构是我国快速人口城市化过程中的不合理制度导致的，拉大了城乡收入、保障水平等经济社会方面的差距。在大量城市外来人口中很多人居住条件差、受教育程度低、经济不稳定等，是城市中的气候脆弱群体，适应气候变化灾害风险的意识薄弱，能力低下。对此，城市管理者应考虑这部分弱势群体的气候适应需求，加强社会保险保障，如就业、医疗、灾后救济等。此外，长三角城市未来人口老龄化趋势明显，气候变化诱发的相关疾病对老龄人口的健康不利，增加了老龄人口的医疗资源需求及其家庭支出负担。因此，老龄人口也是未来需要考虑和关注的脆弱群体之一。

三　城市气候适应治理机制有待加强，亟须开展适应规划

我国城市灾害应急管理是"条块管理"形式，缺乏资源、人员等方面的整合，灾害应急预案和联动机制的可操作性差。由于部门条块分割，缺乏常规联席制度，城市规划、交通、通信、水务等部门缺乏灾害防护和应急管理的协同效应，"头痛医头，脚痛医脚"的治理模式不利于气候适应治理。由此，应建立气候适应治理机制，加强资源整合，提高灾害综合治理能力。气候适应治理机制应包括广泛的利益相关方，如规划、市政、水务、气象、交通、通信、能源、宣传等职能部门，也包括企业、社区、居民、非政府组织等，明确各利益相关方的职责，实现各层次灾害管理的协同。《国家适应气候变化战略》已经出台，一些城市地区正在积极推动适应气候变化规划工作，亟须加强技术和研究支持。只有明确了适应气候变化的战略目标，对于重点领域、脆弱群体和脆弱区域有了较深入的了解，才能有针对性地选择分阶段实施适应示范工作，并在示范成功后推行更全面、具体的行动计划。

第三节　提升城市适应性管理的
目标及评估框架

一　将韧性、宜居作为城市适应气候变化的目标

在气候变化大背景下，以建设生态文明为导向，可以预见，"低碳、韧性、宜居、绿色"将成为现代城市的发展理念和城市环境治理目标。有必要借鉴国际社会的经验，将"韧性、宜居"作为未来长三角及其他城市地区提升适应能力的重点目标，确保城市运行安全、经济发展有后劲、社会和谐稳定、城市人居环境适宜。

二　建设韧性宜居城市的评估框架

韧性宜居城市的概念更为宽泛，城市适应能力是韧性宜居城市评估的内容和目标之一。本书借鉴了美国、澳大利亚、英国等发达城市的国际经验，通过文献研究和专家研讨会，从四个维度构建韧性宜居城市的评估框架，包括与韧性相关的关键问题、核心要素和主要指标。本书初步遴选出 20 个具体的评估指标。具体内容见表 6 - 1。

表 6 -1　　　　　　　　　　韧性宜居城市评估框架

韧性维度	关键问题	核心要素	主要指标
风险认知能力	1. 对气候变化风险及其不确定性的认知是否真实、客观、科学 2. 对脆弱性和风险的识别与了解是否充分准确	风险暴露性；脆弱性；灾害风险的相关知识和信息	1. 敏感产业（农业、旅游业）占 GDP 比重 2. 气候灾害损失占 GDP 比重（低于1%） 3. 受灾人口占总人口的比重（低于1‰） 4. 脆弱人口（老弱、外来人口、低收入群体）的数量和比重 5. 是否开展了气候风险或脆弱性评估（有，无）
风险治理能力	1. 风险治理结构、参与主体的透明公开程度 2. 社区自我管理和服务的参与意愿、能力如何	领导力；风险治理架构；决策参与	1. 是否成立了决策协调机构（是，否） 2. 是否有区域环境治理或风险治理的协调机构（有，无） 3. 公众对决策机制的满意度 4. 社区自治和民主决策参与能力（居委会或业主委员会占社区人数的比重） 5. 环境 NGO 的数量

韧性维度	关键问题	核心要素	主要指标
风险防护能力	1. 城市应对风险的现状能力如何 2. 对"人财物"的防护有哪些内容	气候防护能力； 防灾减灾能力； 社会风险防护能力	1. 建成区气候防护标准（N年一遇） 2. 防灾减灾示范社区数量占总社区的比重（%） 3. 风险应急能力（110出警率） 4. 保险覆盖率（保险密度或保险深度） 5. 脆弱群体的政策扶植力度（老年群体的经济保障、医疗保险等）
风险规划能力	1. 如何提升对未来不确定性风险的管理能力 2. 城市规划如何体现韧性宜居并长期可持续 3. 城市发展目标的协同和政策规划的衔接如何	科学的适应规划； 资源支撑能力； 可持续城市规划	1. 是否有城市专项适应规划或部门规划关注未来气候风险（有，无） 2. 建成区规划密度（人口密度、建筑密度） 3. 城市环境治理投入占GDP的比重 4. 生态防护能力（水资源保障、绿地覆盖率等） 5. 空气良好质量天数比重

上述指标可以根据实际情况设定指标阈值，并作为相关部门考核的指导性指标或约束性指标。此外，这一工作可以与城市适应示范区建设结合起来。

第四节　长三角城市密集区提升气候
适应性的政策建议

通过分析长三角城市的适应现状、脆弱性、风险及治理能力差异，挖掘导致适应能力差异的各种影响因素，结合典型城市案例和城市群研究，我们提出应当加强城市地区的适应性管理和适应规划，并且从以下方面入手，提升城市适应能力，降低气候灾害风险。

一　构建韧性城市，将适应气候变化纳入城市人口产业布局和中长期发展规划

近年来，城市遭受的极端气候灾害不断加剧。这与气候变化的大背景有关，但更多的是城市发展过程中的规划不合理、城市过度发展、适应基础设施长期欠账、社会公众适应气候变化的能力和意识不足等多种因素所致。城市在气候灾害面前暴露出日益严重的脆弱性，实际上也是"城市病"的一种表现。对此，需要将城市气候风险管理的概念深入到城市规划的理念和实践之中，以提升城市韧性为目标，制定具有灵活性和多种政策情景的适应规划，将气候变化纳入城市空间规划、土地利用方式、人口和产业布局、基础设施建设等方面。在规划理念上，可以将精明增长、紧凑型城市、卫星城市、生态城市等新的城市规划理念与应对气候风险、减缓城市热岛效应等结合起来，因地制宜，采用合理的城市容量与人口规模控制，通过土地资源的合理利用、城市结构的优化，改善城市环境问题，同时降低气候变化灾害风险。

二　加强气候风险评估，提升城市生命线防护标准

长三角城市地区人口密集、产业发达，城市的资源环境压力较大。根据不同城市的自然地理、气候及社会经济条件，规划建设前应综合考虑自然地理、气候及经济社会发展的特征，在此基础上进行气候风险评估，加强气候防护基础设施建设，提升城市韧性和宜居水平。气候防护是从气候风险管理的角度提出的适应概念，是指通过各种政策、立法、机制，或者资金、技术的投入，或者资源的有效分配，使城市的薄弱环节，如脆弱部门、脆弱群体、脆弱基础设施等，具有抵御、防范气候风险的能力。软防护能力包括气候保护的社会政策，如减贫、社会保障、公共卫生服务等；硬防护能力包括气候防护基础设施，如供排水、交通、能源电力等生命线工程，以及防洪工程、疫病监测、预报预警、应急通信、救灾物资储备库和避难场所等。灾害袭来之时，最先受到考验的是交通、电力、供排水等城市生命线系统。但是，随着城市化，原有河道、低洼地被占用，城市不渗水面积扩大、排水系统建设滞后，这些原因都降低了城市排水能力。气候防护基础设施落后于城市经济社会发展，增量型气候适应不足，适应赤字问题突出。政府应改变"重地上，轻地下"的发展理念，加强气候防护基础设施建设，投入更多技术和人力，建设气候适应型城市。

三　建设低碳韧性城市，协同考虑气候适应、环境保护和低碳发展等多重目标

气候变化的协同管理是气候政策和规划研究的一个新的领域。城市气候规划这一政策工具，可以用来整合减排、适应、减灾、生态保护、社会参与等多个发展目标，以适应多目标下的风险决策过程。例如，建设低碳韧性城市可适应与减缓并重，在设计城镇规划时预先考虑适应和低碳发展的需求。在协同管理手段上，可以有多种不同的选择，例如生态建设与减排和适应的协同。通过建设城市湿地、城市森林、水源涵养林，在城市建成区推广交通和建筑立体绿化，既能缓解城市热岛效应，又能应对城市水灾。在交通领域，可提升城市交通管理能力（如提高公路、铁路、航空等不同运输方式的接驳能力，减少能耗和交通阻塞）；将适应理念和手段纳入绿色低碳生态社区建设；积极发展碳汇林、风电、垃圾发电等清洁发展机制项目；在水资源领域，可通过增加城市水道、城市水系自然改造、雨洪利用、中水回用、阶梯水价机制等多种措施促进资源可持续利用及防灾减灾。

四　建立气候风险协同治理机制，提高城市应对综合风险的能力

气候变化风险具有长期性和复杂性，仅仅依靠单一部门是难以协调和应对的。从灾前到灾后的灾害链过程中，涉及诸多公共服务部门，如气象、市政、防汛、交通、通信、水力、电力、燃气、卫生、民政等公共服务管理部门，也涉及社区、企业、民间组织等。我国目前灾害管理是条块分割型管理体制，不利于跨部门和跨区域信息、资源、人力、物力的共享与整合，存在职责交叉和缺位，缺乏协调机制，决策中顾此失彼的现象时有发生。风险管理的最高境界是防患于未然，现有的城市应急管理工作从体系建设、机构设置、人员素质到

应急管理的实践水平都有待进一步提高。

　　建立多样化的、多部门协作、全社会参与的风险治理模式，形成"各级政府分级负责、政府部门依法管理、责任主体认真履责、社会公众积极参与"的风险管理格局。首先是完善市、区两级风险管理机制，重点推进专项风险管理、区域风险管理体系和综合风险统筹协调机制建设。其次是加强社会参与机制建设。一方面，积极引导公众树立气候风险防范意识，充分发挥社区、乡村、企业、学校等基层单位在气候风险识别与隐患排查、风险监测与控制过程中的重要作用。另一方面，加强风险信息沟通与交流，在专家、社会组织、媒体和公众之间建立面向社会、多方参与的风险信息共享和沟通机制。

五　关注城市脆弱群体，确保城市社会公平及和谐稳定

　　一个社会如何对待最弱势的群体，反映了社会发展的文明程度。适应气候变化与灾害风险管理，从根本上而言，其目的都是实现可持续发展。达到这一目标，不仅需要关注城市安全，还需要关注公平议题，例如扶持城市脆弱群体，减少城市贫困，通过公共交通、住房、环境、社会保障政策进行城市资源的公平分配等。适应气候变化必须遵循脆弱群体优先的原则。气候变化带来的自然灾害、健康风险都会影响到弱势人群的生存状况。通过调研和案例研究了解到，医疗服务水平低、经济收入低、社会保障缺乏等是脆弱性的重要原因，最容易受到气候变化影响的人群主要是低收入群体，老弱病群体，农户，与第一产业相关的流通、零售、加工企业工人，及外来务工人员等。事实上，气候变化的脆弱群体既包括了缺乏经济基础和社会保障的贫困人群，也包括了那些因缺乏良好的基础设施保障而容易遭受自然灾害袭击的脆弱人群。由于防灾基础设施条件差和气象监测网络覆盖不足，某些地区（如洼地、山区）在应对暴雨及泥石流等极端气候灾害时成为高风险区域。气候变化的弱势群体往往也是经济上的弱势群体，因此，通过社会保障、医疗保险、教育和扶贫、增加贫困及高风险地区的基础设施投入，就能够有效地提高脆弱群体应对风险的能力。此外，还应当制定更有针对性的政策，例如为容易受灾的高风险地区和脆弱群体提供政策性保险（如农房保险、农作物气象指数保

险），加强灾后救济和社会救助的覆盖面（如非户籍人口），以降低
气候变化的潜在风险。

六 提升灾害预警应急能力，加强信息传递效率

调研发现，预警信息在政府内部行政层面的传递和响应效率很
高，而对公众发布预警信息的效率相对较弱。公众接受信息的途径单
一。一方面，需要进一步提升灾害预警预报能力，如建立自动化程度
高的灾害性天气预警服务系统，对城市大风、暴雨、冰雹、大雾、沙
尘暴、降雪、高温热浪等突发性灾害天气进行预警。另一方面，建立
多元化立体全覆盖体系的预警系统，解决预警信息发布"最后一公
里"问题。建议包括：①建设城乡数字广播系统。该系统应遍布每个
村庄、社区和主要道路，由不同层级的政府部门分级控制，应急办是
最高控制级别，可以在必要时屏蔽其他播报，强制性地主动及时播报
预警信息。②电视台滚动播出预警信息。③开发手机自动接收预警信
息技术。④利用现有设备，在景区、路口、重点社区等地方建电子显
示屏，发布预警信息。⑤探索公众在遇险、手机信号中断的情况下，
如何实现自动报警的技术。⑥发挥中国治理模式的优势，促使单位、
居委会、村委会把信息准确送达每个个体。

七 加强社区防灾减灾，提升社会公众应对灾害风险的意识和能力

加强社区防灾减灾旨在促进防灾主体多元化和工作重心下移。这
是因为，公众是最直接面对和应对灾害的主体，公众的自救和互救是
应对危机的关键因素。而且，地方社区情况千差万别，尊重和调动地
方性的知识、经验和资源，培养和组织公众的应急能力对于更加快
捷、有效和低成本地应对灾害具有重要意义。也就是说，防灾减灾的
科学知识和国家的防灾减灾规划需要与基层社会相联结。从应急管理
经验来看，社区防灾减灾是提升灾害应对能力非常切实有效的举措。
首先，需要对社区灾害进行评估，确认社区易受灾的脆弱地点和脆弱
人群；对减灾资源进行合理配置，包括建设符合国家标准、具有减灾
作用的各种设施和物资，以及制定减灾规划。社区减灾规划需要灾害
专家、社区居民及各利益相关方的参与，才能保证规划制定的科学性
与实施的有效性。其次，对公众进行防灾减灾安全教育对社区防灾工

作具有重要意义。要强化教育引导，完善防灾减灾宣传体系。将防灾减灾知识全面纳入中小学教育，推动气象科普进校园、进企业、进社区，建立培训和演习基地，模拟各种灾害及应对情景，使防灾减灾教育不断深化，从示范到普及，从孩子到家长及其他伙伴。此外，还应充分利用媒体和网络，宣传讨论防灾减灾知识。专业物品和工具的使用也应纳入防灾减灾教育，比如驾校应将相关防灾知识纳入驾驶技术培训中。

八　加强气候灾害保险，建立政府加市场的灾害风险分担机制

针对社区、产业、个人的气候脆弱性，探索气候灾害保险经营模式，开发政策性和商业性灾害保险产品，实现风险转移、风险共担。气象指数保险是一种新型的风险转移工具，是指以事先规定的气温、降水等气象事件发生为基础，把气象条件指数化，根据此指数变动决定是否赔付和赔付多少。此外，还有天气衍生品和巨灾风险证券化等手段。这些金融工具是金融工程与气象工程技术相结合的产物，将其用于自然灾害的风险管理，为气候灾害风险转移提供了新的途径。气候灾害保险应覆盖较大的范围，如将气候灾害保险覆盖到广大居民，防止因灾致贫、因灾返贫，促进脆弱群体的可持续发展。建立和完善气候风险分担机制，由保险公司、政府、企业、居民共同分担风险。

九　建设生态宜居城市，利用生态系统适应方式加强防灾减灾

城市生态建设可以发挥减缓热岛效应、滞留雨水、防洪、净化空气、固碳等多重功能。以城市绿地规划为例，廊道型、集中型、分散型等不同类型的绿地在生态服务、防灾避灾和减缓热岛效应等方面的效果各有不同，需要根据城市需求合理规划设计。例如在海绵城市建设中推广立体绿化，城市屋顶上修建花园草坪，既能缓解城市热岛效应，又能在城市暴雨期间滞留部分雨水。一些城市将流域综合管理与洪灾管理相结合，拓宽城市水系，拆除水泥堤岸，恢复城市河道的天然生态，改善了河流的生态功能和防洪泄洪能力。此外，增加城市公共绿地面积和城市道路绿化面积，优化城市绿化结构，推广多种树木及乔、灌、草结合的绿化结构，实施立体绿化，减少高成本、高耗水草坪比重，实施建筑物绿化计划，推广绿色建筑材料，建设绿色生态

社区等，都是很好的生态系统适应性举措。

十　加强财政支持和科技投入，推动气候适应型城市建设

气候适应性具有很强的地域性特点，很大程度上受到社会经济发展、技术水平和风险意识的影响。适应气候变化及灾害风险管理本质上是政府的环境管理职能之一，需要政府加强政策和资金支持，同时积极利用市场机制，利用财政、税收等激励政策，吸引企业、个人进行投资。首先，针对农业、交通运输业等敏感产业，支持研发适应技术和产品；完善相关政策保险和商业保险，如农业灾害保险、交通运输保险等，加快灾后产业的恢复力。其次，将现代信息技术等用于城市安全管理，如移动信息平台、云计算、GPS（导航系统）、GIS（地理信息系统），整合地理、设施、灾情、管理部门、社区信息等，为精细化、智能化城市灾害管理提供技术支撑。同时，建立有关气象灾害、敏感产业、人口、设施等基础信息数据库，对于推进气候适应性研究意义重大。最后，适应气候变化在城市层面的深入推进，还需要进行先行试点和示范研究。在气候适应型城市建设中，需要因地制宜，选择典型行业、区域，针对典型气候风险开展试点并总结经验。例如，可以选择灾害风险较高、适应能力薄弱的典型社区、村镇、街道、城区进行试点，在此基础上进一步深化推广。

十一　制定长三角城市群中长期适应规划，建立区域决策协调机制

在全球变暖和城市化进程的背景下，长三角城市密集区未来气候变化的不确定性和风险将进一步加剧。伴随着城市化进程，城市群地区的人口和经济往来、城市建设活动、资源和能源消耗都将持续增加，对于城市灾害风险管理也提出了更大的挑战。提升城市群的气候适应能力是一个系统工程，需要联合各个城市的技术、资金优势，在气候变化监测、气候防护基础设施、社会经济结构、生态系统、治理能力等方面加强协同规划与行动。城市发展，规划先行，科学的城市规划对于灾害风险管理和适应气候变化非常重要。首先，需要加强对城市群地区的气候变化风险评估，明确各个城市在气候变化风险下的影响行业、关键领域和高风险区域，做到心中有数；其次，在区域发展规划的基础上考虑气候变化风险管理和适应目标，明确适应的主要风险、优先领域和重点措施，尤其是沿海、沿江、生态脆弱等高风险城市的人口和产业布局；最后，建立城市群应对气候灾害的决策协调机制，如建立市长联席会议制度，成立区域适应气候变化的技术支持机构或专家委员会，建立灾害风险统计和监测信息平台，制定高温热浪、低温雨雪、暴雨内涝和持续性干旱等各类极端天气气候事件情景下城市群在用水、用电和城市交通等方面的安全保障应急联动预案等。

随着国际社会和各国推进应对气候变化行动，可以预见，城市适应气候变化治理的理论与实践将成为未来国内外城市管理和政策研究的一个热点领域。中国城镇化发展的思路是积极发挥区域中心型城市的集聚效应，带动地区社会经济发展。这使得许多大城市（尤其是北京、上海、广州等特大型的区域经济中心城市）承担着减排、就业、经济增长、环境治理多重压力。与此同时，在气候变化背景下，极端气候事件给城市带来的气候风险与脆弱性也日益凸显。因此，如何抵御风险、增强城市整体适应能力，并从城市空间规划和城市治理机制等角度入手，制定城市适应与减排的协同管理对策，显得尤为重要。

随着国家发改委出台的《国家应对气候变化规划（2011—2020）》《国家适应气候变化战略》《城市适应气候变化行动方案》等一系列指导性文件的逐步落地，必将有力地推动中国地方层面制定适应气候变化的政策并采取行动。未来中国城市不仅需要在适应政策、规划和战略层面积极推进，而且还需要协同考虑低碳发展、生态环境保护和适应气候变化等多重目标。这些工作都需要从学界到城市决策者的持续探索和深入实践。

附　　录

附录1　2012年3月世界气象日
上海市社会调查问卷

1. 请对以下国际社会面临的公共风险的严重程度按照0（不严重）到5（非常严重）打分。

序号	选项	0	1	2	3	4	5
1	能源短缺						
2	有组织的犯罪、恐怖主义						
3	海平面上升						
4	粮食安全和水资源匮乏						
5	生物多样性减少						
6	全球变暖						
7	艾滋病						
8	核武器						

2. 全球变暖的原因是什么？（单选）

序号	选项	
1	自然变化	
2	人类活动	
3	自然变化和人类活动都有，但主要是人类活动	
4	自然变化和人类活动都有，但主要是自然变化	
5	不知道	
6	根本就不存在全球变暖	

3. 你从哪些途径了解气候变化相关知识和信息？（选 2 个最主要的）

序号	选项	
1	电视广播	
2	网络	
3	报纸杂志	
4	同事朋友之间的交流	
5	科普读物	
6	其他途径	

4. 您了解或听说过以下哪些机构、政策、活动？（可多选）

序号	选项	
1	中国应对气候变化国家方案	
2	上海市节能减排与应对气候变化领导小组	
3	上海市应急办	
4	地球一小时	
5	上海环境交易所	
6	上海天气网	

5. 请您按照气候变化对您的生活和工作影响程度打分（0 是完全没有影响，5 是影响巨大）。

0	1	2	3	4	5

6. 请选择您对过去 5 年上海气候变化的感受。（选 3 个印象最深刻的）

序号	选项	
1	高温酷暑日增多	
2	城郊温差不断缩小	
3	花期提早，花期延长	
4	暴雨次数和强度增大	
5	雾霾天数增加	
6	夏冬季更长，春秋季更短	
7	低温冷冻日减少	

7. 请对以下对上海市影响较大的气象灾害的严重程度打分。

序号	选项	0	1	2	3	4	5
1	暴雨洪涝						
2	台风、龙卷、大风						
3	高温热浪						
4	梅雨、连阴雨						
5	大雾						
6	低温、冰冻、寒潮						
7	雷电						
8	海平面上升						

8. 过去 5 年内，请对您个人及家庭经历以下情况的频率打分（0 是从未经历，5 是总是经历）。

序号	选项	0	1	2	3	4	5
1	因极端天气取消旅游、出行计划						
2	极端天气造成城市交通拥堵，导致上学上班迟到、生活不便、财产损失等						
3	酷暑、寒潮、雾霾、连阴雨等天气变化导致家人生病						
4	大风、台风造成高空坠物、行道树倒伏、广告牌脱落等，导致人员伤亡						
5	极端天气造成输变电线路损害，导致断电事故						
6	咸水入侵、地下水沉降等导致水质污染						
7	雷击导致人员伤亡、电器受损						
8	工作场所、居住小区的住宅、道路、车库、地下室被水淹						

9. 以下是从家庭和个人层面应对气候变化的措施，请您对它们的重要性打分（0 是完全不重要，5 是非常重要）。

序号	选项	0	1	2	3	4	5
1	增加个人或家庭的保险支出（如车损、医疗等方面）						
2	关注家人健康，加强营养和锻炼，增强疾病抵抗力						
3	选择在环境较好、人口密度低、交通便利的城郊或小区居住						
4	为自己和家人定制更有针对性的气象服务信息						
5	参与社区、政府组织的各种防灾救灾培训活动						
6	家庭生活设施改造（如提高住宅的保暖防风能力，采用防雷电电器等）						

10. 请您对上海应对气候变化风险举措的满意程度打分（0 分是做得很不好，5 分是做得非常好）。

序号	选项	0	1	2	3	4	5
1	气象预报						
2	您工作、居住的小区及附近道路的防洪排涝改造						
3	应急避难所						
4	气候变化知识媒体宣传与公众教育						
5	公众参与						
6	110 出警等应急管理服务						
7	社区防灾减灾						
8	气象灾害保险						

11. 假定未来气候变化风险增多，您认为您和家庭能否应对？

序号	选项
1	能
2	不能
3	不知道

12. 如果您遇到上述灾害，导致生病/伤亡/生计困难，您会采取哪些措施？（单选）

序号	选项	
1	自认倒霉,依靠个人或家庭解决,求助亲友	
2	依靠商业保险	
3	主要靠中央政府的公共投入	
4	主要靠上海政府的公共投入	

13. 每月您愿意增加多少额外支出以加强家庭的气候变化风险防护能力?

序号	选项	
1	50 元以内	
2	50—100 元	
3	100—500 元	
4	500 元以上	
5	很难说	

14. 您是否了解工作地点和居住地附近有无下列设施?

序号	选项	有	没有	不清楚
1	应急避难所			
2	灭火器等消防设施			
3	电子气象信息显示屏			
4	逃生通道,安全出口			

15. 你是否接受过学校、单位或社区组织的以下活动?

序号	选项	有	没有
1	灾害应急演练		
2	意外事故救生培训		
3	气象日活动		

16. 请对以下政府提高城市抗气候变化风险能力措施的重要性打分。

序号	选项	1	2	2	3	4	5
1	修建更多的防灾公共设施和避难场所						
2	地下排水管网建设						
3	降低中心城区人口密度						
4	面向公众需求开发气候灾害信息服务平台						
5	公众参与适应与减灾的气候决策						
6	提高城市绿化率						
7	高层建筑玻璃幕墙改造						
8	修建防洪堤坝						

17. 距离您居住场所最近的公园绿地有多远？

序号	选项	
1	步行 5 分钟以内	
2	步行 5—10 分钟	
3	步行 10—20 分钟	
4	步行 20 分钟以上	
5	不清楚	

18. 以下城市生态建设用于防灾减灾，请选 2 项您认为最重要的。

选项	
修建大型森林公园、湿地公园	
增加城市绿带和行道树	
修建社区邻里公园，增加小区绿化率	
增加城市河流湖泊水网密度	

19. 假设城市是一条船，船上有船长、掌舵者、导航员、乘客、船员，应对城市气候风险需要同舟共济，您认为政府职能部门的最佳角色应该是哪一个？

序号	选项	
1	掌舵者	
2	导航员	
3	乘客	
4	船员	
5	船长	
6	不知道	

附录 2　2013 年 8 月上海市奉贤区
适应规划调研问卷

打分原则：

多项量表按照权重计算总分，除以人数得到平均分值。

序号	选项	0 分	1 分	2 分	3 分	x（不清楚）	平均分值 = 加权总得分 ÷ 人数
1		—	1	6	5	—	(0 + 1 + 12 + 15) ÷ 12 = 2.3

注：均值≥2 表示中等及以上的影响/重要程度。

1. 请您对以下全球性问题的严重程度打分（0 代表完全不严重，1 代表不太严重，2 代表比较严重，3 代表非常严重，x 代表不清楚）。

序号	选项	0	1	2	3	x	得分
1	能源短缺						
2	有组织的犯罪、恐怖主义						
3	海平面上升						
4	粮食安全						
5	水资源匮乏						
6	全球变暖						
7	干旱和荒漠化						
8	生物多样性减少						
9	环境难民						
10	禽流感等新病毒的传播						

注：取均值时分别扣除"x"的人数，下同。

2. 请您判断中国环境问题的严重程度（0 代表完全不严重，1 代表不太严重，2 代表比较严重，3 代表非常严重，x 代表不清楚）。

序号	选项	0	1	2	3	x	得分
1	能源短缺						
2	粮食安全						
3	海平面上升						
4	水（河湖海地下水）污染						
5	水资源匮乏						
6	极端天气和气候灾害						
7	干旱和荒漠化						
8	生物多样性减少						
9	干旱洪涝台风等气候灾害导致的难民						
10	禽流感等新病毒的产生和传播						

3. 您认为全球变暖的原因是什么？（单选）

序号	选项	
1	自然变化和人类活动都有，但主要是人类活动	
2	自然变化和人类活动都有，但主要是自然变化	
3	不知道，不好说	
4	根本就不存在全球变暖	

4. 您从哪些途径了解气候变化相关知识和信息？（选 2 个最主要的）

序号	选项	
1	电视广播	
2	网络	
3	报纸杂志	
4	同事朋友之间的交流	
5	科普读物	
6	其他途径	

5. 您了解或听说过以下哪些机构/政策/活动？（可多选）

序号	选项	
1	《联合国气候变化框架公约》（UNFCCC）	
2	联合国政府间气候变化专门委员会（IPCC）	
3	《国家应对气候变化方案》	
4	《上海市节能和应对气候变化"十二五"规划》	
5	世界大城市气候领导力联盟（ICLEI），碳40城市等	
6	上海天气网	
7	上海环境能源交易所	

6. 根据您的经验和了解，过去5年内，以下气象灾害对您所在部门管理工作的影响程度（0代表完全没有影响，1代表基本没有影响，2代表有些影响，3代表严重影响，x代表不清楚）如何？

序号	选项	0	1	2	3	x	得分
1	暴雨洪涝						
2	台风、龙卷、大风						
3	梅雨、连阴雨						
4	高温热浪						
5	大雾、雾霾						
6	雷电						
7	低温、冰冻、寒潮						
8	海平面上升						

7. 根据您的判断，未来20—50年，以下气象灾害对您所在部门管理工作的影响程度（0代表完全没有影响，1代表基本没有影响，2代表有些影响，3代表严重影响，x代表不清楚）如何？

序号	选项	0	1	2	3	x	得分
1	暴雨洪涝						
2	台风、龙卷、大风						
3	梅雨、连阴雨						
4	高温热浪						
5	大雾、雾霾						
6	雷电						
7	低温、冰冻、寒潮						
8	海平面上升						

8. 您在工作中应对上述问题时，曾经遇到过哪些障碍和困难？（可多选）

序号	选项	
1	地区缺乏应对新风险的长远规划	
2	上级主管部门重视不够，没有作为优先事项进行考虑	
3	部门业务有交叉，职能权责不够明确	
4	与相关部门的决策协调不足，信息沟通渠道不畅	
5	人手有限，或没有专人负责，工作不能常态化	
6	工作经费不足，投入有限，有历史欠账问题	
7	工作预案不够具体，对突发的新问题难以及时反应落实	
8	超出本部门现有的职责权限，难以独立解决	
9	缺少研究和技术力量支持	
10	个人知识和经验积累不足以判断和应对新问题	
11	其他	

9. 您通常是如何解决的？（可多选）

序号	选项	
1	及时向上级领导汇报	
2	根据经验，进行决策和应对	
3	在现有协调机制下，与其他部门及时磋商解决	
4	事后总结经验，提出建议，提交相关部门考虑	
5	组织专家研讨，寻求解决方案	
6	修改完善现有的政策、法规和工作预案	
7	人员知识和技能培训，提升业务能力	
8	与社会公众进行沟通，发现问题和需求，加强理解与互动	
9	申请专项资金，加强能力建设	
10	其他	

10. 请对以下政府提高城市抗气候变化风险能力措施的重要性打分（0 代表完全不重要，1 代表不太重要，2 代表比较重要，3 代表非常重要，x 代表不清楚）。

序号	选项	0	1	2	3	x	得分
1	建立适应示范区或增加防灾示范社区						
2	提升地下排水管网的排水能力						
3	降低中心城区人口密度						
4	估算合理的城市规模，控制城市总人口						
5	面向公众需求开发气候灾害信息服务平台						
6	开展防灾演练和科普宣传，增强公众的防灾自救能力						
7	提高城市绿化率，增加开放的社区绿地						
8	评估围海造田地区的海平面上升及淹没风险，必要时修改城市规划（增加预防海啸、台风等基础设施）						
9	提升城市重要工程、建筑和基础设施的气候风险防护标准						
10	为沿海工业园区、新城区制定长期的灾害风险预警和应急工作预案						
11	加强政策性灾害保险的覆盖面，鼓励发展商业保险以分散风险						
12	加强社区医疗保健体系建设						
13	外来人口纳入民政部门的灾害救助体系						
14	提高对城市低保人口的救助标准						
15	鼓励城乡社区组织自主开展适应和防灾工作						
16	加强极端天气气候事件及灾害的预报预警和监测体系						

11. 如果有必要成立专门的适应协调机构，您认为可以是哪种类型？（可多选）

序号	选项	
1	应对气候变化领导小组下设"适应领导小组"，有成员部门参与	
2	应对气候变化领导小组有专门的"适应联络员"及"适应部门协调会议"	
3	发改委气候处有专人负责适应工作	
4	市政府应急办增加适应工作的相关部门或联络员	
5	其他	

12. 上海市如果成立一个适应决策的协调机构，与现有机制设计相比，您认为其在改进职能或发挥潜在作用方面，是否具有必要性或重要性（0代表完全不重要，1代表不太重要，2代表比较重要，3代表非常重要，x代表不清楚）？

序号	选项	0	1	2	3	x	得分
1	各部门适应工作的交流平台，提高信息沟通效率（上下级、部门内部、部门之间）						
2	发现适应工作中的新情况、新问题，及时通报各部门，引起相关部门重视						
3	协同各部门寻找解决方案，推动示范工作						
4	针对部门需求和不足，支持部门适应能力建设						
5	确定适应工作的优先事项，合理分配人财物资源						
6	组织编制地方适应战略、五年规划、中长期规划						
7	组织专家和研究机构开展咨询和研究，提升决策的技术含量						
8	推动与周边地区（如长三角经济区）的决策协调						
9	从地方发展的全局和长远利益考虑问题，避免部门倾向，有助于相关决策的可持续性						
10	吸引社会公众参与，推动适应宣传、科普和教育						

13. 适应决策协调工作如果要想切实可行且运作高效，您如何看待以下不同事项的重要性（0 代表完全不重要，1 代表不太重要，2 代表比较重要，3 代表非常重要，x 代表不清楚）？

序号	选项	0	1	2	3	x	得分
1	决策协调机构的级别（部门或市政府）						
2	上海市政府领导对适应问题的重视						
3	国家或上一级主管部门成立了协调机构，或发布了适应战略/规划						
4	有专门的决策支持机构（如适应专家委员会、气候变化信息中心等）						
5	定期召开部门协调会议，推动决策过程						
6	各部门参与的积极性和动力						
7	联络员的级别、专业能力、时间精力投入						
8	设立专项适应资金						
9	国家或相关部门有适应专项支持						

14. 现有一些与适应相关的部门并未纳入"节能减排和应对气候变化领导小组"的成员单位，您认为如何决定哪些部门应该参与其中？（可多选）

序号	选项	
1	由应对气候变化领导小组决定成员部门	
2	根据专家委员会研究推荐候选部门	
3	参照国内外和其他地区的经验	
4	部门提出意向并申请加入	
5	其他	

15. 您如何看待本地区适应气候变化问题（0 代表完全不同意，1 代表基本不同意，2 代表基本同意，3 代表非常同意，x 代表不清楚）？

序号	选项	0	1	2	3	x	得分
1	未来本地区很可能会遭遇到百年不遇的强台风影响						
2	我们现在对气候变化风险的认识或评估很有可能是错的，决策需要谨慎						
3	随着科技发展，城市气候风险评估会越来越精确，能够避免错误的决策						
4	适应工作也需要摸着石头过河，最好先示范试点，再做长远规划						
5	适应政策需要考虑不同群体和部门的需求，如何在政策设计中进行权衡是一个难题						
6	本地区的适应问题与城市规划（人口、土地和产业布局）密切相关						
7	如果没有科学可靠的气候风险损失测算，过度进行基础设施投入会浪费宝贵的发展资金						
8	气候变化风险具有复杂性，单一部门无法独立应对和解决						
9	在本部门，适应政策能够与节能减排协同考虑						
10	增强沿海基础设施气候防护能力，可以给本地区带来新的投资和就业机会						
11	强调气候变化风险的严重性，例如发布新的洪水风险图，可能会影响本地区的投资和发展前景						
12	可以通过适应行动，加大对社会低收入阶层和外来务工群体的关注						

16. 对于政府及相关部门在适应气候变化中的作用，您同意以下哪个观点？

序号	选项	
1	现有的社会认识、市场环境还不成熟，仍然需要政府主导，自上而下推动适应工作（尤其是国家和地方主导的适应投资）	
2	政府应该编制《气候变化法案》等适应气候变化的法律法规，相关部门编制适应气候变化的预案	
3	政府应当逐渐从主导变为引导，发挥宣传、教育和政策激励的作用	
4	现有机制应该足以应对气候变化风险，可以充分调动市场和社会力量，鼓励私人投资，发展保险市场	

17. 如果您代表本部门参与适应规划工作，您认为以下工作的重要性如何（0 代表完全不重要，1 代表不太重要，2 代表比较重要，3 代表非常重要，x 代表不清楚）？

序号	选项	0	1	2	3	x	得分
1	有完善的适应气候变化法律法规体系做指导						
2	清晰的编制方案和工作计划，明确本部门角色						
3	明确具体的、能落实到本部门的适应目标						
4	主要气候变化风险及其影响评估（尤其是对本部门的影响）						
5	明确适应的关键领域，及其与本部门的关系						
6	提出适应对策及优先工作（本部门需要承担的任务）						
7	对于与其他部门的工作衔接或矛盾问题，有明确的建议						
8	对决策的不确定性及失误有一定的考虑						
9	本部门实施规划的具体职责、任务、时间表						
10	明确规定下级适应规划编制的前提、条件						
11	公众对本部门适应工作的看法和建议						
12	规划实施过程的监督、反馈、汇报及评估要求						
13	整个过程有专家和研究机构的技术支持						

18. 上海市奉贤区如果要开展适应规划工作，其工作重点应该在哪些方面？

序号	选项	
1	上海市的防灾基础设施建设已经相对完善，主要是应对新增的风险，需要一些额外投入	
2	上海市奉贤区流动人口很多，一些低收入者是潜在的脆弱群体	
3	老龄化群体及其健康和医疗保障问题	
4	加强风险的社会保障，扩大灾后救济覆盖面及救助力度	
5	改善城市生态环境与减少热岛、洪涝风险等问题相结合	
6	沿海新城建设中的气候变化风险	
7	城市街道与社区的灾害防御及信息传递机制	
8	其他	

19. 以奉贤区为例，您认为在下一个五年规划之前，编制独立的适应专项规划或行动计划是否必要？

序号	选项
1	很有必要，可以凸显适应问题的重要性
2	不太必要，可以列入现有专项规划之中
3	不好说，取决于适应规划的内容和效力

20. 如果在"十二五"期间拟启动奉贤区适应规划的编制工作，您认为下列前提条件是否足够成熟（0 代表完全不成熟，1 代表基本不成熟，2 代表基本成熟，3 代表非常成熟，x 代表不清楚）？

序号	选项	0	1	2	3	x	得分
1	上级领导重视						
2	有主管部门牵头负责						
3	各部门对于自己的任务和职能比较明确						
4	对未来气候变化风险的评估结果可靠可信						
5	对本地区风险影响的领域、范围、程度有充分的了解						
6	地方学术界有能力提供所需的各种决策信息						
7	有可供本地区借鉴的国内外案例、经验						
8	本区适应的重点领域及优先工作比较明确						
9	市场、企业参与适应行动的积极性较大						
10	社会公众对气候变化风险及适应的关注度高						

注：本题上海信息中心专家未答，一些专家只答了部分题，均计入"x"选项。

21. 国际城市适应规划的经验（以纽约为例），您认为哪些可以为奉贤区所借鉴？

序号	选项	不好判断	不具可比性	可以借鉴
1	市长负责制＋部门协同决策			
2	巨额适应资金投入			
3	科学决策机制化、常态化（纽约适应专家委员会）			
4	坚实的科学研究基础（运用 IPCC 气候模型、新的洪灾风险图、社会经济影响/脆弱性评估等）			
5	企业界的参与，充分利用市场投融资机制			
6	大适应的思路，不但重视防灾基础设施，而且重视整个城市的总体适应能力提升			
7	信息公开和分享，吸引公众关注和参与			
8	长期规划的思路，对新的信息和进展进行年度总结和评估			
9	在国家有限支持下，自力更生，依靠自身力量进行适应能力建设			
10	通过纽约适应计划提升城市形象和可持续性，为城市竞争力加分			
11	城市规划和重大工程的气候风险论证和环境评估			

22. 请问您的年龄是多少？

序号	选项		
1	25 岁以下		
2	25—40 岁		
3	41—55 岁		
4	55 岁以上		

23. 您的受教育程度是什么？

序号	选项		
1	大专或本科		
2	硕士		
3	博士		
4	其他		

参考文献

[1] [加] 梁鹤年：《政策规划与评估方法》，丁进锋译，中国人民大学出版社 2009 年版。

[2] [美] 乔纳森·R. 汤普金斯：《公共管理学说史》，夏镇平译，上海译文出版社 2010 年版。

[3] [美] 尤金·巴达赫：《跨部门合作：管理"巧匠"的理论与实践》，周志忍、张弦译，北京大学出版社 2011 年版。

[4] IPCC：《气候变化 2007：综合报告》，政府间气候变化专门委员会第四次评估报告，瑞士，日内瓦，2007 年。

[5] Ridgway, J. E.：《昆士兰气候变化适应的研究能力》，载刘燕华主编《适应气候变化——东亚峰会成员国的战略、政策与行动》，科学出版社 2009 年版。

[6] 曹丽格、苏布达、翟建青：《中外沿海城市适应气候变化的实践与进展》，载王伟光、郑国光、罗勇等主编《应对气候变化报告（2011）：德班的困境与中国的战略选择》，社会科学文献出版社 2011 年版。

[7] 常跟应、黄夫朋、李曼等：《中国公众对全球气候变化认知与支持减缓气候变化政策研究——基于全球调查数据和与美国比较视角》，《地理科学》2012 年第 12 期。

[8] 陈涛：《基于公众气候变化认知行为分析的政策优化研究》，《青海社会科学》2012 年第 4 期。

[9] 陈文方、徐伟、史培军：《长三角地区台风灾害风险评估》，《自然灾害学报》2011 年第 4 期。

[10] 陈宜瑜等：《中国气候与环境演变》（下卷），载《气候与环境

变化的影响与适应、减缓对策》，科学出版社 2005 年版。

[11] 陈振林、吴蔚、田展、郑艳：《城市适应气候变化：上海市的实践与探索》，载王伟光、郑国光、巢清尘等主编《应对气候变化报告（2015）：巴黎的新起点和新希望》，社会科学文献出版社 2015 年版。

[12] 程江、杨凯、赵军等：《基于生态服务价值的上海土地利用变化影响评价》，《中国环境科学》2009 年第 1 期。

[13] 程晓陶：《城市型水灾害及其综合治水方略》，《灾害学》2010年增刊。

[14] 戴维·R. 戈德沙尔克：《城市减灾：创建韧性城市》，许婵译，《国际城市规划》2015 年第 2 期。

[15] 段春锋、缪启龙、马利等：《长江三角洲地区气温变化的周末效应》，《长江流域资源与环境》2012 年第 4 期。

[16] 傅崇辉、郑艳、王文军：《应对气候变化行动的协同关系及研究视角探析》，《资源科学》2014 年第 7 期。

[17] 盖尔—尹格·奥德鲁德、罗静、庄贵阳：《气候变化：观念与行动的差异———一项关于中国和挪威大学生对气候变化态度的比较研究》，《欧洲研究》2010 年第 6 期。

[18] 高小平：《"一案三制"对政府应急管理决策和组织理论的重大创新》，《湖南社会科学》2010 年第 5 期。

[19] 龚道溢、郭栋、罗勇：《中国夏季日降水频次的周末效应》，《气候变化研究进展》2006 年第 3 期。

[20] 顾朝林：《气候变化与适应性城市规划》，《建筑科技》2010 年第 13 期。

[21] 顾朝林、张晓明、王小丹：《气候变化·城市化·长江三角洲》，《长江流域资源与环境》2011 年第 1 期。

[22] 顾问、陈葆德、杨玉华等：《IPCC – AR4 全球气候模式在华东区域气候变化的预估能力评价与不确定性分析》，《地理科学进展》2010 年第 7 期。

[23] 国家自然资源和地理空间基础信息库项目办公室：《2010 年中

国重大自然灾害图集》，测绘出版社 2011 年版。

[24] 吉中会、郭永芳、查良松：《城市化对长江下游沿江城市气温影响的对比研究》，《长江流域资源与环境》2011 年第 5 期。

[25] 李辉霞、蔡永立：《太湖流域主要城市洪涝灾害生态风险评价》，《灾害学》2002 年第 3 期。

[26] 李鸥编：《参与式发展研究与实践方法》，社会科学文献出版社 2010 年版。

[27] 李文莉、李栋梁、杨民：《近 50 年兰州城乡气温变化特征及其周末效应》，《高原气象》2006 年第 6 期。

[28] 李学举：《中国的自然灾害与灾害管理》，载国家减灾委员会办公室编《中国自然灾害管理体制和政策》，中国社会出版社 2006 年版。

[29] 联合国开发计划署（UNDP）：《2007/2008 年人类发展报告——应对气候变化：分化世界中的人类团结》，2007 年。

[30] 联合国开发计划署（UNDP）：《中国人类发展报告 2013：可持续与宜居城市——迈向生态文明》，中国对外翻译出版有限公司 2013 年版。

[31] 牛凤瑞、潘家华、刘治彦：《中国城市发展 30 年》，社会科学文献出版社 2009 年版。

[32] 欧盟环境署：《欧盟城市适应气候的机遇和挑战》，张明顺、冯利利、黎学琴等译，中国环境出版社 2014 年版。

[33] 潘家华、庄贵阳、朱守先等：《低碳城市：经济学方法、应用与案例研究》，社会科学文献出版社 2012 年版。

[34] 潘家华、郑艳：《适应气候变化的分析框架及政策涵义》，《中国人口·资源与环境》2010 年第 10 期。

[35] 潘家华、郑艳、王建武、谢欣露：《气候容量：作为适应气候变化的测度指标》，《中国人口·资源与环境》2014 年第 1 期。

[36] 彭希哲：《人口发展与城市公共安全》，《解放日报》2005 年 1 月 17 日，http://theory.people.com.cn/GB/40551/3124755.html。

[37] 齐晔、马丽：《走向更为积极的气候变化政策与管理》，《中国

人口·资源与环境》2007 年第 2 期。

[38] 秦大河：《气象灾害应急管理》，载国家减灾委员会办公室编《中国自然灾害管理体制和政策》，中国社会出版社 2006 年版。

[39] 秦大河主编，张建云、闪淳昌、宋连春副主编：《中国极端天气气候事件和灾害风险管理与适应国家评估报告》，科学出版社 2015 年版。

[40] 秦大河、陈宜瑜等：《中国气候与环境演变（下卷）：气候与环境变化的影响与适应、减缓对策》，科学出版社 2005 年版。

[41] 任国玉、郭军、徐铭志等：《近 50 年中国地面气候变化基本特征》，《气象学报》2005 年第 6 期。

[42] 史培军：《中国自然灾害风险地图集》，科学出版社 2011 年版。

[43] 世界自然基金会：《河口城市气候适应性探索的国内外进展》，WWF 上海办公室。

[44] 宋蕾：《都市密集区的气候风险与适应性建设：以上海为例》，《中国人口·资源与环境》2012 年第 12 期。

[45] 孙颖、巢清尘、刘洪滨等：《IPCC AR4 以来气候变化自然科学研究的最新进展》，载王伟光主编《应对气候变化报告（2013）：聚焦低碳城镇化》，社会科学文献出版社 2013 年版。

[46] 童星、张海波：《基于中国问题的灾害管理分析框架》，《中国社会科学》2010 年第 1 期。

[47] 万鹏飞：《中国城市灾害应急管理的理念、体制与对策》，载李立国、陈伟兰主编《灾害应急处置与综合减灾》，北京大学出版社 2007 年版。

[48] 王桂新、沈续雷：《上海城市化发展对城市热岛效应影响关系之考察》，《亚热带资源与环境学报》2010 年第 2 期。

[49] 王静爱、史培军、王平等：《中国自然灾害时空格局》，科学出版社 2006 年版。

[50] 王文军、赵黛青：《减排与适应协同发展研究：以广东为例》，《中国人口·资源与环境》2011 年第 6 期。

[51] 王文军、郑艳：《低碳发展与适应气候变化的协同效应及其政

策含义》，载王伟光、郑国光主编《应对气候变化报告（2011）：德班的困境与中国的战略选择》，社会科学文献出版社 2011 年版。

[52] 王祥荣、王原：《全球气候变化与河口城市脆弱性评价——以上海为例》，科学出版社 2010 年版。

[53] 王祥荣、谢玉静、徐艺扬、鲁逸、李昆：《气候变化与韧性城市发展对策研究》，《上海城市规划》2016 年第 1 期。

[54] 王煜坤、黄建中：《2000 年以来长三角城市群交通与空间布局演变研究》，载《规划创新：2010 中国城市规划年会论文集》，2010 年。

[55] 文彦君：《陕西省自然灾害的社会易损性分析》，《灾害学》2012 年第 2 期。

[56] 翁士洪：《整体性治理模式的兴起——整体性治理在英国政府治理中的理论与实践》，《上海行政学院学报》2010 年第 2 期。

[57] 吴绍洪、戴尔阜、葛全胜等：《综合风险防范——中国综合气候变化风险》，科学出版社 2011 年版。

[58] 谢欣露、郑艳：《城市居民气候灾害风险及适应性认知分析——基于上海社会调查问卷》，《城市与环境研究》2014 年第 1 期。

[59] 谢欣露、郑艳：《气候适应型城市评价指标研究——以北京市为例》，《城市与环境研究》2016 年第 4 期。

[60] 谢欣露、郑艳、潘家华、周洪建：《气候变化下的城市脆弱性及适应：以长三角城市为例》，载潘家华、魏后凯主编《城市与环境研究》，社会科学文献出版社 2013 年版。

[61] 徐启新、杨凯、许世远：《上海高速城市化进程对水环境的影响及对策探讨》，《世界地理研究》2003 年第 3 期。

[62] 徐影、周波涛、郭文利、穆海振、谢欣露：《气候变化对中国典型城市群的影响和潜在风险》，载王伟光、郑国光主编《应对气候变化报告（2013）：聚焦低碳城镇化》，社会科学文献出版社 2013 年版。

[63] 叶敬忠、刘燕丽、王伊欢编：《参与式发展规划》，社会科学文

献出版社 2005 年版。

[64] 殷永元、王桂新:《全球气候变化评估方法及其应用》,高等教育出版社 2004 年版。

[65] 俞孔坚、李迪华、原弘:《海绵城市:理论与实践》,《城市规划》2015 年第 6 期。

[66] 张斌、赵前胜、姜瑜君:《区域承灾体脆弱性指标体系与精细量化模型研究》,《灾害学》2010 年第 2 期。

[67] 张继权、冈田宪夫、多多纳裕:《综合自然灾害风险管理——全面整合的模式与中国的战略选择》,《自然灾害学报》2006 年第 1 期。

[68] 章志芹、唐健、汤剑平:《无锡空气污染指数、气象要素的周末效应》,《南京大学学报》(自然科学版)2007 年第 6 期。

[69] 郑艳:《城市决策管理者对适应气候变化规划的认知研究——以上海市为例》,《气候变化研究进展》2016 年第 2 期。

[70] 郑艳:《低碳发展与适应的协同治理:可持续城市化的视角》,载王伟光、郑国光主编《应对气候变化报告 (2013):聚焦低碳城镇化》,社会科学文献出版社 2013 年版。

[71] 郑艳:《将灾害风险管理和适应气候变化纳入可持续发展》,《气候变化研究进展》2012 年第 2 期。

[72] 郑艳:《适应气候变化的协同治理:美国城市适应气候变化的经验和启示》,载王伟光、郑国光主编《应对气候变化报告 (2015):巴黎的新起点和新希望》,社会科学文献出版社 2015 年版。

[73] 郑艳:《适应型城市:将适应气候变化与气候风险管理纳入城市规划》,《城市发展研究》2012 年第 1 期。

[74] 郑艳:《推进适应规划,打造韧性城市:发达国家城市的经验》,《世界环境》2013 年第 11 期。

[75] 郑艳:《新型城镇化背景下我国韧性城市建设的思考》,《城市与减灾》2017 年第 4 期。

[76] 郑艳、潘家华、廖茂林:《适应规划:概念、方法学及案例研

究》,《中国人口·资源与环境》2013 年第 3 期。

[77] 郑艳、潘家华、庄贵阳、朱守先、谭灵芝:《气候变化经济学》,《中国经济学年鉴》(2010),中国社会科学出版社 2011年版。

[78] 郑艳、史巍娜:《〈城市适应气候变化行动方案〉的解读及实施》,载王伟光、郑国光主编《应对气候变化报告 (2016):〈巴黎协定〉重在落实》,社会科学文献出版社 2016 年版。

[79] 郑艳、王文军、潘家华:《低碳韧性城市:理念、途径与政策选择》,《城市发展研究》2013 年第 4 期。

[80] 郑祚芳、郑艳、李青春:《近 30 年来城市化进程对北京区域气温的影响》,《中国生态农业学报》2007 年第 4 期。

[81] 中国气象局:《地面气象观测规范》,气象出版社 2003 年版。

[82] 中国气象局:《中国气象灾害年鉴》,气象出版社 2012 年版。

[83] 中华人民共和国住房和城乡建设部编:《中国城乡建设统计年鉴》(2011),中国计划出版社 2012 年版。

[84] 周冯琦:《上海资源环境发展报告 (2012):河口城市生态环境安全》,社会科学文献出版社 2012 年版。

[85] 周景博、冯相昭:《适应气候变化的认知与政策评价》,《中国人口·资源与环境》2011 年第 7 期。

[86] 左雄主编:《突发气象灾害应急管理研究与实践》,气象出版社2011 年版。

[87] 《中国气象灾害大典》编委会编:《中国气象灾害大典》(北京卷),气象出版社 2005 年版。

[88] Agrawal, A., "Local Institutions and Adaptation to Climate Change", in Mearns R. & A. Norton eds., *Social Dimensions of Climate Change: Equity and Vulnerability in a Warming World*, 2010, Washington D. C.: The World Bank.

[89] American Planning Association (APA), *Policy Guide on Planning & Climate Change*, April 2011, http://www. planning. org/policy/guides/pdf/climatechange. pdf.

[90] Anthony, L., "Climate Change Risk Perception and Policy References: The Role of Affect, Imagery and Values", *Climatic Change*, Vol. 77, 2006, pp. 45 – 72.

[91] Asia Development Bank (ADB), *Addressing Climate Change and Migration in Asia and the Pacific*, Mandaluyong City, Philippines: Asian Development Bank, 2012.

[92] Aylett, A., "Institutionalizing the Urban Governance of Climate Change Adaptation: Results of an International Survey", *Urban Climate*, Vol. 14, 2015, pp. 4 – 16.

[93] Balica, S. F., N. G. Wright, F. van der Meulen, "A Flood Vulnerability Index for Coastal Cities and Its Use in Assessing Climate Change Impacts", *Natural Hazards*, Vol. 64, No. 1, 2012, pp. 73 – 105.

[94] Beck, U., *Risk Society: Towards a New Modernity*, Sage, London, 1992.

[95] Bierbaum, R., J. B. Smith, A. Lee et al., "A Comprehensive Review of Climate Adaptation in the United States: More than Before, But Less than Needed", *Mitigation and Adaptation Strategy for Global Change*, Vol. 18, No. 3, 2013, pp. 361 – 406.

[96] Biesbroek, G. R., Rob, J. Swart, Timothy, R. Carter et al., "Europe Adapts to Climate Change: Comparing National Adaptation Strategies", *Global Environmental Change*, No. 20, 2010, pp. 440 – 450.

[97] Biesbroek, G. R., R. J. Swart, W. G. M. van der Knaap, "The Mitigation – Adaptation Dichotomy and the Role of Spatial Planning", *Habitat International*, Vol. 33, No. 3, 2009, pp. 230 – 237.

[98] Boer, J., *On the Relationship Between Risk Perception and Climate Proofing*, http://promise.klimaatvoorruimte.nl/pro1/publications/show_publication.asp?documentid = 3247&GUID = e2f530e4 – 0885 – 4b07 – b375 – 2c7b10fab141, 2010.

[99] Bouwer, S., T. Rayner, D. Huitema, "Mainstreaming Climate Policy: The Case of Climate Adaptation and the Implementation of EU Water Policy", *Environment & Planning C Government & Policy*, VoL. 31, No. 1, 2013, pp. 134 – 153.

[100] Bubeck, P., W. J. W. Botzen and J. C. J. H. Aerts, *A Review of Risk Perceptions and Other Factors That Influence Flood Mitigation Behavior Risk Analysis*, Vol. 32, 2012, pp. 1481 – 1495.

[101] Burijn, K., J. Buurman, M. Mens et al., "Resilience in Practice: Five Principles to Enable Societies to Cope with Extreme Weather Events", *Environmental Science & Policy*, No. 70, 2017, pp. 21 – 30.

[102] Center for European Policy Studies, *Adaptation to Climate Change: Why Is It Needed and How Can It Be Implemented?* CEPS Policy Brief, http: //www. ceps. eu, 2008.

[103] Cerveny, R. S., R. C. Balling, Jr., "Weekly Cycles of Air Pollutions, Precipitation and Tropical Cyclones in the Coastal NW Atlantic Region", *Nature*, Vol. 394, 1998, pp. 561 – 563.

[104] Chen, S., Z. Luo and X. Pan, "Natural Disasters in China: 1900 – 2011", *Natural Hazards*, Vol. 69, 2013, pp. 1597 – 1605.

[105] Corner, A., L. Whitmarsh and D. Xenias, "Uncertainty, Scepticism and Attitudes towards Climate Change: Biased Assimilation and Attitude Polarisation", *Climatic Change*, Vol. 114, 2012, pp. 463 – 478.

[106] Couch, S. R., "The Cultural Scene of Disasters: Conceptualizing the Field of Disasters and Popular Culture", *International Journal of Mass Emergencies and Disasters*, Vol. 18, 2000, pp. 21 – 37.

[107] Cutter, S. L., "Vulnerability to Environmental Hazards", *Progress in Human Geography*, No. 20, 1996, pp. 529 – 539.

[108] Cutter, S. L., Emrich, C. T., Mitchell, J. T., et al., "The Long Road Home: Race, Class and Recovery from Hurricane Katrina", *Environment Science and Policy for Sustianable Development*, Vol. 48, No. 2, 2006, pp. 8 – 20.

[109] Dang, H. H. , Axel Michaelowaa and Dao, D. Tuan, "Synergy of Adaptation and Mitigation Strategies in the Context of Sustainable Development: The Case of Vietnam", *Climate Policy*, No. 3, Supplement 1, 2003, pp. S81 – S96.

[110] Douglas, M. , *Risk and Blame: Essays in Cultural Theory*, Routledge, London, 1992.

[111] Figner and Weber, "Who Takes Risks When and Why? Determinants of Risk Taking", *Current Directions in Psychological Science*, Vol. 20, 2011, pp. 211 – 216.

[112] Forster, P. M. de F. , S. Solomon, "Observations of a 'Weekend Effect' in Diurnal Temperature Range", *Proc Natl Acad Sci U S A*, Vol. 100, 2003, pp. 11225 – 11230.

[113] Fujibe, "Day – of – the – Week Variations of Urban Temperature and Their Long – Term Trends in Japan", *Theor Appl Climatol*, 2010, pp. 393 – 401.

[114] Fussel, H. M. and R. J. T. Klein, "Climate Change Vulnerability Assessments: An Evolution of Conceptual Thinking", *Climatic Change*, Vol. 75, 2006, pp. 301 – 329.

[115] Fussel, H. M. , "Vulnerability: A Generally Applicable Conceptual Framework for Climate Change Research", *Global Environmental Change*, VoL. 17, No. 2, 2007, pp. 155 – 167.

[116] Gallucci Maria, *6 of the World's Most Extensive Climate Adaptation Plans*, http://insideclimatenews. org/news/20130620/6 – worlds – most – extensive – climate – adaptation – plans, 2013 – 06 – 20.

[117] Ge Yi, Wei Xu, Zhi – Hui Gu, Yu – Chao Zhang, Lei Chen, "Risk Perception and Hazard Mitigation in the Yangtze River Delta Region, China", *Natural Hazards*, Vol. 56, 2011, pp. 633 – 648.

[118] Gemmer, M. , A. Wilkes, L. M. Vaucel, "Governing Climate Change Adaptation in the EU and China: An Analysis of Formal Institutions", *Advances in Climate Change Research*, VoL. 2, No. 1,

2011, pp. 1 – 11.

[119] Gill, S. E. , J. F. Handley, A. R. Ennos, S. Pauleit, "Adapting Cities for Climate Change: The Role of the Green Infrastructure", *Built Environment*, Vol. 33, No. 1, 2007, pp. 115 – 133.

[120] Gong, D. Y. , C. H. Ho, D. Chen et al. , "Weekly Cycle of Aerosol – Meteorology Interaction Over China", *Journal of Geophysical Research*, Vol. 112, 2007.

[121] Gordon, A. H. , "Weekdays Warmer than Weekends", *Nature*, No. 367, 1994, pp. 325 – 326.

[122] Greater London Authority (GLA), *The Draft Climate Change Adaptation Strategy for London*, http://www. london. gov. uk/climatechange/sites/climatechange/staticdocs/Climiate_ change_ adaptation. pdf, 2010.

[123] Grothmann, Torsten and Patt Anthony, "Adaptive Capacity and Human Cognition: The Process of Individual Adaptation to Climate Change", *Global Environmental Change*, No. 15, 2005, pp. 199 –213.

[124] Hamin, E. , N. Gurran, "Urban form and Climate Change: Balancing Adaptation and Mitigation in the U. S. and Australia", *Habitat International*, VoL. 33, No. 3, 2009, pp. 238 – 245.

[125] Handmer, J. , Y. Honda, Z. W. Kundzewicz, N. Arnell et al. , "Changes in Impacts of Climate Extremes: Human Systems and Ecosystems", in Field et al. eds. *Managing the Risks of Extreme Events and Disasters to Advance Climate Change Adaptation*, A Special Report of Working Groups I and II of the Intergovernmental Panel on Climate Change (IPCC), Cambridge University Press, Cambridge, UK and New York, NY, USA, 2012.

[126] Haque, M. A. et al. , "Households Perception of Climate Change and Human Health Risks: A Community Perspective", *Environmental Health*, Vol. 11, No. 1, 2012.

[127] Hardee, K. , C. Mutunga, "Strengthening the Link between Cli-

mate Change Adaptation and National Development Plans: Lessons from the Case of Population in National Adaptation Programmes of Action (NAPAs)", *Mitigation and Adaptation Strategies for Global Change*, No. 15, 2010, pp. 113 – 126.

[128] Heijmans, A., "Vulnerability: A Matter of Perception", in *Proceedings of the International Conference on Vulnerability in Disaster Theory and Practice*, Wageningen Disaster Studies, London, 2001.

[129] Hill, M., A. Wallner, J. Furtado, "Reducing Vulnerability to Climate Change in the Swiss Alps: A Study of Adaptive Planning", *Climate Policy*, Vol. 10, No. 1, 2010, pp. 70 – 86.

[130] Honda, H., "Life Cycle GHG Emissions and Analysis of Power Generation Systems: Japanese Case", *Energy*, VoL. 30, No. 11, 2005, pp. 2012 – 2056.

[131] Huang, L., B. Duan, J. Bi, Z. Yuan and J. Ban, "Analysis of Determining Factors of the Public's Risk Acceptance Level in China", *Human and Ecological Risk Assessment An International Journal*, Vol. 16, No. 2, 2010, pp. 365 – 379.

[132] Hulme, M., *Why We Disagree About Climate Change*, Cambridge University Press, Cambridge, 2009.

[133] IPCC, *Climate Change* 2001: *Impacts, Adaptation and Vulnerability*, Cambridge University Press, 2001.

[134] IPCC, *Climate Change* 2007: *Impacts, Adaptation and Vulnerability*, Cambridge University Press, 2007.

[135] IPCC, *Managing the Risks of Extreme Events and Disasters to Advance Climate Change Adaptation*, Cambridge University Press, 2012.

[136] Jabareen, Y., "Planning the Resilient City: Concepts and Strategies for Coping with Climate Change and Environmental Risk", *J. Cities*, 2012.

[137] James D. Ford and L. Berrang - Ford eds. , *Climate Change Adaptation in Developed Nations: From Theory to Practice*, Springer, 2011.

[138] Juhola, S. , L. Westerhoff, "Challenges of Adaptation to Climate Change Across Multiple Scales: A Case Study of Network Governance in Two European Countries", *Environmental Science & Policy*, No. 3, 2011, pp. 239 - 247.

[139] Kahneman, D. , Tversky, "Prospect Theory: An Analysis of Decision Under Risk", *Econometrica*, Vol. 47, No. 2, 1979, pp. 263 - 291.

[140] King, D. , "Understanding the Message: Social and Cultural Constraints to Interpreting Weather Generated Natural Hazards International", *Journal of Mass Emergencies and Disasters*, Vol. 22 , 2004, pp. 57 - 74.

[141] Klein, R. J. T. , E. Schipper, F. Lisa, S. Dessai, "Integrating Mitigation and Adaptation into Climate and Development Policy: Three Research Questions", *Environmental Science & Policy*, No. 6, 2005, pp. 579 - 588.

[142] Kloeckner, C. A. , "Towards a Psychology Climate Change", *Climate Change Management*, 2011, pp. 153 - 173.

[143] Knutson, Y. R. and R. E. Tuleya, "Impact of CO_2 - Induced Warming on Hurricane Intensity and Precipitation: Sensitivity to the Choice of Climate Model and Convective Parameterization ", *J. Clim.* , Vol. 17, No. 18, 2004, pp. 3477 - 3495.

[144] Laukkonen, J. , P. K. Blanco, J. Lenhart, M. Keiner, "Combining Climate Change Adaption and Mitigation Measures at the Local Level", *Habitat International*, No. 22, 2009, pp. 87 - 292.

[145] Lempert, R. J. , D. G. Groves, "Identifying and Evaluating Robust Adaptive Policy Responses to Climate Change for Water Management Agencies in the American West", *Technological Forecasting & Social Change*, No. 77, 2010, pp. 960 - 974.

[146] Li, B. , "Governing Urban Climate Change Adaptation in China", *Environment and Urbanization*, Vol. 25, 2013, pp. 413 – 427.

[147] Lo, A. Y. and Jim C. Y. , "*Come Rain or Shine? Public Expectation on Local Weather Change and Differential Effects on Climate Change Attitude*", Public Understanding of Science, Vol. 24, No. 8, 2015.

[148] Lo, A. Y. , "Active Conflict or Passive Coherence: The Political Economy of Climate Change in China", *Environmental Politics*, Vol. 19 , 2010, pp. 1012 – 1017.

[149] Lo, A. Y. , A. T. Chow and S. M. Cheung, "Significance of Perceived Social Expectation and Implications to Conservation Education: turtle Conservation as a Case Study", *Environmental Management*, Vol. 50, 2012, pp. 900 – 913.

[150] *London Climate Change Partnership*, http: //www. london. gov. uk/ lccp/.

[151] Margulis, S. et al. , *The Costs to Developing Countries of Adapting to Climate Change: New Methods and Estimates*, http: //siteresources. worldbank. org.

[152] Nelson, D. R. , W. Neil Adger, Katrina Brown, "Adaptation to Environmental Change: Contribution of a Resilience Framework", *Social Science Electronic Publishing*, No. 32, 2007, pp. 395 – 419.

[153] Ngo, E. B. , "When Disasters and Age Collide: Reviewing Vulnerability of the Elderly", *Natural Hazards Review*, Vol. 2, No. 2, 2001, pp. 80 – 89.

[154] Nicholls, R. , "Coastal Megacities and Climate Change", *Geo Journal*, Vol. 37, 1995, pp. 369 – 379.

[155] Nicholls, R. J. et al. , *Ranking Port Cities with High Exposure and Vulnerability to Climate Extremes: Exposure Estimate*, OECD Environment Working Papers, 2008.

[156] Nunes, P. A. L. D. , H. Ding, *Climate Change, Ecosystem Serv-*

ices and Biodiversity Loss: *An Economic Assessment*, Policy Briefs of FEEM, 2009.

[157] OECD, *Integrating Climate Change Adaptation into Development Co - operation*: *Policy Guidance*, OECD Publishing, 2009.

[158] O'Brien, K. L. and R. M. Leichenko, "Double Exposure: Assessing the Impacts of Climate Change Within the Context of Economic Globalization", *Global Environmental Change*, No. 10, 2000, pp. 221 - 232.

[159] O'Keefe, P. , K. Westgate and B. Wisner, "Taking the Naturalness Out of Natural Disasters", *Nature*, Vol. 206, 1975, pp. 566 - 567.

[160] Pan Jiahua, Zheng Yan, Anil Markandya, "Adaptation Approaches to Climate Change in China: An Operational Framework", *Economia Agraria Y Recursos Naturales*, Vol. 11, No. 1, 2011, pp. 99 - 112.

[161] Pan, J. H. , "Adaptive Emissions: A Conceptual Framework for Integrated Analysis of Adaptation and Emissions, Speech on IPCC Expert Meeting on Integrated Analysis of Adaptation and Mitigation to Climate Change", *Geneva*, No. 20 - 22, May, 2003.

[162] Parry, M. , *Assessing the Costs of Adaptation to Climate Change*, *A Review of the UNFCCC and Other Recent Estimates*, International Institute for Environment and Development, London, 2009.

[163] Patrick Laux, Harald Kunstmann, "Detection of Regional Weekly Weather Cycles Across Europe", *Environmental Research Letters*, Vol. 3, No. 4, 2008.

[164] Patt, A. , D. Schroter, R. J. T. Klein, A. C. Vega - Leinert eds. , *Assessing Vulnerability to Global Environmental Change*: *Making Research Useful for Adaptation Decision Making and Policy*, Earthscan, UK, 2011.

[165] Pearce, D. W. , W. R. Cline, Achanta A. N. et al. , "The Social Costs of CC: Greenhouse Damage and the Benefits of Control", in

Bruce, J. P. et al. eds. , *Climate Change* 1995: *Economic and Social Dimensions of Climate Change*, Press Syndicate of University of Cambridge, 1996.

[166] Peuch, C. E. , "The Operational Response to a Major Coastal Flood – Atlantic Storm Xynthia, Fire Service of Charente – Maritime, France", Conference on "Coastal Flooding: Emergency Planning & Response", DFRA, UK, Cambridge, 28th February 2010.

[167] Pike, K. L. , *Language in Relation to a Unified Theory of the Structure of Human Behavior Summer Institute of Linguistics*, Dallas TX, 1954.

[168] Preston, B. L. , R. M. Westaway, E. J. Yuen, "Climate Adaptation Planning in Practice: An Evaluation of Adaptation Plans from Three Developed Nations", *Mitigation and Adaptation Strategies for Global Change*, No. 16, 2011, pp. 407 – 438.

[169] Rayner, S. , "Domesticating Nature: Commentary on the Anthropological Study of Weather and Climate Discourse", in Strauss, S. and B. S. Orlove eds. , *Weather*, *Climate*, *Culture*, Berg, New York, 2004.

[170] Renn, O. , "Risk Governance: Coping with Uncertainty in a Complex World", Earthscan, London, 2008, pp. 277 – 290.

[171] Romero – Lankao, P. , *Urban Areas and Climate Change: Review of Current Issues and Trends*, 2011, http: //www. Ral. Ucar. edu/staff/prlankao/GRHS _ 2011_ IssuesPaperfinal. pdf.

[172] Smit, B. and J. Wandel, "Adaptation, Adaptive Capacity and Vulnerability", *Global Environmental Change*, Vol, 16, No. 3, 2006, pp. 282 – 292.

[173] Smith, P. and J. E. Olesen, "Synergies Between the Mitigation of and Adaptation to Climate Change in Agriculture", *The Journal of Agricultural Science*, Vol. 148, No. 5, 2010, pp. 543 – 552.

[174] Spray, C. , T. Ball and J. Rouillard, "Bridging the Water Law, Policy, Science Interface: Flood Risk Management in Scotland",

Journal of Water Law, Vol. 20, No. 2 - 3, 2009, pp. 165 - 174.

[175] Surminski, S., "Natural Catastrophe Insurance in China: Policy and Regulatory Drivers for the Agricultural and the Property Sectors", in Orie M. and Stahel W. R. eds., *The Geneva Reports: Risk and Insurance Research No. 7 Insurers' Contributions to Disaster Reduction: A Series of Case Studies*, The Geneva Association, Geneva, 2013, pp. 71 - 80.

[176] Tanner, T. M., T. Mitchell, E. Polack and B. Guenther, *Urban Governance for Adaptation: Assessing Climate Change Resilience in Ten Asian Cities*, IDS Working Paper 315, http://www.preventionweb.net/files/7849_ Wp31520web1.pdf, 2008.

[177] Taylor A., B. Hassan, J. A. Downing and T. E. Downing, *Toward a Typology of Adaptation-Mitigation Inter-Relationships*, Stockholm Environment Institute, Oxford, http://www.vulnerability-net.org/, 2006.

[178] The City of New York, *PlaNYC 2030: A Greener, Greater New York*, 2011, http://www.nyc.gov/html/planyc 2030/html/theplan/the - plan.shtml.

[179] Thompson, M. and S. Rayner, "Risk and Governance Part I: The Discourses of Climate Change", *Government and Opposition*, Vol. 33, No. 2, 1998, pp. 139 - 166.

[180] Turner, B. L., R. E. Kasperson, P. A. Matson et al., "A Framework for Vulnerability Analysis in Sustainability Science", *Proceedings of the National Academy of Sciences*, VoL. 100, No. 14, 2003, pp. 8074 - 8079.

[181] UKCIP, *Identifying Adaptation Options*, UKCIP Technical Report, http://www.ukcip.org.uk/? page_ id = 318.

[182] UKCIP, *The UKCIP Adaptation Wizard V*3.0., http://www.ukcip.org.uk/wordpress/wp - content/Wizard/UKCIP_ Wizard.pdf, 2010.

[183] UNDP, *Adaptation Policy Framework*, http: //www. undp. org/ climatechange/adapt/apf. html, 2001.

[184] UNEP, *Negotiating Adaptation: International Issues of Equity and Finance*, Copenhagen Discussion Series, 2009.

[185] UNISDR, *Global Assessment Report on Disaster Risk Reduction* 2015 (*GAR*15): *Making Development Sustainable: The Future of Disaster Risk Management*, UN International Strategy for Disaster Reduction, http: //www. unisdr. org, 2015.

[186] UNISDR, *The Human Cost of Weather – Related Disasters* 1995 – 2015, http: //www. unisdr. org/2015/docs/climatechange/COP21 _ WeatherDisastersReport_ 2015_ FINAL. pdf, 2016 – 04 – 15.

[187] UNISDR, 2009 *UNISDR Terminology on Disaster Risk Reduction*, http: //reliefweb. int/sites/reliefweb. int/files/resources/Full_ Report_ 2010. pdf.

[188] Urwin, K. , A. Jordan, "Does Public Policy Support or Undermine Climate Change Adaptation? Exploring Policy Interplay Across Different Scales of Governance", *Global Environmental Change*, No. 18, 2008, pp. 180 – 191.

[189] Virmani, A. , *Accelerating and Sustaining Growth: Economic and Political Lessons*, 2012 International Monetary Fund, IMF Working Paper, http://www. imf. org/external/pubs/ft/wp/2012/wp12185. pdf.

[190] Wang, M – Z, M. Amati and F. Thomalla , "Understanding the Vul nerability of Migrants in Shanghai to Typhoons", *Natural Hazards*, Vol. 60 , 2012, pp. 1189 – 1210.

[191] White, G. F. and J. E. Haas, *Assessment of Research on Natural Hazards*, Cambridge, MA: MIT Press, 1975.

[192] Whitmarsh, L. , "Scepticism and Uncertainty About Climate Change: Dimensions, Determinants and Change Over Time", *Global Environmental Change*, Vol. 21 , 2011, pp. 690 – 700.

[193] Wilbanks, T. J. et al. , "Integrating Mitigation and Adaptation as

Responses to Climate Change: A Synthesis", *Mitigation and Adaptation Strategies for Global Change*, No. 12, 2007, pp. 919 – 933.

[194] Wildavsky, A. , "Choosing Preferences by Constructing Institutions: A Cultural Theory of Preference Formation", *American Political Science Review*, Vol. 81, 1987, pp. 3 – 22.

[195] Williams, B. K. , "Adaptive Management of Natural Resources: Framework and Issues", *Journal of Environmental Management*, No. 92, 2011, pp. 1346 – 1353.

[196] Wisner, B. , P. Blaikie, T. Cannon and I. Davis, *At Risk: Natural Hazards, People's Vulnerability and Disasters*, Routledge, London, UK, 2004.

[197] Wolf, J. , J. D. Ford and L. Berrang – Ford eds. , "Climate Change Adaptation in Developed Nations: From Theory to Practice", *Advances in Global Change Research*, No. 42, 2011, p. 21.

[198] Wong, K – K and Zhao X. , "Living with Floods: Victims' Perceptions in Beijiang, Guangdong", *China Area*, Vol. 33, 2001, pp. 190 – 201.

[199] World Bank, *Economics of Adaptation to Climate Change (EACC): Synthesis Report*, http://www. worldbank. org, 2010.

[200] World Bank, *Natural Bazards, Unnatural Disasters: The Economics of Effective Prevention*, 2010.

[201] World Bank, *The Economics of Adaptation to Climate Change: A Synthesis Report*, 2010.

[202] World Bank, "Cities and Climate Change: Responding to an Urgent Agenda", in Daniel Hoornweg et al. , eds. , *Urban Development Series*, 2011.

[203] World Resources Institute, *The National Adaptive Capacity Framework: Key Institutional Functions for a Changing Climate*, http://www. wri. org, 2009.

[204] WRI, *The National Adaptive Capacity Framework: Key Institutional*

Functions for a Changing Climate, Pilot Draft, http://www.wri.org, 2009.

[205] Yang Xuchao, Hou Yiling, Chen Baode, "Observed Surface Warming Induced by Urbanization in East China", *J. Geophys. Res*, VoL. 116, 2011, pp. 263 – 294.

[206] Yu, H., B. Wang, Y – J Zhang, S. Wang and Y – M Wei, "Public Perception of Climate Change in China: Results from the Questionnaire Survey", *Natural Hazards*, Vol. 69, 2013, pp. 459 – 472.

[207] Zheng Yan, Xie Xinlu, "Improving Risk Governance for Adapting to Climate Change: Case from Shanghai", *Chinese Journal of Urban and Environmental Studies*, No. 13, 2014.

[208] Zheng, Y., J. H. Pan, *Fast Growing Countries and Adaptation*, in ISSC and UNESCO, Anil Markandya et al. eds, *Handbook on Economics of Adaptation*, Routledge, 2014.

[209] Zong, Y. and X. Chen, "Typhoon Hazards in the Shanghai", *Area Disasters*, Vol. 23, 1999, pp. 66 – 80.